A TERRA INABITÁVEL

DAVID WALLACE-WELLS

A terra inabitável
Uma história do futuro

Tradução
Cássio de Arantes Leite

2ª reimpressão

Copyright © 2019 by David Wallace-Wells

Grafia atualizada segundo o Acordo Ortográfico da Língua Portuguesa de 1990, que entrou em vigor no Brasil em 2009.

Título original
The Uninhabitable Earth: A History of the Future

Capa
Alceu Chiesorin Nunes
Inspirada no design de capa da Penguin Random House UK

Foto de capa
emreogan/ Getty Images

Preparação
Joaquim Toledo Jr.

Índice remissivo
Luciano Marchiori

Revisão
Huendel Viana
Ana Maria Barbosa

Dados Internacionais de Catalogação na Publicação (CIP)
(Câmara Brasileira do Livro, SP, Brasil)

Wallace-Wells, David
 A terra inabitável : Uma história do futuro / David Wallace-Wells ; tradução Cássio de Arantes Leite. — 1ª ed. — São Paulo : Companhia das Letras, 2019.

 Título original: The Uninhabitable Earth : A History of the Future.
 ISBN 978-85-359-3239-3

 1. Aquecimento global – Aspectos sociais 2. Degradação ambiental – Aspectos sociais 3. Mudança ambiental global – Aspectos sociais 4. Mudanças climáticas – Aspectos sociais. I. Título.

19-26997   CDD-304.2

Índice para catálogo sistemático:
1. Meio ambiente : sociologia   304.2

Cibele Maria Dias – Bibliotecária – CRB-8/9427

Todos os direitos desta edição reservados à
EDITORA SCHWARCZ S.A.
Rua Bandeira Paulista, 702, cj. 32
04532-002 — São Paulo — SP
Telefone: (11) 3707-3500
www.companhiadasletras.com.br
www.blogdacompanhia.com.br
facebook.com/companhiadasletras
instagram.com/companhiadasletras
twitter.com/cialetras

*Para Risa e Rocca,
minha mãe e meu pai*

Sumário

I. CASCATAS 9

II. ELEMENTOS DO CAOS 53
Calor letal 55
Fome 67
Afogamento 78
Incêndios florestais 90
Desastres não mais naturais 100
Esgotamento da água doce 109
Morte dos oceanos 118
Ar irrespirável 124
Pragas do aquecimento 135
Colapso econômico 142
Conflitos climáticos 153
"Sistemas" 161

III. O CALEIDOSCÓPIO CLIMÁTICO 173
Narrativas 175

Capitalismo de crise 193
Igreja da tecnologia 209
Política do consumo 226
História depois do progresso 240
Ética no fim do mundo 249

IV. O PRINCÍPIO ANTRÓPICO 265

Agradecimentos 279
Notas 283
Índice remissivo 361

I. CASCATAS

É pior, muito pior do que você imagina. A lentidão da mudança climática é um conto de fadas, talvez tão pernicioso quanto aquele que afirma que ela não existe, e chega a nós em um pacote com vários outros, numa antologia de ilusões reconfortantes: a de que o aquecimento global é uma saga ártica, que se desenrola num lugar remoto; de que é estritamente uma questão de nível do mar e litorais, não uma crise abrangente que afeta cada canto do globo, cada ser vivo; de que se trata de uma crise do mundo "natural", não do humano; de que as duas coisas são diferentes e vivemos hoje de algum modo alijados, acima ou no mínimo protegidos da natureza, não inescapavelmente dentro dela e literalmente sujeitados a ela; de que a riqueza pode ser um escudo contra as devastações do aquecimento; de que a queima de combustíveis fósseis é o preço do crescimento econômico contínuo; de que o crescimento e a tecnologia que ele gera nos propiciarão a engenharia necessária para escapar do desastre ambiental; de que há algum análogo dessa ameaça, em escala ou escopo, no longo arco da história humana, capaz de nos deixar confiantes de que sairemos vitoriosos dessa nossa medição de forças com ela.

Nada disso é verdade. Mas comecemos pela rapidez da mudança. A Terra conheceu cinco extinções em massa antes da que estamos presenciando hoje, cada uma delas uma aniquilação tão completa do registro fóssil que funcionou como um recomeço evolucionário, levando a árvore filogenética do planeta a se expandir e contrair a intervalos, como um pulmão: 86% de todas as espécies mortas, 450 milhões de anos atrás; 70 milhões de anos depois, 75%; 100 milhões de anos depois, 96%; 50 milhões de anos depois, 80%; 150 milhões de anos depois disso, 75% outra vez. A menos que você seja adolescente, no ensino médio provavelmente estudou com livros didáticos que diziam que essas extinções em massa foram consequência de asteroides. Na verdade, todas elas, com exceção da que matou os dinossauros, envolveram a mudança climática produzida por gases de efeito estufa. A mais notória ocorreu há 250 milhões de anos: começou quando o carbono aqueceu o planeta em 5ºC, acelerou quando esse aquecimento desencadeou a liberação de metano, outro gás de efeito estufa, e se encerrou deixando a vida na Terra por um fio. Atualmente lançamos carbono na atmosfera a um ritmo consideravelmente mais acelerado; pela maioria das estimativas, pelo menos dez vezes mais rápido. Essa taxa é cem vezes mais rápida do que em qualquer outro ponto da história humana anterior ao início da industrialização. E neste exato instante há pelo menos um terço a mais de carbono na atmosfera do que em qualquer outro momento nos últimos 800 mil anos — talvez até mesmo nos últimos 15 milhões de anos. Os humanos ainda não estavam por aqui. O nível dos oceanos era pelo menos trinta metros acima do que é hoje.

Muitos enxergam no aquecimento global uma espécie de dívida moral e econômica, acumulada desde o início da Revolução Industrial, e acham que agora a conta chegou, depois de vários séculos. Na verdade, mais da metade do carbono dissipado na atmosfera devido à queima de combustíveis fósseis foi emitido apenas nas últimas três décadas. Ou seja: trouxemos mais prejuízos para o destino do planeta e sua capacidade de sustentar a vida humana e a civilização depois que Al Gore publicou seu primeiro livro sobre o clima do que em todos os séculos — ou milênios — anteriores. As Nações Unidas propuseram uma série de protocolos sobre o clima em 1992, inequivocamente informando o mundo do consenso científico: isso significa que já engendramos mais destruição de caso pensado do que por ignorância. O aquecimento global pode parecer uma prolongada lição de moral se desenrolando ao longo de vários séculos e infligindo uma espécie de represália bíblica aos trinetos dos responsáveis, uma vez que a queima de carbono na Inglaterra do século XVII representa o estopim de tudo o que veio depois. Mas essa fábula sobre perfídia histórica absolve — injustamente — nós que vivemos hoje. A maior parte da queima de carbono ocorreu desde a estreia de *Seinfeld*. Desde o fim da Segunda Guerra Mundial, a proporção é de cerca de 85%. A história da missão camicase do mundo industrial se passa ao longo de uma única vida — o planeta levado da aparente estabilidade à catástrofe iminente nos anos transcorridos entre o batismo ou bar mitsvá e o funeral.

Conhecemos bem essa geração. Quando meu pai nasceu, em 1938 — entre suas primeiras lembranças, as notícias de Pearl Harbor e a mítica força aérea dos filmes de propaganda industrial que vieram em seguida —, o sistema climático parecia, para a maioria dos observadores humanos, estável. Os cientistas haviam compreendido o efeito estufa, e de que maneira o carbono produzido pela queima de madeira, carvão e petróleo podia esquentar o planeta e desequilibrar tudo o que nele vive, por três quartos de século. Mas ainda não tinham visto para valer o efeito, o que o fez parecer menos um fato observável do que uma profecia sombria, a se cumprir somente num futuro distante — talvez nunca. Quando meu pai morreu, em 2016, semanas após a assinatura desesperada do Acordo de Paris, o sistema climático resvalava para a devastação, transgredindo o limiar da concentração de carbono — quatrocentas partes por milhão na atmosfera terrestre, no linguajar sinistramente banal da climatologia — que fora, por anos, a linha vermelho-vivo traçada pelos cientistas ambientais diante do avanço destrutivo da indústria moderna, que dizia: *Proibido passar*. Claro, isso não nos deteve: apenas dois anos depois, atingimos uma média mensal de 411 partes por milhão, e a culpa impregnou o ar do planeta tanto quanto o carbono, embora preferíssemos acreditar que não a respirávamos.

Essa foi também a geração de minha mãe: nascida em 1945, filha de imigrantes judeus alemães que escaparam dos fornos onde seus parentes foram incinerados, e então gozando de seus 73 anos em um paraíso americano de bens de consumo, sustentado pelas fábricas de um mundo em desenvolvimento que manufaturou para si, também no espaço de uma única vida, um lugar na classe média global, com todas as tentações consumistas e todos os benefícios dos combustíveis fósseis que vêm com a ascensão: eletricidade, carros particulares, viagens aéreas, carne vermelha. Ela fumou por 58 anos, sempre cigarros sem filtro, que hoje compra da China, aos pacotes.

É também a geração de muitos cientistas que soaram o alarme sobre a mudança climática pela primeira vez, alguns deles, por incrível que pareça, ainda hoje na ativa — tal a rapidez com que chegamos a este promontório. Roger Revelle, o primeiro a anunciar que o planeta estava aquecendo, morreu em 1991, mas Wallace Smith Broecker, que ajudou a popularizar o termo "aquecimento global", ainda sai de casa no Upper West Side e pega o carro para trabalhar todo dia no Lamont-Doherty Earth Observatory, na margem oposta do Hudson, às vezes parando para comprar o almoço num velho posto de gasolina em Jersey recentemente convertido numa lanchonete hipster; na década de 1970, sua pesquisa era subsidiada pela Exxon, uma companhia que atualmente é alvo de uma batelada de processos visando atribuir a responsabilidade pelo regime de emissões galopante que hoje, a não ser que haja uma mudança de rumos no uso de combustíveis fósseis, ameaça tornar partes do planeta mais ou menos impróprias para os humanos até o fim do século. É nesse curso que seguimos alegremente a passos céleres — para mais de 4ºC de aquecimento até o ano de 2100. Segundo algumas estimativas, isso significaria que regiões inteiras da África, da Austrália e dos Estados Unidos, partes da América do Sul ao norte da Patagônia e da Ásia ao sul da Sibéria ficariam inabitáveis devido ao calor direto, à desertificação e às inundações. Certamente isso as tornaria inóspitas, assim como muitas outras regiões. Esse é o nosso itinerário, é a base de onde partimos. Porque se o planeta foi levado à beira da catástrofe climática no tempo de vida de uma geração, a responsabilidade por evitá-la recai sobre uma única geração, também. E sabemos de qual geração estamos falando. É a nossa.

Não sou ambientalista, tampouco me vejo como alguém particularmente ligado à natureza. Morei a vida toda na cidade, desfrutando dos aparelhos construídos por redes de abastecimento industriais a respeito dos quais mal penso, se é que penso. Nunca acampei, pelo menos não sem ser obrigado, e embora sempre tenha achado que é basicamente uma boa ideia manter os rios limpos e o ar puro, também sempre admiti ser verdade que há um jogo de perde e ganha entre crescimento econômico e custo para a natureza — e penso, bem, na maioria dos casos, eu provavelmente ficaria com o crescimento. Não chegaria a ponto de matar pessoalmente uma vaca para comer um hambúrguer, mas também não tenho planos de virar vegano. Tendo a pensar que se você está no topo da cadeia alimentar não tem problema bancar o maioral, porque não acho tão complicado traçar uma linha moral entre nós e os outros animais, e na verdade considero ofensivo para as mulheres e as minorias que de uma hora para outra ouçamos falar de estender a proteção legal dos direitos humanos para chimpanzés, macacos e polvos, apenas uma geração ou duas após finalmente termos quebrado o monopólio do macho branco sobre o status legal da pessoa humana. Nesses aspectos — em muitos deles, pelo menos —, sou como qualquer outro americano que passou a vida fatalmente complacente e obstinadamente iludido acerca da mudança climática, que é não apenas a maior ameaça que a vida humana no planeta já enfrentou, como também uma ameaça de categoria e escala totalmente diferentes. Isto é, a escala da própria vida humana.

Há alguns anos, comecei a juntar reportagens sobre a mudança climática, muitas delas aterrorizantes, fascinantes, esquisitas, em que mesmo as sagas mais modestas se desenrolavam como fábulas: um grupo de cientistas árticos aprisionados quando o gelo derreteu e isolou seu centro de pesquisa, numa ilha povoada também por um grupo de ursos-polares; um menino russo morto pelo antraz liberado da carcaça de uma rena descongelada, que ficara aprisionada no *permafrost*, a camada de gelo permanente em regiões frias, por muitas décadas. No começo, parecia que o noticiário estava inventando um novo gênero de alegoria. Mas é claro que a mudança climática não é uma alegoria.

A partir de 2011, cerca de 1 milhão de refugiados sírios foram despejados na Europa por uma guerra civil inflamada pela mudança climática e pela seca — e num sentido bastante real, grande parte do "momento populista" que o Ocidente atravessa hoje é resultado do pânico produzido pelo choque dessas migrações. A provável inundação de Bangladesh ameaça decuplicar, senão mais, a quantidade de migrantes, a ser assimilada por um mundo ainda mais desestabilizado pelo caos climático — e, desconfio, tanto menos receptivo quanto mais escura for a pele dos necessitados. E depois haverá os refugiados da África subsaariana, da América Latina e do resto da Ásia Meridional — 140 milhões em 2050, estima o Banco Mundial, ou seja, mais de cem vezes a "crise" síria da Europa.

As projeções das Nações Unidas são mais sombrias: 200 milhões de refugiados do clima até 2050. Duzentos milhões era toda a população mundial no auge do Império Romano, se você conseguir imaginar cada pessoa viva que habitava algum lugar do planeta nessa época sendo despojada de seu lar e forçada a sair vagando por territórios hostis em busca de um novo lugar para morar. O ponto extremo do que é possível nos próximos trinta anos, dizem os Estados Unidos, é consideravelmente pior: "Um bilhão ou mais de pobres vulneráveis com pouca opção além de lutar ou fugir". Um bilhão ou mais. Isso é mais gente do que a população atual da América do Norte e do Sul combinadas; era a população mundial total até tão recentemente quanto 1820, com a Revolução Industrial a pleno vapor. O que sugere que seria mais correto conceber a história não como uma procissão de anos avançando deliberadamente numa linha do tempo, mas como um balão de crescimento populacional em expansão, a humanidade se dilatando sobre o planeta quase a ponto do eclipse total. Um motivo para as emissões de carbono terem acelerado tanto na última geração também explica por que a história parece estar caminhando bem mais rápido, com tantas novas coisas ocorrendo, em todos os lugares, todo ano: é o que acontece quando simplesmente há gente demais por aí. Conforme alguém já calculou, 15% de toda a experiência humana ao longo da história pertence a pessoas que estão vivas neste mesmo instante, cada uma delas deixando sua pegada de carbono sobre a Terra.

Esses dados sobre refugiados estão no ponto extremo das estimativas produzidas há alguns anos por grupos de pesquisa criados para chamar a atenção para uma causa ou cruzada particular; os números reais quase certamente não corresponderão a eles, e os cientistas tendem a fazer projeções na casa das dezenas de milhões, não das centenas de milhões. Mas o fato de esses números maiores serem apenas o teto do que é mais provável não deveria nos induzir à complacência; quando descartamos os piores cenários possíveis, nossa percepção dos resultados mais prováveis fica distorcida e passamos a encará-los como cenários catastróficos demais para os levarmos em consideração em nossos planos. Estimativas extremas estabelecem as fronteiras do que é possível, entre as quais podemos conceber melhor o que é provável. E talvez elas até se revelem um guia melhor, considerando que os otimistas, no meio século de ansiedade climática que já enfrentamos, jamais estiveram certos.

Meu arquivo de matérias crescia diariamente, mas muito poucos recortes, mesmo os tirados de pesquisas recentes publicadas nos periódicos científicos mais prestigiados, pareciam figurar na cobertura sobre a mudança climática a que o país assistia na tevê e lia nos jornais. Nesses lugares, a mudança climática era noticiada, claro, e até em tons alarmistas. Mas a discussão sobre os possíveis efeitos era enganadoramente estreita, limitada quase invariavelmente à questão da elevação do nível do mar. No final das contas, a cobertura da imprensa era otimista, o que não deixava de ser preocupante. Há não muito tempo, em 1997, ano em que foi firmado o famoso Protocolo de Kyoto, 2°C de aquecimento global era considerado o limiar da catástrofe: cidades inundadas, secas destrutivas e ondas de calor, um planeta castigado diariamente por furacões e monções que costumávamos chamar de "desastres naturais", mas que em breve assumirão o caráter mais normal de "clima ruim". Mais recentemente, o ministro das Relações Exteriores das ilhas Marshall sugeriu outro nome para esse nível de aquecimento: "genocídio".

São poucas as chances de evitarmos esse cenário. O Protocolo de Kyoto deu em quase nada; nos vinte anos transcorridos desde então, a despeito de todo nosso proselitismo climático, da legislação e do progresso na produção de energia verde, geramos mais emissões do que nos vinte anos anteriores. Em 2016, os acordos de Paris estabeleceram 2°C como uma meta global, e, segundo os nossos jornais, esse nível de aquecimento continua sendo o cenário mais assustador que nosso senso de responsabilidade nos obriga a considerar; poucos anos depois, quando nenhuma nação industrial parece a caminho de cumprir as promessas feitas em Paris, 2°C está mais para o melhor resultado possível, no momento improvável, com toda uma curva de distribuição normal de possibilidades mais apavorantes estendendo-se além desse limite, e contudo discretamente ocultas dos olhos do público.

Para os que nos trazem essas notícias sobre o clima, tais possibilidades apavorantes — e o fato de que desperdiçáramos nossa chance de ficar em algum ponto na metade boa da curva — tornaram-se de alguma forma improváveis. As razões são inúmeras, e tão frágeis que parece melhor chamá-las de impulsos. Optamos por não discutir um mundo 2°C mais quente por questão de etiqueta, talvez; ou simples medo; ou o medo de apregoar o medo; ou a fé tecnocrática, que é na realidade a fé do mercado; ou a deferência a debates partidários ou mesmo prioridades partidárias; ou o ceticismo com a esquerda ambiental, do tipo que sempre alimentei; ou o desinteresse pelo destino de ecossistemas remotos, como sempre tive. Ficamos confusos sobre a ciência e seus muitos termos técnicos e números difíceis de digerir, ou pelo menos intuímos que outros ficariam facilmente confusos com a ciência e seus muitos termos técnicos e números difíceis de digerir. Demoramos a captar a velocidade da mudança, ou somos dotados de uma convicção quase conspiratória na responsabilidade das elites globais e suas instituições, ou de obediência a essas elites e suas instituições, seja lá o que pensamos delas. Talvez tenhamos sido incapazes de confiar de fato em projeções mais assustadoras porque acabávamos de ouvir falar no aquecimento, pensamos, e as coisas não poderiam ter piorado tanto desde o lançamento de *Uma verdade inconveniente*; ou porque gostávamos de andar de carro e comer filé e viver da forma como vivíamos em todos os demais aspectos e não queríamos queimar muitos neurônios pensando nisso; ou por nos sentirmos tão "pós-industriais", não conseguíamos acreditar que nosso alento continuava a vir das fornalhas de combustível fóssil. Talvez fosse a nossa capacidade doentia, quase sociopata, de transformar más notícias em "normalidade", ou porque olhávamos pela janela e as coisas pareciam boas como sempre. Porque estávamos de saco cheio de escrever, ou ler, a mesma notícia repetidas vezes, porque o clima, sendo tão global e portanto não tribal, sugeria apenas as políticas mais cafonas, porque ainda não avaliávamos como ele devastaria completamente nossa vida e porque, egoístas que somos, não nos importávamos em destruir o planeta para outros vivendo em outras partes ou os ainda não nascidos que o herdariam, indignados. Porque tínhamos fé demasiada na forma teleológica do mundo e na flecha do progresso humano para encarar a ideia de que o arco da história se curvaria na direção de tudo, menos da justiça ambiental. Porque nos momentos de maior franqueza em relação a nós mesmos já pensávamos no mundo como uma competição por recursos de soma zero e acreditávamos que, acontecesse o que acontecesse, a vitória provavelmente continuaria sendo nossa, ao menos em termos relativos, dados os privilégios de classe e nossa sorte na loteria do nascimento. Talvez estivéssemos apavorados demais com nossos próprios empregos e nossa economia para esquentar a cabeça com o futuro do emprego e da economia; ou talvez tivéssemos um medo real de robôs ou estivéssemos ocupados demais olhando para a tela de nossos celulares novos; ou talvez, por mais que enxerguemos o reflexo do apocalipse em nossa cultura e tomemos o caminho do pânico em nossa política, somos influenciados por um viés otimista no que respeita ao panorama mais geral; ou, na verdade, sabe-se lá por quê — há tantos aspectos do caleidoscópio climático que transformam nossas intuições acerca da devastação ambiental numa complacência inexplicável que é difícil focalizar o retrato completo da distorção climática. Mas simplesmente não queríamos, não podíamos ou, seja como for, nos recusamos a encarar a ciência de frente.

Este livro não é sobre a ciência do aquecimento; é sobre o que o aquecimento significa para o modo como vivemos no planeta. Mas o que diz essa ciência? A pesquisa é complicada, porque está assentada sobre duas camadas de incerteza: o que os humanos vão fazer, sobretudo em termos de emissão de gases de efeito estufa, e como o clima vai reagir, tanto em termos do aquecimento puro e simples como de uma variedade de ciclos de retroalimentação mais complicados e, às vezes, contraditórios. Mas mesmo obscurecida por essas faixas de incerteza, a pesquisa continua sendo bem clara, na verdade assustadoramente clara. O Painel Intergovernamental sobre Mudança Climática (IPCC, na sigla em inglês) das Nações Unidas oferece o padrão-ouro das avaliações sobre o estado do planeta e a trajetória provável da mudança climática — padrão-ouro, em parte, porque é conservador, integrando apenas as novas pesquisas que estão acima de qualquer controvérsia. Um novo relatório é esperado para 2022, mas o mais recente afirma que tomando logo uma atitude sobre as emissões de carbono e instituindo imediatamente os compromissos feitos, mas ainda não implementados, nos acordos de Paris, é provável que cheguemos a 3,2ºC de aquecimento, ou cerca de três vezes o aquecimento do planeta desde o início da industrialização — trazendo o impensável colapso das calotas polares não só ao plano da realidade, mas à realidade presente. Com isso ficariam inundadas não só Miami e Daca, como também Xangai e Hong Kong, além de uma centena de outras cidades pelo mundo todo. Acredita-se que o ponto de virada desse colapso sejam os 2ºC, mais ou menos; segundo diversos estudos recentes, mesmo a rápida interrupção das emissões de carbono ocasionaria um aquecimento nesse patamar até o fim do século.

As ameaças da mudança climática não cessam em 2100 só porque a maioria dos modelos, por convenção, não vai além desse ponto. É por isso que alguns estudiosos do aquecimento global chamam os próximos cem anos de o "século infernal". A mudança climática é rápida — mais rápida, ao que tudo indica, do que nossa capacidade de perceber e admiti-la; mas é também mais longa, quase mais longa do que podemos realmente imaginar.

Ao ler sobre aquecimento, com frequência topamos com analogias extraídas do registro planetário: *a última vez que o planeta ficou esse tanto mais quente*, logicamente se infere, *o nível do mar estava aqui*. Essas condições não são coincidências. O nível do mar estava ali porque o planeta estava aquele tanto mais quente, basicamente, e o registro geológico é o melhor modelo que temos para compreender o intrincado sistema climático e estimar com precisão quanta destruição decorre de uma temperatura elevada em 2ºC, 4ºC ou 6ºC. Por isso, é particularmente preocupante que a pesquisa recente sobre a história profunda do planeta sugira que nossos atuais modelos climáticos podem estar subestimando a quantidade de aquecimento esperado para 2100 em pelo menos 50%. Em outras palavras, as temperaturas poderiam subir, em última análise, até o dobro do previsto pelo IPCC. Mesmo cumprindo as metas de emissão de Paris, ainda poderemos chegar a 4ºC de aquecimento, significando um Saara verde e as florestas tropicais do mundo transformadas em savanas dominadas por incêndios. Os autores de um estudo recente sugeriram que o aquecimento poderia ser ainda mais dramático — a diminuição drástica de nossas emissões ainda assim nos conduziria a 4ºC ou 5ºC, um cenário que, segundo eles, ofereceria graves riscos à habitabilidade do planeta. Eles o chamaram de "Terra Estufa".

Por esses números serem tão pequenos, tendemos a trivializar as diferenças entre eles — um, dois, quatro. A experiência e a memória humanas não oferecem uma boa analogia para o modo como deveríamos pensar sobre esses limiares, mas, como no caso de conflitos militares mundiais ou da recorrência do câncer, você não quer ver nem o *um*. Com 2ºC, as calotas polares começarão a se desmanchar, 400 milhões de pessoas mais sofrerão com a escassez de água, cidades importantes na faixa equatorial do planeta se tornarão inabitáveis e mesmo em latitudes mais setentrionais as ondas de calor matarão milhares de pessoas todo verão. Haveria 32 vezes mais ondas de calor extremas na Índia e cada uma duraria cinco vezes mais, atingindo uma quantidade 93 vezes maior de pessoas. Esse é o nosso melhor cenário. Com 3ºC, a Europa meridional viverá uma seca permanente e a seca média na América Central duraria dezenove meses a mais e, no Caribe, 21 meses a mais. No Norte da África, a quantidade é sessenta meses a mais — cinco anos. As áreas queimadas por incêndios florestais todo ano dobrariam no Mediterrâneo e sextuplicariam, ou mais, nos Estados Unidos. Com 4ºC, haveria 8 milhões de novos casos de dengue todo ano só na América Latina e algo como crises alimentares anuais no mundo todo. A mortalidade ligada ao calor poderia aumentar em 9%. Danos por enchentes de rios aumentariam trinta vezes em Bangladesh, vinte vezes na Índia e sessenta vezes no Reino Unido. Em alguns lugares, seis desastres naturais provocados pelo clima poderiam ocorrer ao mesmo tempo, e, globalmente, os prejuízos passariam dos 600 trilhões de dólares — mais riqueza do que há no mundo hoje. Os conflitos e guerras poderiam duplicar.

Mesmo se mantivermos o aumento da temperatura do planeta abaixo dos 2°C até 2100, ficaremos com uma atmosfera contendo quinhentas partes por milhão de carbono — talvez mais. A última vez que isso aconteceu, há 16 milhões de anos, o mundo não estava 2°C mais quente, e sim em algum ponto entre 5°C e 8°C, causando uma elevação no nível dos oceanos de aproximadamente quarenta metros, o suficiente para recortar uma nova Costa Leste nos Estados Unidos na altura da rodovia I-95. Alguns processos levam milhares de anos para acontecer, mas também são irreversíveis, e portanto, na prática, permanentes. E se você ainda tem esperanças de que a mudança climática possa ser revertida por nós, é melhor tirar o cavalinho da chuva. Está fora do nosso alcance.

É isso em parte que faz dela algo que o teórico Timothy Morton chama de "hiperobjeto" — um fato conceitual tão grande e complexo que, como a internet, nunca será plenamente compreendido. A mudança climática tem muitos aspectos — seu tamanho, abrangência e contundência — que, isolados, satisfazem essa definição; juntos, podem elevá-la a uma categoria conceitual ainda mais complexa e incompreensível. Mas o tempo talvez seja o aspecto mais desafiador para o nosso entendimento, as piores consequências ocorrendo numa época tão distante que, num ato reflexo, não consideramos que possam ser reais.

Contudo, essas consequências prometem zombar de nós e de nossa percepção da realidade. Os dramas ecológicos desencadeados por nosso uso da terra e a queima de combustíveis fósseis — lentamente por cerca de um século e muito rapidamente por apenas algumas décadas — continuarão a se desenrolar ao longo de muitos milênios, na verdade por um período de tempo maior do que a presença dos seres humanos no planeta, e vividos em parte por criaturas e em ambientes que ainda nem sequer conhecemos, trazidos ao palco planetário pela força do aquecimento. E assim, numa barganha cognitiva conveniente, decidimos considerar a mudança climática apenas como ela se apresentará neste século. Em 2100, afirmam as Nações Unidas, caminhamos para os 4,5°C de aquecimento, a seguir nos rumos em que estamos hoje. Ou seja, mais distante do curso proposto em Paris do que o curso de Paris fica do limiar de 2°C da catástrofe, o que significa mais do que o dobro.

Como escreveu Naomi Oreskes, há incertezas demais em nossos modelos para que possamos extrair de suas predições uma lei incontestável. Uma simples simulação repetida muitas vezes com os atuais modelos climáticos, como Gernot Wagner e Martin Weitzman fazem em seu livro *Climate Shock* [Choque climático], resulta numa chance de 11% de excedermos os 6°C. Trabalho recente do prêmio Nobel William Nordhaus sugere que um crescimento econômico acima do previsto significa uma probabilidade maior do que um para três de que nossas emissões ultrapassarão o pior cenário usado como base de referência pelas Nações Unidas, que leva em consideração as condições atuais de crescimento. Em outras palavras, uma elevação da temperatura em 5°C ou possivelmente mais.

O ponto mais extremo da estimativa de probabilidade de 2014 das Nações Unidas para um cenário inalterado de fim de século — o pior cenário resultado do pior cenário de emissões — nos deixa em 8°C de aumento. Nessa temperatura, seres humanos no equador e nos trópicos não conseguiriam sair de casa sem colocar a vida em risco.

Em um mundo 8°C mais quente, os efeitos do calor direto seriam o menor dos problemas: os oceanos acabariam aumentando mais de sessenta metros, inundando dois terços das principais cidades mundiais da atualidade; não haveria terras no planeta capazes de produzir com eficiência a quantidade de alimentos que consumimos hoje; as florestas seriam varridas por tempestades de fogo e as costas assoladas por furacões cada vez mais intensos; o capuz sufocante das doenças tropicais se estenderia para o norte e abrangeria partes do que hoje chamamos de Ártico; provavelmente, cerca de um terço do planeta ficaria inabitável pelo calor direto; e o que hoje são secas e ondas de calor intoleráveis e literalmente sem precedentes passariam a ser condição cotidiana dos seres humanos sobreviventes.

É bem provável que evitemos os 8°C de aquecimento; de fato, diversos artigos científicos recentes sugerem que o clima está na verdade menos sensível a emissões do que imaginávamos e que mesmo o teto das condições atuais nos levaria a cerca de 5°C até o fim do século, parando possivelmente lá pelos 4°C. Mas 5°C é quase tão impensável quanto 8°C, e 4°C não é muito melhor: o mundo num déficit de comida permanente, os Alpes tão áridos quanto a cordilheira do Atlas.

Entre esse cenário e o mundo em que vivemos hoje, há apenas a questão em aberto da reação humana. Uma nova fornada de aquecimento extra já está para sair, graças aos lentos processos pelos quais o planeta se adapta aos gases de efeito estufa. Mas todas essas alternativas projetadas com base no presente — até 2°C, 3°C, 4°C, 5°C ou mesmo 8°C — serão determinadas preponderantemente pelo que decidirmos fazer hoje. Não há nada que nos impeça de evitar os 4°C além de nossa vontade de mudar de rumo, algo que ainda estamos por manifestar. Porque o planeta é tão grande e ecologicamente diverso; porque os seres humanos se revelaram uma espécie adaptável e provavelmente continuarão a se adaptar para superar uma ameaça letal; e porque os efeitos devastadores do aquecimento em breve ficarão extremos demais para serem ignorados, ou negados, se é que já não são: por causa disso tudo, é pouco provável que a mudança climática torne o planeta realmente inabitável. Mas se não fizermos nada quanto às emissões de carbono, se os próximos trinta anos de atividade industrial deixarem como rastro o mesmo arco ascendente dos últimos trinta anos, até o fim deste século regiões inteiras se tornarão inabitáveis por quaisquer padrões que tenhamos atualmente.

Anos atrás, E. O. Wilson propôs um termo, "Meia Terra", para nos ajudar a pensar num modo de conviver com as pressões de um clima em transformação, permitindo que a natureza siga seu curso reabilitador em metade do planeta e isolando a humanidade na outra metade habitável do mundo. A fração pode ser ainda menor do que isso, consideravelmente menor, e não por acaso; o subtítulo de seu livro era *A luta de nosso planeta pela vida*. Em escalas de tempo maiores, o resultado ainda mais desalentador também é possível — as trevas engolindo o planeta habitável à medida que o crepúsculo dos seres humanos se aproxima.

Seria necessária uma espetacular coincidência de más escolhas e má sorte para tornar esse tipo de "Terra Nenhuma" uma possibilidade ainda em nossa geração. Mas o fato de que trouxemos a eventualidade do pesadelo à baila talvez seja o fato cultural e histórico mais significativo da era moderna — o que os historiadores do futuro provavelmente estudarão sobre nós e algo que teríamos esperado também que as gerações anteriores tivessem tido a antevisão de abordar. Seja lá o que façamos para deter o aquecimento, e por mais agressivamente que ajamos para nos proteger de seus danos, teremos vislumbrado a perspectiva da devastação da espécie humana — suficientemente de perto para enxergar com clareza como seria e saber, com algum grau de precisão, qual será o preço pago por nossos filhos e netos. Perto o bastante, na verdade, para que já comecemos a sentir seus efeitos, quando não lhes damos as costas.

É quase difícil acreditar que tanta coisa já aconteceu e com tanta rapidez. No fim do verão de 2017, três grandes furacões se formaram de uma só vez no Atlântico, avançando inicialmente ao longo da mesma rota, como batalhões de um exército em marcha. O furacão Harvey, quando atingiu Houston, trouxe um aguaceiro de proporções tão épicas que foi descrito em algumas áreas como "um evento que acontece a cada 500 mil anos" — ou seja, devemos esperar essa quantidade de chuva caindo na região periodicamente a cada meio milhão de anos.

Consumidores sofisticados do noticiário ambiental já perceberam que a mudança climática costuma esvaziar de significado termos como esses, criados para descrever tempestades com chance de um em 500 mil de acontecer num dado ano. Mas neste sentido os números de fato ajudam: refrescam nossa memória de como o aquecimento global já nos distanciou de qualquer marco de desastre natural que nossos avós teriam reconhecido. Para ficar apenas por um momento no número mais prosaico de quinhentos anos, corresponderia a uma tempestade ocorrida uma única vez durante toda a história do Império Romano. Há quinhentos anos, não havia povoamentos ingleses do outro lado do Atlântico, então estamos falando de uma tempestade que caísse apenas uma vez depois que os europeus chegaram e fundaram colônias; que os colonos lutaram numa revolução e os americanos, em uma guerra civil e duas guerras mundiais; que seus descendentes estabeleceram um império de algodão nas costas de escravos, libertaram-nos e então brutalizaram seus descendentes; que primeiro industrializados e depois pós-industrializados triunfaram na Guerra Fria, anunciaram o "fim da história" e testemunharam, apenas uma década depois, seu retorno dramático. Uma tempestade por vez: é o que o registro meteorológico nos ensinou a esperar. Só uma. O furacão Harvey foi a terceira inundação em quinhentos anos a atingir Houston desde 2015. E em alguns lugares, a tempestade caiu com uma intensidade que deveria ser mil vezes ainda mais rara.

Nessa mesma temporada, um furacão atlântico atingiu a Irlanda, 45 milhões deixaram suas casas inundadas no Sul da Ásia e incêndios sem precedentes renderam uma safra de cinzas à Califórnia. E depois havia toda uma nova categoria de pesadelo cotidiano, a mudança climática inventando a categoria outrora inimaginável de desastres naturais obscuros — crises tão imensas que no passado teriam sido parte do folclore por séculos, hoje, ao passar por nosso horizonte, são ignoradas, subestimadas ou esquecidas. Em 2016, uma "inundação em mil anos" submergiu a pequena cidade de Ellicott City, Maryland, para dar só um exemplo tirado quase ao acaso; depois disso, dois anos mais tarde, na mesma cidade, houve outra. Em uma semana no verão de 2018, dezenas de lugares no mundo todo foram atingidos por ondas de calor recorde, de Denver a Burlington e Ottawa; de Glasgow a Shannon e Belfast; de Tbilisi, na Geórgia, e Yerevan, na Armênia, a faixas inteiras da Rússia meridional. No mês anterior, a temperatura durante o dia de uma cidade em Omã bateu na casa dos 50ºC e em nenhum momento à noite esteve abaixo dos 42ºC, e no Quebec, Canadá, 54 pessoas morreram com o calor. Nessa mesma semana, cem grandes incêndios florestais devastaram o Oeste americano, incluindo o fogo na Califórnia que consumiu 4 mil acres num só dia, e outro, no Colorado, que produziu uma erupção de chamas de noventa metros, como um vulcão, engolindo todo um loteamento residencial e levando à invenção de um novo termo, "tsunami de fogo". Do outro lado do planeta, chuvas bíblicas inundaram o Japão, onde 1,2 milhão de pessoas foram evacuadas de suas casas. Mais tarde nesse verão, o tufão Mangkhut forçou a evacuação de 2,45 milhões de pessoas da China continental, na mesma semana em que o furacão Florence atingiu os estados da Carolina do Norte e da Carolina do Sul, transformando brevemente a cidade portuária de Wilmington em uma ilha e cobrindo grandes partes do estado com excremento de porco e cinza de carvão. Ao longo de sua rota, os ventos em Florence geraram dezenas de tornados pela região. No mês anterior, na Índia, o estado de Kerala foi atingido pelas piores inundações em quase cem anos. Em outubro desse ano, um furacão no Pacífico varreu completamente a East Island, no Havaí, do mapa. E em novembro, que tradicionalmente marca o início da temporada de chuvas na Califórnia, o estado foi atingido pelo incêndio mais mortífero de sua história — o Camp Fire, que consumiu centenas e centenas de quilômetros quadrados nos arredores de Chico, matando dezenas e deixando muitos mais desaparecidos em um lugar chamado, proverbialmente, Paradise. A devastação foi tão absoluta que pudemos quase esquecer do incêndio Woolsey, mais perto de Los Angeles, ardendo nessa mesma época, e que forçou a evacuação súbita de 170 mil moradores.

É tentador olhar para essa sequência de desastres e pensar: *a mudança climática chegou*. E uma reação ao ver coisas previstas há muito tempo realmente acontecendo é sentir que adentramos uma nova era, na qual tudo mudou. Na verdade, foi assim que o governador da Califórnia, Jerry Brown, descreveu o estado de coisas em plena crise de incêndios florestais no estado: "o novo normal".

Mas a verdade é bem mais assustadora. Isto é, o fim do normal; nunca mais o normal. Já abandonamos o estado de condições ambientais que permitiu ao animal humano evoluir, numa aposta incerta e imprevista do que esse animal é capaz de suportar. O sistema climático sob o qual fomos criados, assim como foi criado tudo o que entendemos hoje por cultura humana e civilização, agora está, como o pai ou a mãe de alguém, morto. O sistema climático visto nos últimos anos, que tem castigado o planeta repetidas vezes, não é uma prévia do nosso futuro sombrio. Seria mais preciso dizer que é fruto de nosso passado climático recente, já sumindo em nosso retrovisor no lixo da nostalgia ambiental. Não existe mais esse negócio de "desastre natural", mas as coisas não vão piorar, simplesmente; tecnicamente falando, já pioraram. Mesmo que, por um milagre, os seres humanos deixassem de imediato de emitir carbono, continuaríamos fadados a algum aquecimento extra só por conta de tudo que já despejamos no ar. E é claro que, seguindo com o aumento das emissões globais, estamos muito longe de zerar o carbono e portanto muito longe de deter a mudança climática. A devastação a torto e a direito que vemos hoje supera as expectativas do melhor cenário para o aquecimento e todos os desastres climáticos que ele trará.

Ou seja, não se trata de um novo equilíbrio, muito longe disso. Está mais para o pé para fora na prancha do navio pirata. Talvez devido ao exaustivo debate falacioso sobre se a mudança climática é "real", muitos de nós desenvolvemos uma impressão ilusória de que seus efeitos são binários. Mas o aquecimento global não é um "sim" ou "não", tampouco é "o clima ficar para sempre como está", nem "apocalipse iminente". É uma função que piora com o tempo conforme continuamos a produzir gases de efeito estufa. E assim a experiência de viver em um clima transformado pela atividade humana não é apenas questão de passar de um ecossistema estável a outro relativamente pior, a despeito de como o sistema climático está degradado ou do quanto é destrutivo. Os efeitos vão crescer e se agravar à medida que o planeta esquentar: de 1ºC para 1,5ºC e quase certamente 2ºC e além. Os últimos anos de desastres climáticos podem levar a crer que o planeta está no limite. Na verdade, mal adentramos esse admirável mundo novo, que cede sob nós assim que pisamos nele.

Muitos desses novos desastres chegaram acompanhados do debate sobre a causa — até que ponto o que fizeram conosco é resultado do que fizemos ao planeta. Para os que esperam compreender exatamente como um furacão monstruoso se forma em um plácido oceano, esses questionamentos valem a pena, mas para todos os propósitos práticos, o debate não oferece nenhum real significado ou insight. Determinado furacão talvez deva 40% de sua força ao aquecimento global antropogênico, os atuais modelos podem sugerir, e determinada seca talvez seja 50% pior do que outra teria sido no século XVII. Mas a mudança climática não é uma pista discreta que podemos encontrar na cena de um crime local — um furacão, uma onda de calor, uma fome, uma guerra aqui e ali. O aquecimento global não é um perpetrador; ele é uma conspiração. Vivemos todos sob o clima e sob todas as mudanças que produzimos nele, que englobam a nós todos e a tudo que fazemos. Se a probabilidade de furacões com certa força hoje é cinco vezes maior do que no Caribe pré-colombiano, é simplório, quase trivial, discutir se esse ou aquele foi "causado pelo clima". Todos os furacões hoje são desencadeados nos sistemas climáticos que arruinamos a seu favor, e é por isso que existe maior quantidade deles e eles estão mais fortes. O mesmo se pode dizer dos incêndios florestais: esse ou aquele pode ser "causado" por um churrasco familiar ou um cabo partido, mas cada incêndio é mais rápido, extenso e duradouro graças ao aquecimento global, que não dá descanso para a temporada de incêndios. A mudança climática não é uma coisa acontecendo aqui ou ali, mas por toda parte e simultaneamente. A menos que decidamos pará-la, nunca vai cessar.

Ao longo das últimas décadas, o termo "Antropoceno" deixou o discurso acadêmico e penetrou na imaginação popular — um nome dado à era geológica na qual vivemos hoje e uma maneira de sinalizar que é uma nova era, definida no gráfico da história profunda pela intervenção humana. Um problema com o termo é que implica certa conquista da natureza, ecoando até mesmo o "domínio" bíblico. E por mais otimista e ingênuo que você possa ser acerca da afirmação de que já devastamos o mundo natural, o que sem sombra de dúvida fizemos, é completamente diferente achar que apenas o provocamos, engendrando primeiro por ignorância e depois por negação um sistema climático que agora entrou em guerra conosco por muitos séculos, talvez até a nossa destruição. É isso que Wally Broecker, o venerável oceanógrafo, quer dizer quando chama o planeta de "bicho bravo". Mas "máquina de guerra" também serviria. A cada dia lhe damos mais munição.

Os ataques não serão discretos — isso é outra ilusão climática. Na verdade, produzirão um novo tipo de violência em cascata, avalanches e cataratas de devastação, o planeta castigado vezes e vezes sem conta, com intensidade crescente e de maneiras que se alimentam entre si e minam nossa capacidade de reação, erradicando grande parte da paisagem que sempre encaramos naturalmente, durante séculos, como a fundação estável sobre a qual caminhamos, construímos casas e rodovias, conduzimos nossas crianças da escola à vida adulta com a promessa de segurança — e subvertendo a promessa de que o mundo que engendramos e construímos para nós, usando a natureza, também nos protegerá dela, em vez de conspirar com o desastre contra seus criadores.

Considere os incêndios na Califórnia. Em março de 2018, o condado de Santa Barbara emitiu ordens de evacuação obrigatória para os moradores de Montecito, Goleta, Santa Barbara, Summerland e Carpinteria — onde os incêndios de dezembro de 2017 haviam sido os piores da história. Era a quarta ordem de evacuação precipitada por um evento climático no condado em apenas três meses, mas só a primeira fora devido ao fogo. As outras foram por causa de deslizamentos propiciados pelo fogo, uma das comunidades mais chiques no estado mais glamouroso do país mais poderoso do mundo de pernas para o ar com o temor de que seus vinhedos de estimação e os estábulos de seus cavalinhos, suas praias cinco estrelas e escolas públicas modelo pudessem ser inundados por rios de lama, a comunidade tão completamente devastada quanto os extensos campos de barracos provisórios que abrigam os refugiados rohingya de Myanmar na região de monções de Bangladesh. E foram. Mais de uma dúzia de pessoas morreu, incluindo uma criança pequena que foi arrastada pela lama e levada por quilômetros encosta abaixo até o mar; escolas fecharam e rodovias ficaram alagadas, obstruindo as rotas dos veículos de emergência e deixando a comunidade ilhada por um mar de lama.

Algumas cascatas climáticas serão globais — cascatas tão imensas que seus efeitos parecerão, pela curiosa prestidigitação da mudança ambiental, imperceptíveis. Um planeta cada vez mais quente leva ao derretimento do gelo ártico, o que significa menos luz do sol refletida e mais luz absorvida por um planeta que esquenta cada vez mais rápido, o que por sua vez significa um oceano menos capaz de absorver o carbono da atmosfera e desse modo um planeta aquecendo em ritmo maior ainda. O planeta em aquecimento também derreterá o *permafrost* ártico, que contém 1,8 trilhão de toneladas de carbono, mais do que o dobro da quantidade atualmente suspensa na atmosfera terrestre, e parte do qual, conforme o *permafrost* derrete e o carbono é liberado, pode evaporar como metano, que é um cobertor climático de efeito estufa 34 vezes mais prejudicial do que o dióxido de carbono, quando considerado na escala de tempo de um século; quando considerado na escala de tempo de duas décadas, é 86 vezes pior. Um planeta mais quente é, no fim das contas, ruim para a vida vegetal, resultando no que chamamos de morte florestal "de fora para dentro" — o declínio e a retração de bacias de selvas tropicais do tamanho de um país inteiro e de florestas esparramadas por tantos hectares que outrora contiveram folclores inteiros —, o que significa a redução drástica da capacidade natural do planeta de absorver carbono e transformá-lo em oxigênio, o que por sua vez significa temperaturas ainda mais quentes, o que por sua vez significa mais morte de florestas e assim por diante. Temperaturas mais elevadas significam mais incêndios florestais, menos árvores, menor absorção de carbono, mais carbono na atmosfera, um planeta ainda mais quente — e assim por diante. Um planeta mais quente significa mais vapor d'água na atmosfera, e o vapor d'água, sendo um gás de efeito estufa, resulta em temperaturas ainda mais elevadas — e assim por diante. Oceanos mais quentes absorvem menos calor, o que significa mais calor no ar, e contêm menos oxigênio, que é a morte para o fitoplâncton — cuja função no oceano é a mesma das plantas na terra, comer carbono e produzir oxigênio —, o que nos deixa com mais carbono, que aquece o planeta ainda mais. E assim por diante. Esses são os sistemas que os cientistas do clima chamam de retroalimentação; há mais. Alguns operam em outro sentido, moderando a mudança climática. Muitos outros apontam para uma aceleração do aquecimento, caso os desencadeemos. E exatamente como esses sistemas complicados, mutuamente influenciados, irão interagir — que efeitos serão exagerados e que efeitos serão minados pela retroalimentação — é ignorado, o que lança uma névoa de incerteza sobre qualquer esforço de nos planejarmos de antemão para o futuro do clima. Sabemos como são as consequências da mudança climática no melhor cenário, por mais irreal que seja, porque ele se parece muito com o mundo em que vivemos hoje. Mas ainda nem começamos a contemplar essas cascatas capazes de nos lançar no escopo infernal da curva de distribuição normal.

Outras cascatas são regionais, despencando sobre comunidades humanas e esmagando-as onde caem. Podem ser cascatas no sentido literal — estão em alta as avalanches provocadas pelos seres humanos, com 50 mil pessoas mortas por essa causa no mundo todo entre 2004 e 2016. Na Suíça, a mudança climática desencadeou um tipo totalmente novo de avalanche, graças ao que são chamados de eventos "chuva na neve", que também causaram o transbordamento da represa de Oroville, no norte da Califórnia, e a inundação de 2013 em Alberta, no Canadá, com prejuízos na ordem dos 5 bilhões de dólares. Mas já há outros tipos. Escassez de água ou perda de colheitas provocadas pelo clima empurram os refugiados para regiões próximas já sofrendo com a carestia. A elevação do nível do mar encharca as terras de cultivo com quantidades cada vez maiores de água salgada, transformando áreas agrícolas em esponjas salobras incapazes de alimentar adequadamente os que vivem delas; inunda usinas de energia, deixando sem luz regiões onde a eletricidade possivelmente mais se faria necessária; e atingindo usinas químicas e nucleares, que, avariadas, exalam sua fumaça tóxica. As chuvas que se seguiram ao Camp Fire inundaram as habitações provisórias montadas às pressas para os refugiados do primeiro desastre. No caso dos deslizamentos de Santa Barbara, a seca resultou num estado cheio de mato pronto para queimar à menor faísca; em seguida, um ano de chuvas torrenciais anômalas só fez produzir mais crescimento, e os incêndios florestais varreram a paisagem, deixando uma encosta montanhosa praticamente sem vida vegetal para segurar no lugar os milhões de toneladas de terra solta que compõem a elevadíssima cadeia costeira onde as nuvens tendem a se juntar e a chuva cai primeiro.

 Alguns dos que observaram de longe se perguntaram, incrédulos, como um deslizamento de terra podia matar tanta gente. A resposta é, da mesma maneira que furacões ou tornados — transformando o ambiente, seja ele "artificial" ou "natural", em uma arma. Nos desastres causados pelo vento, por mais brutais que sejam, não é o vento que mata, mas as árvores arrancadas pela raiz e transformadas em porretes, os cabos de energia soltos que viram chicotes enlouquecidos e forcas eletrificadas, as casas que desabam sobre os moradores apavorados e os carros que rolam como rochas soltas num penhasco. E a destruição mata também aos poucos, interrompendo a chegada de comida e suprimentos médicos, bloqueando as estradas até para os profissionais de emergência, derrubando linhas telefônicas e torres de celular, de modo que aos enfermos e idosos só resta sofrer e torcer pela sobrevivência, em silêncio e sem ajuda.

A maior parte do mundo é bem diferente de Santa Barbara e seu cenário idílico em estilo colonial, uma paisagem a óleo de prosperidade aparentemente infinita, e nas décadas por vir muitos dos horrores climáticos mais punitivos irão na verdade atingir os menos aptos a reagir e a se recuperar. Isso é o que costuma se chamar de problema da justiça ambiental; uma expressão mais precisa e menos nebulosa seria "sistema de castas ambiental". O problema é grave nos países, mesmo os ricos, em que os mais pobres vivem em áreas pantanosas ou sujeitas a cheias e alagamentos, onde a irrigação é mais inadequada e a infraestrutura, mais vulnerável — um apartheid ambiental involuntário. Só no Texas, meio milhão de latinos pobres vivem em favelas chamadas "*colonias*", desprovidas de sistemas de esgoto capazes de lidar com o aumento das inundações.

O abismo é ainda maior no resto do planeta, onde os países mais pobres são os que mais sofrerão em nosso acalorado mundo novo. Na verdade, com uma exceção — a Austrália —, os países com menor PIB serão os mais quentes. Isso não obstante o fato de grande parte do hemisfério Sul não ter até o momento prejudicado tanto a atmosfera do planeta. Essa é uma das muitas ironias históricas da mudança climática, que melhor faríamos em chamar de crueldades, tão impiedoso é o sofrimento que irão infligir. Mas por mais desproporcionais que sejam as consequências para os menos favorecidos, a devastação do aquecimento global não pode ser simplesmente posta em quarentena no mundo em desenvolvimento, ainda que os habitantes do hemisfério Norte, não para nosso crédito, provavelmente assim preferissem. O desastre climático é indiscriminado demais para isso.

De fato, a crença de que é possível governar ou controlar o clima por alguma instituição ou instrumento humano à nossa disposição é outra ilusão climática ingênua. O planeta sobreviveu por inúmeros milênios sem um governo mundial ou algo parecido, na verdade suportou assim a maior parte da existência da civilização humana, organizado em torno de tribos, feudos, reinos e Estados-nação competitivos, e só começou a construir algo parecido com um projeto de cooperação, muito gradativamente, após duas guerras mundiais brutais — na forma não apenas da Liga das Nações e das Nações Unidas, mas mais tarde com a União Europeia e até o tecido comercial da globalização que, apesar de suas falhas, é uma visão da colaboração transnacional, imbuída do éthos neoliberal de que a vida na Terra era um jogo de soma positiva. Se tivéssemos de inventar uma ameaça grande o bastante, e global o bastante, para quiçá conjurar o aparecimento de um sistema de cooperação internacional real, essa ameaça seria a mudança climática — a ameaça onipresente, esmagadora, total. Contudo, hoje, quando esse tipo de cooperação é mais necessário do que nunca para a sobrevivência do mundo como o conhecemos, estamos apenas desmantelando essas alianças — recuando para guetos nacionalistas e nos afastando tanto da responsabilidade coletiva como uns dos outros. Esse colapso da confiança também é uma cascata.

Ainda não está claro até que ponto deixaremos de reconhecer o mundo sob nossos pés, e a questão de como atinamos com sua transformação permanece sem resposta. Um legado do credo ambientalista que valorizou por muito tempo o mundo natural como um refúgio abstrato é que vemos sua degradação como um episódio isolado, apartado de nossa vida moderna — tão separado que a degradação adquire os traços confortáveis de uma parábola saída da pena de Esopo, estetizada mesmo quando vivemos as perdas como tragédia.

A mudança climática pode significar que, no outono, as árvores simplesmente ficarão marrons, e assim olharemos de forma diferente para escolas de pintura inteiras, que se estenderam por gerações, devotadas a captar melhor os laranjas e vermelhos que não vemos mais da janela dos nossos carros quando pegamos a estrada. Os cafezais da América Latina deixarão de produzir frutos; casas de praia terão de ser construídas em palafitas cada vez mais altas e mesmo assim serão submersas. Em muitos casos, é melhor usar o verbo no presente. Apenas nos últimos quarenta anos, segundo o World Wildlife Fund, mais da metade dos vertebrados do mundo morreu; um estudo sobre as reservas naturais alemãs revelou que só nos últimos 25 anos a população de insetos voadores declinou em três quartos. A delicada dança das flores e seus polinizadores foi perturbada, assim como os padrões migratórios do bacalhau, que agora sobe velozmente a Costa Leste na direção do Ártico, evadindo-se às comunidades de pescadores que se alimentaram deles por séculos; assim como os padrões de hibernação dos ursos-negros, muitos dos quais permanecem acordados durante o inverno inteiro. Espécies individuadas ao longo de milhões de anos de evolução, mas forçadas a conviver pela mudança climática, passaram a cruzar entre si, produzindo toda uma nova classe de espécies híbridas: o urso-pardo polar, o lobo coiote. Os zoológicos hoje são museus de história natural, os livros infantis já estão desatualizados.

Fábulas antigas também serão refeitas: a história de Atlântida, após perdurar e nos encantar por milênios, competirá com as sagas em tempo real das ilhas Marshall e de Miami Beach, que estão afundando gradativamente e se tornarão em breve um paraíso de mergulhadores; a estranha fantasia de Papai Noel e sua oficina de brinquedos ficará ainda mais esquisita em um Ártico com verões sem gelo; e será deprimente contemplar como a desertificação de toda a bacia do Mediterrâneo mudará nossa leitura da *Odisseia*, ou o colorido desmaiado das ilhas gregas, com o pó do Saara amortalhando permanentemente o céu, ou a ressignificação das pirâmides, quando o Nilo secar por completo. E talvez veremos de outro modo a fronteira com o México quando o Rio Grande for a linha traçada por um leito seco de rio — o rio Sand, "rio areia", como já foi chamado. O soberbo Ocidente passou cinco séculos indiferente ao sofrimento dos países que vivem sob o véu das enfermidades tropicais, e só nos resta imaginar como vai ser quando os mosquitos de malária e dengue baterem suas asas também pelas ruas de Copenhagen e Chicago.

Mas encaramos as histórias sobre a natureza como alegorias por tanto tempo que aparentemente somos incapazes de reconhecer que o significado da mudança climática não está circunscrito à parábola. Ele nos inclui; num sentido muito real, nos governa — nossas colheitas, nossas pandemias, nossos padrões migratórios e guerras civis, ondas de crime e agressões domésticas, furacões e ondas de calor e bombas de chuva e megassecas, o formato de nosso crescimento econômico e tudo que flui correnteza abaixo a partir daí, o que hoje significa quase tudo. Oitocentos milhões de seres humanos, só na Ásia Meridional, diz o Banco Mundial, veriam suas condições de vida declinar drasticamente até 2050, pela atual taxa de emissões, e talvez uma desaceleração climática venha a revelar que a prodigalidade do que Andreas Malm considera capitalismo fóssil não passa de ilusão, sustentada durante alguns séculos apenas mediante a aritmética de adicionar o valor energético dos combustíveis fósseis queimados ao que havia sido, antes da madeira, do carvão e do petróleo, uma eterna armadilha malthusiana. Nesse caso, teríamos de aposentar a intuição de que a história inevitavelmente extrairá progresso material do planeta, ao menos por qualquer padrão confiável ou global, e de algum modo chegar a um consenso sobre até que ponto essa intuição dominou por completo nossa vida interior, muitas vezes de forma tirânica.

A adaptação à mudança climática é com frequência vista em termos de perdas e ganhos comerciais, mas nas próximas décadas esse intercâmbio vai funcionar, na verdade, no sentido oposto, com a prosperidade relativa como benefício de ações mais agressivas. Estima-se que cada grau de aquecimento custe a um país temperado como os Estados Unidos cerca de um ponto percentual do PIB e, segundo artigo recente, com 1,5ºC a mais o mundo seria 20 trilhões mais rico do que com 2ºC. Suba o termostato mais um ou dois graus e o custo salta à estratosfera — os juros compostos da catástrofe ambiental. A pesquisa sugere que 3,7ºC de aquecimento acarretariam 551 trilhões em prejuízos; a riqueza global total hoje é de cerca de 280 trilhões de dólares. Nosso atual curso de emissões nos conduz a um aumento de 4ºC até 2100; multiplique isso por aquele 1% do PIB e teremos eliminado quase por completo a mera possibilidade de crescimento econômico, que nunca passou dos 5% globalmente em mais de quarenta anos. Um grupo periférico de acadêmicos alarmados chama essa perspectiva de "economia de estado estacionário", mas no fim das contas sugere um afastamento mais completo da economia como farol orientador e do crescimento como a língua franca com a qual a vida moderna higieniza todas suas aspirações. "Estado estacionário" também é o nome para o pânico paralisante de que a história talvez seja menos progressiva, como passamos a acreditar de fato apenas nos últimos séculos, do que cíclica, como sabíamos que era durante os muitos milênios precedentes. Mais do que isso: na visão que a economia de estado estacionário projeta de uma refrega competitiva no estado de natureza, tudo, da política ao comércio e à guerra, parece resultar brutalmente num jogo de soma zero.

Por séculos olhamos para a natureza como um espelho no qual primeiro projetamos, depois observamos, nós mesmos. Mas qual é a moral? Não há o que aprender com o aquecimento global, porque não dispomos do tempo, ou da distância, para apreciar suas lições; afinal, não estamos apenas contando essa história, mas vivendo-a. Quer dizer, tentando vivê-la; a ameaça é imensa. Quão imensa? Um artigo de 2018 mostra a matemática em detalhes apavorantes. No periódico *Nature Climate Change*, a equipe liderada por Drew Shindell tentou quantificar o sofrimento que seria evitado se o aquecimento fosse mantido a 1,5ºC, em vez de 2ºC — em outras palavras, quanto sofrimento adicional resultaria apenas desse meio grau de aquecimento. A resposta: 150 milhões mais morreriam só da poluição do ar em um mundo 2ºC mais quente, em vez de 1,5ºC. Nesse mesmo ano, o IPCC fez um cálculo ainda mais contundente: no intervalo entre 1,5ºC e 2ºC, disseram, centenas de milhões de vidas correriam risco.

Quantidades dessa monta são difíceis de absorver, mas 150 milhões equivalem a 25 Holocaustos. É três vezes a taxa de mortalidade do Grande Salto Adiante de Mao — a maior taxa de mortalidade não militar jamais produzida pela humanidade. É mais do que o dobro da maior taxa de mortalidade de todos os tempos, a Segunda Guerra Mundial. Tais números não começam a aumentar apenas quando atingimos 1,5ºC a mais, é claro. Como provavelmente não será surpresa para ninguém, já estão acumulando, a um ritmo de pelo menos 7 milhões de mortes por causa da poluição do ar apenas, a cada ano — um Holocausto anual, executado e mantido por qual variedade de niilismo?

É a isso que nos referimos quando chamamos a mudança climática de "crise existencial" — um drama que no momento improvisamos ao acaso entre dois polos infernais, em que o resultado do melhor cenário é morte e sofrimento numa escala de 25 Holocaustos e o resultado do pior cenário nos deixa à beira da extinção. A retórica climática muitas vezes nos falta porque a única linguagem efetivamente apropriada é de um tipo que fomos treinados, por uma cultura exuberante de otimismo festivo, a desprezar, de modo categórico, como hipérbole.

Aqui, os fatos são extremos, e as dimensões do drama que se desenrolará entre esses polos, incompreensivelmente imensos — grandes o bastante para englobar não só toda a humanidade hoje existente, mas também a de todos os futuros possíveis. O aquecimento global comprimiu da forma mais improvável em duas gerações toda a narrativa da civilização humana. Primeiro, o projeto de refazer o planeta de modo que seja inegavelmente nosso, um projeto cujo sistema de escape, o veneno das emissões, hoje atravessa com facilidade milênios de gelo de forma tão veloz que podemos ver o derretimento a olho nu, destruindo as condições ambientais que sempre consideramos estáveis e que vigoraram com firmeza durante toda a história humana. Essa vem sendo a obra de uma única geração. A segunda geração enfrenta uma tarefa bem diferente: o projeto de preservar nosso futuro coletivo, prevenindo a devastação e engendrando um caminho alternativo. Simplesmente não há analogia a que recorrer, fora a mitologia e a teologia — e, talvez, a perspectiva da Guerra Fria, de destruição mútua e certa.

Poucos se sentem como deuses em face do aquecimento, mas que a mudança climática como um todo possa nos tornar tão passivos — essa é outra de suas ilusões. No folclore, nas histórias em quadrinhos, nos bancos das igrejas e nas poltronas dos cinemas, histórias sobre o destino da Terra muitas vezes aconselham equivocadamente ao público a passividade, e talvez não devamos nos surpreender que no caso da ameaça climática não seja diferente. Perto do fim da Guerra Fria, a perspectiva do inverno nuclear anuviara cada recesso de nossa cultura e psicologia pop, um pesadelo onipresente de que o experimento humano pudesse ser levado a termo por dois grupos rivais de estrategistas orgulhosos às turras, não mais que um punhado de mãos pairando com o dedo irrequieto sobre o botão de autodestruição do planeta. A ameaça da mudança climática é ainda mais dramática e em última instância mais democrática, a responsabilidade por ela partilhada por cada um de nós mesmo quando nos encolhemos de medo; e contudo processamos essa ameaça apenas em partes, normalmente não de modo concreto ou explícito, trocando algumas ansiedades por outras e inventando outras mais, preferindo ignorar os aspectos mais desoladores de nosso futuro possível e deixar que nosso fatalismo político e nossa fé tecnológica esmaeçam, como se tentássemos visualizar com olhos vesgos uma fantasia de consumidor incrivelmente familiar: de que alguém vá resolver o problema por nós, sem custo algum. Os mais assustados com frequência são os mais complacentes e confundem fatalismo com otimismo climático.

Ao longo dos últimos anos, à medida que os próprios ritmos ambientais do planeta parecem cada vez mais fatalistas, os céticos começaram a argumentar não que a mudança climática não existe, uma vez que o clima extremo é inegável, mas que suas causas não são claras — sugerindo que as mudanças que presenciamos são resultado de ciclos naturais, mais do que da atividade e intervenção humanas. É um argumento bem estranho; se o planeta está se aquecendo a um ritmo aterrorizante e numa escala apavorante, deveríamos claramente ficar mais, e não menos, preocupados que o aquecimento esteja além do nosso controle, possivelmente até da nossa compreensão.

O fato de sabermos que o aquecimento global é obra nossa deveria servir de consolo, e não ser motivo de desespero, por mais insondáveis e complicados que sejam os processos que o trouxeram à existência; o fato de sabermos que somos pessoalmente responsáveis por todos seus efeitos destrutivos deveria ser empoderador, e não apenas em um sentido perverso. O aquecimento global é, afinal de contas, uma invenção humana. E a outra face de nossa culpa em tempo real é que continuamos no controle. Por mais desgovernado que o sistema climático possa parecer — com seus tufões avassaladores, fomes e ondas de calor sem precedentes, crises de refugiados e conflitos climáticos —, somos todos os autores de uma história que ainda está sendo escrita.

Alguns, como as companhias de petróleo e seus padrinhos políticos, são autores mais prolíficos do que outros. Mas o fardo da responsabilidade é grande demais para ser carregado por uns poucos, por mais reconfortante que seja pensar que basta derrotarmos alguns vilões. Cada um de nós impõe algum sofrimento aos nossos futuros eus toda vez que acendemos a luz, compramos uma passagem de avião ou deixamos de votar. Hoje todos compartilhamos a responsabilidade de escrever o próximo ato. Descobrimos novas maneiras de engendrar a devastação e podemos encontrar novas maneiras de engendrar um caminho para fugir dela — ou, antes, engendrar um caminho que conduzirá a um mal menor, capaz de cumprir a promessa de que novas gerações serão capazes de encontrar seu próprio caminho, talvez em direção a um futuro ambiental mais positivo.

Desde que comecei a escrever sobre o aquecimento global, as pessoas me perguntam se vejo algum motivo para otimismo. A verdade é que *sou* otimista. Dada a perspectiva de que os humanos possam engendrar um clima que ficará 6ºC ou até 8ºC mais quente no decorrer dos próximos séculos — grandes faixas do planeta inóspitas por qualquer definição que usemos hoje —, esse mal menor corresponde, para mim, a um futuro encorajador. O aquecimento de 3ºC a 3,5ºC desencadearia sofrimento além de qualquer coisa que os humanos tenham experimentado durante muitos milênios de crises, conflitos e guerra total. Mas não é um cenário fatalista; na verdade, é muito melhor do que nosso curso atual. E na forma da tecnologia de captura de carbono, que extrairia CO_2 do ar, resfriando os gases em suspensão na atmosfera, ou da geoengenharia, ou de outras inovações ainda inconcebíveis, poderemos criar novas soluções, que levariam o planeta a um estado mais próximo do que hoje encararíamos como meramente sombrio, em vez de apocalíptico.

Também me perguntam se não é imoral continuarmos nos reproduzindo nesse clima, se é uma atitude responsável ter filhos, se é justo para o planeta ou, talvez mais importante, para as crianças. Acontece que enquanto escrevia este livro, tive uma filha, Rocca. Parte disso é ilusão, aquela mesma cegueira voluntária: sei que há horrores climáticos por vir, alguns dos quais recairão sobre meus filhos — é isso que significa uma ameaça que abrange tudo e atinge a todos. Mas esses horrores ainda não estão escritos. Nós os encenamos com nossa inação e por meio da ação podemos impedi-los. A mudança climática significa perspectivas desoladoras para as próximas décadas, mas não acho que a resposta apropriada para esse desafio seja o recuo ou a rendição. Acredito que devemos fazer tudo a nosso alcance para propiciar um mundo que abrigue uma vida digna e próspera, em vez de desistir de cara, antes de a luta ter sido perdida ou vencida, e aclimatar-se a um futuro sombrio trazido por outros menos preocupados com o sofrimento climático. A luta definitivamente ainda não está perdida — na verdade nunca será enquanto continuarmos a escapar da extinção, porque por mais quente que fique o planeta, sempre será o caso de que a década seguinte talvez contenha mais sofrimento, ou menos. E tenho de admitir, também estou empolgado com tudo que Rocca e suas irmãs e irmãos irão ver, testemunhar, fazer. Ela estará em idade de cuidar dos próprios filhos por volta de 2050, quando poderemos ter dezenas de milhões de refugiados do clima; ingressará na velhice no fim do século, a referência dos estágios finais em todas nossas projeções para o aquecimento. Entre uma coisa e outra, presenciará o mundo travando uma batalha contra uma ameaça genuinamente existencial e as pessoas de sua geração trabalhando num futuro para si próprias e para as gerações que elas trouxeram à existência, neste planeta. E não estará apenas presenciando, mas vivendo isso também — literalmente, a maior história jamais contada. E que pode muito bem ter um final feliz.

Que motivos temos para ter esperança? O carbono permanece no ar por décadas, com alguns dos ciclos de retroalimentação mais aterrorizantes se desenrolando ao longo de horizontes de tempo ainda maiores — o que confere ao aquecimento global o brilho sinistro de uma ameaça constante. Mas a mudança climática não é um crime arquivado que precisamos reabrir; estamos destruindo o planeta diariamente, fazendo isso em geral com a mão direita, enquanto com a esquerda trabalhamos juntos para recuperá-lo. Ou seja, como Paul Hawken, talvez mais racionalmente, ilustrou, também podemos parar de destruí-la ao mesmo estilo — das maneiras mais coletivas, aleatórias e cotidianas imagináveis, além das ações aparentemente espetaculares. O projeto de desligar todo o mundo industrial dos combustíveis fósseis de uma vez por todas é intimidador e deve ser levado a cabo o mais rapidamente possível — até 2040, afirmam muitos cientistas. Mas, nesse ínterim, muitas possibilidades se descortinam — e estarão abertas para nós se não formos preguiçosos, cegos e egoístas demais para aproveitá-las.

Metade das emissões do Reino Unido, segundo cálculos recentes, vem de ineficiências na construção, alimentos descartados e não utilizados, aparelhos eletrônicos e roupas; dois terços da energia americana é desperdiçada; globalmente, segundo um artigo científico, estamos subsidiando o negócio do combustível fóssil a um custo de 5 trilhões de dólares por ano. Nada disso precisa continuar. A conta pela demora em tomar uma atitude sobre o clima, conforme revelou outro artigo, chegará para o mundo em

2030 no valor de 26 trilhões. Isso não precisa continuar. Os americanos desperdiçam um quarto de sua comida, ou seja, a pegada de carbono da refeição média é um quarto maior do que deveria ser. Isso não precisa continuar. Cinco anos atrás, dificilmente alguém que não frequentasse os recessos mais escuros da internet teria ouvido falar em bitcoin; hoje, a mineração da criptomoeda consome mais eletricidade do que a gerada por todos os painéis solares do mundo combinados, o que significa que em poucos anos criamos, graças à desconfiança mútua e às nações por trás das "moedas fiduciárias", um programa que pode acabar com os ganhos de diversas gerações de lenta e laboriosa inovação em energia verde. Não precisa ser assim. E uma simples mudança no algoritmo poderia eliminar completamente essa pegada do bitcoin.

Esses são apenas alguns dos motivos para acreditar que o que o ativista canadense Stuart Parker chamou de "niilismo climático" é, na verdade, outra de nossas ilusões. O que acontece a partir daqui será obra inteiramente nossa. O futuro do planeta será determinado em grande parte pelo arco de crescimento do mundo em desenvolvimento — onde reside a maior parte da população mundial, na China, na Índia e, cada vez mais, na África subsaariana. Mas isso não absolve o Ocidente, onde o cidadão médio produz emissões em quantidade muito maior do que quase qualquer um na Ásia, à pura força do hábito. Jogo fora toneladas de comida desperdiçada e quase nunca separo alguma coisa no meu lixo; meu ar-condicionado vive ligado; comprei bitcoin no pico do mercado. Nada disso é necessário, tampouco.

Mas também não é necessário que os ocidentais adotem o estilo de vida dos pobres mundiais. Setenta por cento da energia produzida pelo planeta, estima-se, é perdida por calor residual. Se o americano médio se limitasse à pegada de carbono do seu equivalente europeu, as emissões de carbono nos Estados Unidos cairiam mais da metade. Se os 10% mais ricos do mundo ficassem restritos a essa mesma pegada, as emissões globais cairiam em um terço. E por que não deveriam? Quase uma medida profilática contra a culpa climática, quando as notícias da ciência são cada vez mais sombrias, os liberais ocidentais se consolam distorcendo seus próprios padrões de consumo em performances de pureza moral e ambiental — menos carne bovina, mais Teslas, menos voos transatlânticos. Mas para o cálculo climático essas escolhas individuais de estilo de vida contam muito pouco, a menos que sua somatória se traduza em frutos políticos. A despeito da dispersão dos partidários do clima nos Estados Unidos, essa contabilidade não deveria ser impossível, quando compreendemos o que está em jogo. A aposta é alta demais.

A aniquilação é apenas a cauda muito fina da curva normal muito longa do aquecimento, e não há nada que nos impeça de mudar de rumo para fugir dela. Mas o que reside entre nós e a extinção é bastante apavorante, e ainda nem começamos a contemplar o que significa viver sob tais condições — quais as consequências para nossa política, cultura e equilíbrio emocional, nossa percepção da história e a relação com ela, nossa percepção da natureza e a relação com ela, do fato de que estamos vivendo em um mudo degradado por nossas próprias mãos, com o horizonte da possibilidade humana dramaticamente menos visível. Podemos ver ainda o surgimento de um deus ex machina climático — ou, antes, construir um, na forma da tecnologia de captura de carbono ou geoengenharia, ou na forma de uma revolução no modo como geramos energia, elétrica ou política. Mas essa solução, se é que a veremos um dia, virá à tona em um futuro sombrio, distorcido por nossas emissões, como se por um glaucoma.

Os intoxicados por séculos e séculos de triunfalismo ocidental, mais do que os outros, tendem a ver a narrativa da civilização humana como a conquista inexorável da Terra, não a saga de uma cultura insegura, crescendo de forma caótica e vacilante como bolor sobre sua superfície. Essa fragilidade, presente em tudo que os humanos podem causar ao planeta, é o maior insight existencial do aquecimento global, mas está apenas começando a abalar nosso triunfalismo; embora, há uma geração, se tivéssemos parado para contemplar as possibilidades, provavelmente não teríamos ficado surpresos em ver uma nova forma de niilismo político emergindo na região do mundo que já é a mais castigada pelo aquecimento global — o Oriente Médio —, manifestando-se ali em espasmos suicidas de violência teológica. Numa região que outrora já foi chamada, grandiosamente, de o "berço da civilização". Hoje, o niilismo político se irradia por quase toda parte, mediante as inúmeras culturas que surgiram, ramificando-se a partir de suas raízes no Oriente Médio. Já ficou para trás a estreita janela de condições ambientais que permitiram ao animal humano evoluir, mas não apenas evoluir — essa janela contém tudo o que recordamos como história, valorizamos como progresso e estudamos como política. O que significará viver fora dessa janela, provavelmente bem longe dela? Esse ajuste de contas é o assunto deste livro.

Nada disso é novidade. A ciência que embasa os doze próximos capítulos foi selecionada de entrevistas com dezenas de especialistas e de centenas de artigos publicados nos melhores periódicos acadêmicos por volta da última década. Por ser ciência, é provisória, em constante evolução, e algumas previsões que seguem certamente não se concretizarão, mas é também um retrato honesto e justo do estado de nossa compreensão coletiva das numerosas e crescentes ameaças que um planeta de temperaturas em elevação representa para todos que hoje o habitam, e esperam continuar a habitá-lo por tempo indeterminado e serenamente.

Pouca coisa aqui tem a ver com a "natureza" em si, e nenhum comentário é feito quanto ao destino trágico dos animais do planeta, sobre o qual outros já escreveram com tanta elegância e poesia que, como em nossa miopia sobre o nível do mar, ameaçam obscurecer nosso retrato do que o aquecimento global significa para nós, o animal humano. Até o momento, parece ter sido mais fácil mostrar solidariedade com o flagelo climático de outras espécies do que com o nosso, talvez porque tenhamos tanta dificuldade em admitir ou compreender nossa dose de responsabilidade e cumplicidade nas mudanças e porque seja tão mais fácil proceder à avaliação do cálculo moralmente mais simples da pura vitimização.

O que segue é na verdade uma contabilidade caleidoscópica dos custos humanos caso a vida humana continue como tem sido por uma geração, o que encherá o planeta com ainda mais humanos — o que o presente aquecimento global nos reserva na questão da saúde pública, dos conflitos, da política e da produção de alimentos, da cultura pop, da vida urbana e da saúde mental e do modo como imaginamos nossos futuros à medida que começamos a perceber, a toda nossa volta, uma aceleração da história e o estreitamento das possibilidades que a aceleração provavelmente acarreta. A força da desforra do mundo natural desabará como uma cascata sobre nossa cabeça, mas o custo para a natureza é apenas parte do cálculo; ninguém sairá ileso. Talvez eu esteja sozinho na esquerda ambiental quando penso que, a meu ver, o mundo poderia perder grande parte do que chamamos de "natureza" contanto que pudéssemos continuar a viver como sempre vivemos no mundo que deixamos para trás. O problema é que não podemos.

II. ELEMENTOS DO CAOS

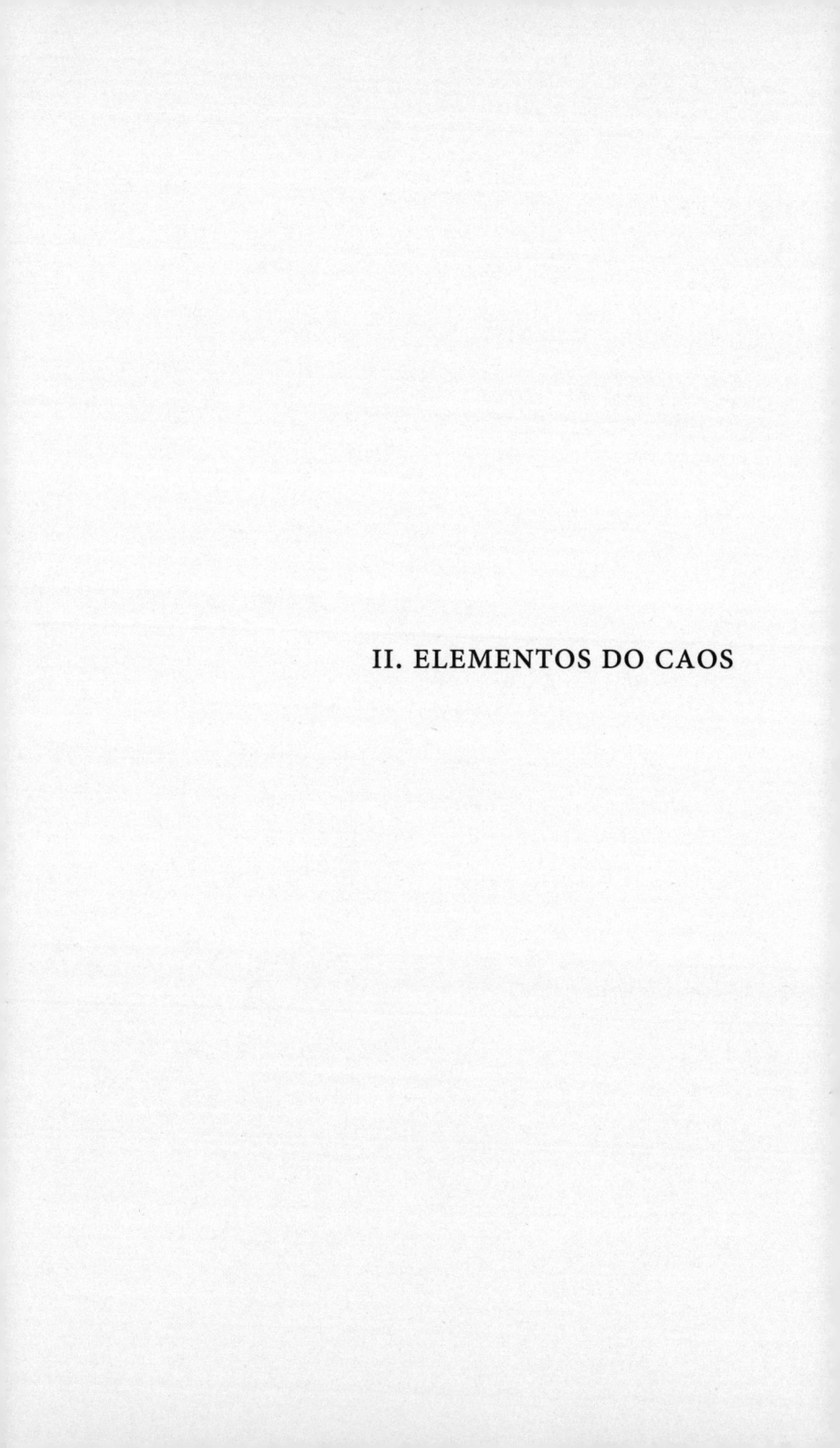

Calor letal

Os seres humanos, como todos os mamíferos, são máquinas térmicas; sobreviver significa ter de se resfriar continuamente, como fazem os cachorros ao ofegar. Para isso, a temperatura necessita ser baixa o bastante para que o ar atue como em um sistema de refrigeração, extraindo o calor da epiderme de modo que a máquina possa continuar bombeando. A 7ºC de aquecimento, isso seria impossível em algumas porções da faixa equatorial do planeta, particularmente nos trópicos, onde a umidade agrava o problema. E o efeito seria rápido: após algumas horas, o corpo humano ficaria cozido, por dentro e por fora, e a pessoa morreria.

Com 11ºC ou 12ºC de aquecimento, mais da metade da população mundial, tal como distribuída hoje, morreria do calor direto. As coisas quase certamente não chegarão nesse ponto tão cedo, embora alguns modelos de emissões incessantes projetem esse cenário ao longo dos séculos. Mas com apenas 5ºC a mais, segundo alguns cálculos, partes inteiras do globo ficariam incompatíveis com a vida dos seres humanos. Com 6ºC, qualquer tipo de trabalho no verão seria impossível no vale do baixo Mississippi e todo americano a leste das Montanhas Rochosas sofreria com um calor pior do que qualquer lugar do mundo hoje. A força do calor em Nova York excederia a do atual Bahrain, uma das regiões mais quentes do planeta, e a temperatura em Bahrain "induziria a hipertermia mesmo em seres humanos adormecidos".

Cinco ou seis graus até 2100 é pouco provável. O IPCC oferece uma projeção intermediária de 4°C, a seguirmos no atual curso de emissões. Isso acarretaria o que hoje parecem impactos impensáveis — incêndios florestais queimando dezesseis vezes mais terras no Oeste americano, centenas de cidades submersas. Cidades que hoje abrigam milhões, da Índia ao Oriente Médio, ficariam tão quentes que sair de casa no verão seria um risco fatal — na verdade, será assim bem antes disso, com apenas 2°C de aquecimento. Não precisamos considerar os piores cenários para ter motivo de alarme.

No caso do calor direto, o fator-chave é algo chamado "temperatura de bulbo úmido", que também mede a umidade com um método combinado que, como o nome sugere, está mais para uma experiência caseira: a temperatura é registrada em um termômetro embrulhado numa meia molhada que fica balançando no ar. No presente momento, a maioria das regiões atinge um bulbo úmido máximo de 26°C a 27°C; a linha vermelha da habitabilidade fica em 35°C, além do que os humanos simplesmente morrem de calor. Isso deixa uma diferença de 8°C. O chamado "estresse térmico" ocorre bem antes.

Na verdade, já chegamos lá. Desde 1980, o planeta assistiu a um crescimento de cinquenta vezes na quantidade de ondas de calor perigosas; um aumento ainda mais acentuado é iminente. Os cinco verões mais quentes da Europa desde 1500 ocorreram a partir de 2002, e, segundo adverte o IPCC, haverá um momento em que simplesmente trabalhar ao ar livre nessa época do ano será prejudicial à saúde em partes do globo. Mesmo que observemos as metas de Paris, lugares como Karachi e Calcutá conhecerão todo ano ondas de calor mortais, como as que paralisaram ambas as cidades em 2015, quando o calor matou milhares na Índia e no Paquistão. Com 4ºC de aquecimento, a onda de calor letal na Europa em 2003, que fez 2 mil vítimas por dia, seria um verão como outro qualquer. Na época, foi um dos piores eventos climáticos na história do continente, matando 35 mil europeus, incluindo 14 mil franceses; ironicamente, escreveu William Langewiesche, nesses países ricos os enfermos passaram relativamente bem, a maior parte assistidos em asilos e hospitais, e os mortos eram em sua maior parte idosos comparativamente saudáveis, que ficaram sozinhos quando as famílias saíram de férias para fugir do calor. Alguns cadáveres apodreceram por semanas antes de seus parentes voltarem.

E vai piorar. Mantido o cenário atual, segundo uma equipe de pesquisa liderada por Ethan Coffel em 2017, a quantidade de dias mais quentes do que costumavam ser os dias mais quentes do ano poderia aumentar cem vezes até 2080. Possivelmente, 250 vezes. A métrica utilizada por Coffel é "pessoa-dias": unidade que combina o número de pessoas afetadas com o número de dias. Todo ano, haveria entre 150 milhões e 750 milhões pessoa-dias com temperaturas de bulbo úmido equivalentes às das ondas de calor mais severas de hoje — ou seja, letais. Haveria 1 milhão de pessoa-dias todo ano com temperaturas de bulbo úmido intoleráveis — combinações de calor e umidade além da capacidade de sobrevivência humana. No fim do século, estima o Banco Mundial, os meses mais frescos nos trópicos — América do Sul, África e Pacífico — serão provavelmente mais quentes do que os meses mais quentes do fim do século xx.

Tivemos ondas de calor no passado, é claro, e letais; em 1998, no fim do outono americano, morreram 2500 pessoas. Mais recentemente, a temperatura alcançou picos ainda maiores. Em

2010, 55 mil pessoas morreram em uma onda de calor russa que matou setecentas pessoas por dia em Moscou. Em 2016, no meio da onda de calor que transformou o Oriente Médio em um forno por meses, as temperaturas no Iraque ficaram em torno dos 38ºC em maio, 43ºC em junho e 49ºC em julho, com o calor arrefecendo para menos de 38ºC, na maioria dos dias, só à noite. (Um clérigo xiita na cidade de Najaf proclamou que o calor no país era resultado de um ataque eletromagnético realizado pelos Estados Unidos, segundo o *Wall Street Journal*, e alguns meteorologistas concordaram.) Em 2018, talvez a temperatura mais quente jamais vista no mundo em abril foi registrada no sudeste do Paquistão. Na Índia, um único dia acima dos 35ºC aumenta as taxas de mortalidade anuais em 0,75%; em 2016, vários dias ficaram acima dos 49ºC — em maio. Na Arábia Saudita, onde as temperaturas de verão com frequência se aproximam dessa faixa, 700 mil barris de petróleo são queimados diariamente nessa época, na maior parte para manter os aparelhos de ar-condicionado da nação ligados.

Isso pode ajudar a arrefecer o calor, é claro, mas aparelhos de ar-condicionado e ventiladores já respondem por 10% do consumo mundial de eletricidade. Acredita-se que a demanda irá triplicar, ou talvez quadruplicar, até 2050; segundo uma estimativa, o mundo terá 700 milhões de novos aparelhos de ar-condicionado já em 2030. Outro estudo sugere que até 2050 haverá, no mundo todo, mais de 9 bilhões de dispositivos de resfriamento de vários tipos. Mas, à parte a climatização dos shoppings nos Emirados Árabes, não é remotamente econômico, muito menos "verde", usar ar-condicionado por atacado em todas as partes mais quentes do planeta, muitas delas também as mais pobres. E de fato, a crise será mais dramática no Oriente Médio e no golfo Pérsico, onde em 2015 o índice de calor registrou temperaturas de até quase 73ºC. Daqui a algumas décadas apenas, a peregrinação do hadji será uma impossibilidade física para grande parte dos 2 milhões de muçulmanos que atualmente a realizam todo ano.

Não é só o hadji e não é só Meca. Na região canavieira de El Salvador, pelo menos um quinto da população — compreendendo mais de um quarto de homens — sofre de doença renal, aparentemente resultado de desidratação por passar o dia em plantações onde até poucas décadas atrás podiam trabalhar confortavelmente. Com diálise, que é cara, pacientes com insuficiência renal têm expectativa de vida de cinco anos; sem diálise, são semanas. Claro, o estresse térmico promete agredir outros lugares além dos rins. No momento em que escrevo esta frase, no deserto da Califórnia, em meados de junho, o termômetro está batendo nos 50ºC do lado de fora. E não é um recorde.

É isso que os cosmólogos querem dizer quando afirmam a total improbabilidade de algo tão avançado quanto a inteligência humana evoluir em um universo inóspito como esse: todo planeta inabitável é um lembrete da raridade do conjunto de circunstâncias exigido para a criação de um equilíbrio climático propício à vida. Nenhuma vida inteligente de que tenhamos notícia jamais evoluiu, em qualquer parte do universo, fora da faixa estreita de temperaturas que abrangeu toda a evolução humana e que agora é parte do passado, provavelmente para sempre.

Mas quanto vai esquentar? A pergunta pode soar científica, exigindo conhecimento especializado, mas a resposta é quase inteiramente humana — ou seja, política. Os perigos da mudança climática são voláteis; a incerteza a torna uma ameaça metamórfica. Em que momento o planeta vai ficar 2ºC, ou 3ºC, mais quente? Qual será o nível do mar por aqui em 2030, 2050, 2100, quando nossos filhos estiverem deixando a Terra para seus filhos e netos? Quais cidades serão inundadas, quais florestas morrerão, os celeiros de quem ficarão vazios? Essa incerteza está entre as metanarrativas mais sérias que a mudança climática ensejará em nossa cultura ao longo das próximas décadas — uma calamitosa falta de clareza até de como ficará esse mundo em que vivemos hoje daqui a apenas uma ou duas décadas, quando continuaremos morando nas mesmas casas e pagando nossa mesma hipoteca, assistindo aos mesmos programas de televisão e apelando a muitos dos mesmos juízes na Suprema Corte. Mas embora haja algumas coisas que a ciência não sabe sobre a reação do sistema climático ao carbono que bombeamos no ar, a incerteza do que irá ocorrer — essa incerteza ameaçadora — emerge não da ignorância científica, mas principalmente da questão em aberto de como reagimos. Isso quer dizer principalmente quanto carbono mais decidiremos emitir, problema que não cabe às ciências naturais resolver, e sim às ciências humanas. Hoje os pesquisadores do clima conseguem prever com precisão espantosa onde um furacão vai causar destruição, e com que intensidade, com até uma semana de antecedência do impacto; isso não acontece apenas porque os modelos são bons, mas porque todos os dados são conhecidos. No caso do aquecimento global, os modelos são igualmente bons, mas o principal dado ainda é um mistério: o que vamos fazer?

As lições dessa história são infelizmente sombrias. Três quartos de século depois de o aquecimento global ser admitido como um problema pela primeira vez, não fizemos nenhum grande ajuste em nossa produção ou em nosso consumo de energia para corrigi-lo ou nos proteger dele. Há muito tempo os observadores leigos do clima viram os cientistas sugerirem ações para a estabilização do clima e concluíram que o mundo as adotaria; em vez disso, o mundo não fez praticamente nada, como se essas ações pudessem se implementar por si mesmas. As forças do mercado reduziram o custo e aumentaram a oferta de energia verde, mas as mesmas forças absorveram essas inovações, ou seja, lucraram com elas, enquanto continuaram aumentando as emissões. A política produziu gestos de solidariedade e cooperação globais tremendos e descartou imediatamente suas promessas. Virou um lugar-comum entre ativistas do clima dizer que dispomos hoje das ferramentas necessárias para evitar a mudança climática catastrófica — ou mesmo uma mudança climática de grandes proporções. Também é verdade. Mas a vontade política não é um ingrediente trivial, sempre à mão. Também dispomos das ferramentas necessárias para erradicar a pobreza, as doenças epidêmicas e a violência contra mulheres.

Somente em 2016 os célebres acordos climáticos de Paris — que conclamam todas as nações do mundo a cumprir a meta de aquecimento de 2ºC — foram adotados, e a resposta já é desanimadora. Em 2017, as emissões de carbono cresceram 1,4%, segundo a Agência de Energia Internacional, após um ambíguo par de anos que para os otimistas seria um novo ponto de equilíbrio, ou pico; na verdade, era uma nova escalada. Mesmo antes do novo pico, não havia uma única nação industrial importante em vias de cumprir os compromissos feitos no tratado de Paris. Claro, esses compromissos apenas nos reduzem a 3,2ºC; para manter o planeta abaixo dos 2ºC de aquecimento, todas as nações signatárias precisam se comprometer mais. No momento, há 195 signatários, dos quais apenas Marrocos, Gâmbia, Butão, Costa Rica, Etiópia, Índia e Filipinas são considerados "dentro da faixa" das metas fixadas em Paris. Isso põe em uma perspectiva útil o anúncio de Donald Trump de que deixaria o tratado; na verdade, sua desfeita pode em última instância se revelar ironicamente produtiva, uma vez que a debandada da liderança americana nas questões climáticas parece ter mobilizado a China — oferecendo a Xi Jinping a oportunidade e o incentivo para adotar uma postura bem mais agressiva em relação ao problema. Claro que as renovadas promessas chinesas por ora também não passam de retórica; o país já tem a maior pegada de carbono mundial, e nos primeiros três meses de 2018 suas emissões aumentaram em 4%. A China domina metade da capacidade de energia a carvão do planeta, com usinas que operam apenas, em média, metade do tempo — o que significa que a produção pode expandir rapidamente. Em termos globais, a energia a carvão quase dobrou desde 2000. Segundo uma análise, se o mundo como um todo seguisse o exemplo chinês, haveria 5°C de aquecimento até 2100.

Em 2018, as Nações Unidas previram que pela taxa atual de emissões o mundo passaria de 1,5°C de aquecimento até 2040, se não antes; segundo a Avaliação do Clima Nacional de 2017, mesmo que a concentração global de carvão fosse imediatamente estabilizada, seria esperado mais de 0,5°C de aquecimento a mais para o futuro. E é por isso que continuar num patamar abaixo dos 2°C provavelmente exige não só reduzir as emissões de carbono como também o que chamamos de "emissões negativas". Essas ferramentas vêm em duas formas: tecnologias que sugariam carbono do ar (chamadas CCS, de "sequestro e armazenagem de carbono") e novas abordagens no manejo das áreas florestais e da agricultura que fariam a mesma coisa, de maneira ligeiramente mais antiquada (bioenergia com sequestro e armazenagem de carbono, ou "BECCS").

Segundo uma batelada de artigos científicos recentes, ambos estão mais para uma fantasia, ao menos por ora. Em 2018, o Conselho Consultivo da Associação Europeia de Academias de Ciências (EASAC, na sigla em inglês) revelou que as atuais tecnologias de emissão têm "potencial realista limitado" para até mesmo desacelerar o aumento da concentração de carbono na atmosfera — muito menos reduzir significativamente essa concentração. Em 2018, a revista *Nature* chamou todos os cenários elaborados em torno das CCS de "pensamento mágico". E um pensamento nem tão encantador assim. Não existe muito carbono no ar ao todo, apenas 410 partes por milhão, mas ele está em todo lugar, e desse modo se fiar na captura global de carbono para a limpeza exigiria a construção de fazendas de bioenergia em larga escala praticamente na Terra toda — o planeta transformado em algo como uma usina de reciclagem de ar em órbita do Sol, um satélite industrial descrevendo uma parábola pelo sistema solar. (Não era bem isso que Barbara Ward ou Buckminster Fuller tinham em mente quando se referiram à "espaçonave Terra".) E embora avanços estejam certamente por vir, com redução de custos e a produção de máquinas mais eficientes, não podemos nos demorar muito mais à espera desse progresso; o tempo acabou. Uma estimativa sugere que, para alimentar esperanças de 2°C, precisamos criar usinas de sequestro de carbono em larga escala, ao ritmo de uma e meia por dia, todos os dias, durante os próximos setenta anos. Em 2018, o mundo contava com dezoito delas, no total.

Isso não é bom, mas a indiferença em relação ao clima infelizmente não é novidade. Projetar o aquecimento futuro é um exercício fútil, haja vista quantas camadas de incerteza influenciam o resultado; mas se um melhor cenário possível acha-se hoje em algum lugar entre 2°C e 2,5°C de aquecimento até 2100, parece que o resultado mais provável, a parte mais gorda da curva normal de probabilidade, fica em torno dos 3°C, ou um pouquinho acima. Provavelmente, mesmo essa quantidade de aquecimento exigiria grande uso de emissões negativas, considerando o uso crescente do carbono. E há ainda o risco derivado da incerteza científica, a possibilidade de que estejamos subestimando os efeitos dos ciclos de retroalimentação dos sistemas naturais, que compreendemos apenas superficialmente. Se esses processos forem acionados, poderíamos esperar até 4°C de aquecimento até 2100, mesmo com uma redução significativa, ainda que tardia, nas emissões ao longo das próximas décadas. Mas nosso histórico desde Kyoto mostra que a miopia humana torna contraproducente fazer previsões sobre o que *vai* acontecer, em termos de emissões e aquecimento; melhor considerarmos o que *pode* acontecer. O céu é, literalmente, o limite.

As cidades, onde a maior parte da população mundial vai viver num futuro próximo, apenas agravam o problema das altas temperaturas. O asfalto, o concreto e tudo o mais que a torna densa, incluindo a carne humana, absorvem o calor ambiente, essencialmente armazenando-o por algum tempo como uma pílula de veneno de liberação prolongada; isso é especialmente preocupante porque, numa onda de calor, o descanso da noite é vital, permitindo que o corpo se recupere. Quando essas pausas são abreviadas, e menos profundas, o corpo continua cozinhando em fogo lento. Na verdade, o concreto e o asfalto das cidades absorvem tanto calor durante o dia que, ao ser liberado, à noite, ele pode elevar a temperatura local em até 5,5°C, transformando o que seriam dias insuportavelmente quentes em dias letais — como na onda de calor em Chicago em 1995, que matou 739 pessoas, ocasião em que os efeitos do calor direto se combinaram à infraestrutura de saúde pública precária. Esse número tantas vezes citado reflete apenas as mortes imediatas; dos muitos milhares mais que foram parar no pronto-socorro durante o ocorrido, quase metade morreu naquele mesmo ano. Outros apenas sofreram dano cerebral permanente. Os cientistas chamam isso de efeito "ilha de calor" — cada cidade se torna um espaço fechado, tanto mais quente quanto mais populosa.

Como sabemos, o mundo está se urbanizando a passo rápido, e as Nações Unidas estimam que dois terços da população mundial viverão em cidades até 2050 — 2,5 bilhões de novos habitantes urbanos, segundo os cálculos. Por um século ou mais, a cidade pareceu uma visão do futuro para grande parte do mundo, que continua a engendrar metrópoles em escalas cada vez maiores: mais de 5 milhões de habitantes, mais de 10 milhões, mais de 20 milhões. A mudança climática não deverá reduzir muito esse padrão, mas tornará mais perigosas as grandes migrações que ele reflete, com as aspirações de muitos milhões no mundo todo levando-os a acorrer a cidades cujo calendário registra muitos dias de calor letal, orbitando as megalópoles como mariposas em volta da chama.

Em tese, a mudança climática poderia até reverter essas migrações, talvez mais completamente do que a criminalidade em muitas cidades americanas no século passado, levando as populações urbanas em determinadas partes do mundo a se deslocar à medida que a vida nas cidades se torna inviável. No calor, o asfalto das ruas derrete e trilhos entortam — isso já está acontecendo, mas os impactos crescerão como bola de neve nas décadas por vir. Atualmente, há 354 grandes cidades com máximas no verão de 35ºC ou mais. Em 2050, essa lista pode aumentar para 970 e a quantidade de pessoas vivendo nessas cidades, expostas a esse calor mortífero, pode octuplicar, chegando a 1,6 bilhão. Só nos Estados Unidos, 70 mil trabalhadores foram gravemente atingidos por ondas de calor depois de 1992, e até 2050, calcula-se que 255 mil pessoas morrerão no mundo todo dos efeitos diretos do calor. Atualmente há 1 bilhão de pessoas sob risco de sofrer algum tipo de estresse induzido pelo calor e um terço da população mundial está sujeita a ondas de calor letais pelo menos em vinte dias do ano; em 2100, esse terço aumentará para a metade, mesmo que consigamos ficar abaixo dos 2ºC. Caso contrário, pode chegar a três quartos.

Nos Estados Unidos, a insolação é considerada um mal menor — uma chateação que a pessoa descobre no acampamento de verão, como câimbras ao nadar. Mas a morte por calor está entre os castigos mais cruéis para o corpo humano, e é tão dolorosa e desorientadora quanto a hipotermia. Primeiro, vem a "exaustão por calor", na maior parte um sinal de desidratação: suor profuso, náuseas, dor de cabeça. Após determinado ponto, porém, a água não ajuda, e a temperatura interna sobe à medida que o corpo manda o sangue para a superfície da pele, tentando desesperadamente resfriá-lo. A pele normalmente fica avermelhada; os órgãos internos começam a falhar. No fim, paramos de suar. O cérebro também para de funcionar direito e às vezes, após um período de agitação e combatividade, o episódio é interrompido por um ataque cardíaco fatal. "Quando falamos de calor extremo", escreveu Langewiesche, "você tem tanta chance de escapar quanto de mudar de pele."

Fome

Os climas diferem e as plantas variam, mas uma regra informal básica do cultivo de cereais à temperatura ideal é: para cada grau de aquecimento, há um declínio de 10% na produção. Algumas estimativas vão mais longe. Se o planeta estiver 5ºC mais quente no fim do século, quando as projeções sugerem que poderemos ter uma população 50% maior para alimentar, também poderemos ter 50% menos grãos para oferecer a ela. Ou menos ainda, porque na verdade, quanto maior o aquecimento, mais declina a produção. E com proteínas é pior: são necessários 3,6 quilos de cereais para produzir um único quilo de carne de hambúrguer, obtida de um animal que passou a vida aquecendo o planeta com arrotos de metano.

No mundo todo, os cereais representam cerca de 40% da dieta humana; quando acrescentamos soja e milho, somamos dois terços de todas as calorias humanas. No total, as Nações Unidas estimam que o planeta precisará de quase o dobro de alimentos em 2050 — e embora esse número seja uma conjetura, não está longe da realidade. Especialistas em fisiologia vegetal observam, de maneira um pouco otimista demais, que a matemática da cultura de cereais se aplica apenas a essas regiões que já atingiram o pico na temperatura de cultivo, e estão com a razão — teoricamente, um clima mais quente vai facilitar o cultivo de trigo na Groenlândia. Mas como um artigo científico pioneiro de Rosamond Naylor e David Battisti observou, os trópicos já estão demasiado quentes para o cultivo eficaz de grãos, e os lugares onde produzimos cereais hoje já têm uma temperatura de cultivo ideal — o que significa que até mesmo com um pequeno aquecimento a produtividade irá declinar rapidamente. O mesmo pode ser dito do milho, no geral. Com 4ºC de aquecimento, a produção norte-americana, a maior do mundo, deverá cair quase pela metade. A previsão de declínio não é tão dramática nos três maiores produtores seguintes — China, Argentina e Brasil —, mas em cada um desses casos o país perderia pelo menos um quinto da produtividade.

Há uma década, fomos informados pelos climatologistas que embora o calor direto prejudique o crescimento das plantas, o carbono extra na atmosfera teria o efeito contrário — uma espécie de fertilizante transportado pelo ar. Mas o efeito é mais potente com ervas daninhas, e não parece funcionar para os cereais. E a uma concentração de carbono mais elevada, as plantas desenvolvem folhas mais grossas, algo que soa inócuo. Mas folhas mais grossas são piores em absorver carbono, efeito que representa, até o fim do século, pelo menos 6,39 bilhões de toneladas adicionais na atmosfera todo ano.

Além do carbono, a mudança climática significa que o cultivo de produtos básicos trava uma guerra contra mais insetos — a maior presença poderia reduzir a produção em 2% a 4% —, assim como fungos e doenças, sem falar em inundações. Algumas culturas, como o sorgo, são um pouco mais robustas, mas mesmo nessas regiões onde tais alternativas servem de alimento básico, a produção recente caiu; e embora os cerealistas tenham alguma esperança de produzir mais cepas tolerantes ao calor, estão tentando fazer isso há décadas, sem sucesso. O cinturão global natural do trigo está se movendo em direção ao polo cerca de 250 quilômetros por década, mas não podemos simplesmente deslocar as terras de cultivo algumas centenas de quilômetros mais para o norte, e não só porque é difícil deixar de uma hora para outra uma terra ocupada por cidades pequenas, estradas, escritórios, instalações industriais. A produção em lugares como as regiões remotas de Canadá e Rússia, mesmo com um aquecimento de poucos graus, ficaria limitada pela qualidade do solo nesses lugares, uma vez que leva muitos séculos para o planeta produzir uma terra fértil ideal. As terras ditas férteis são as mesmas que já utilizamos, e o clima está mudando com rapidez demais para esperarmos o solo setentrional ficar pronto. Esse solo, acredite se quiser, está literalmente desaparecendo — são 75 bilhões de solo perdido todo ano. Nos Estados Unidos, a taxa de erosão é dez vezes mais elevada que a taxa de reposição natural; na China e na Índia, trinta ou quarenta vezes mais rápida.

Mesmo quando tentamos nos adaptar, a reação é muito lenta. O economista Richard Hornbeck é especializado na história do Dust Bowl americano, um fenômeno climático caracterizado por tempestades de areia recorrentes que assolou regiões do país nos anos 1930; ele afirma que os fazendeiros de então poderiam ter se adaptado à mudança climática de sua época cultivando outros produtos. Mas não fizeram isso por não ter crédito para os investimentos necessários e foram incapazes de superar a inércia e o ritual e sua identidade enraizada. Desse modo, as plantações morreram, com onda após onda de devastadora poeira cobrindo estados americanos inteiros e todos os seus habitantes.

Mas acontece que uma transformação similar está ocorrendo no Oeste americano hoje. Em 1879, o naturalista John Wesley Powell, que passou seu tempo livre como soldado durante a Batalha de Vicksburg estudando rochas encontradas nas trincheiras da União, deduziu que havia uma fronteira natural avançando para o norte ao longo do meridiano 100. Ela separava as terras naturalmente boas, úmidas — portanto cultiváveis —, do que veio a ser o Meio-Oeste das terras áridas, espetaculares mas pouco aproveitáveis, do verdadeiro Oeste. A divisão passa por Texas, Oklahoma, Kansas, Nebraska e as Dakotas, e se estende ao sul para o México e ao norte para Manitoba, no Canadá, separando comunidades mais densamente povoadas, cheias de grandes fazendas, das terras mais esparsas e descampadas que nunca tiveram real valor para a agricultura. Desde 1980, essa fronteira avançou 225 quilômetros para o leste, quase até o paralelo 98, levando consigo a seca a centenas de milhares de hectares de terras cultiváveis. A única fronteira similar do planeta é a que divide o deserto do Saara do resto da África. Esse deserto se expandiu 10% também; no inverno, a proporção é 18%.

Os privilegiados filhos do Ocidente industrializado riram por muito tempo das previsões de Thomas Malthus, o economista britânico que acreditava que o crescimento econômico de longo prazo era impossível, uma vez que cada safra superprodutiva ou episódio de crescimento acabaria por produzir mais humanos para consumi-la e absorvê-la — e como resultado o tamanho de qualquer população, incluindo a do planeta como um todo, era um impeditivo ao bem-estar material. Em 1968, Paul Ehrlich fez advertência similar, atualizada para um planeta no século XXI com muito mais habitantes, em seu amplamente ridicularizado *The Population Bomb* [A bomba populacional], que propunha que a produtividade econômica e agrícola da Terra já atingira seu limite natural — e que foi publicado, por coincidência, bem quando os ganhos de produtividade da assim chamada "revolução verde" ficaram mais evidentes. Esse termo, hoje usado às vezes para descrever avanços em energia limpa, surgiu pela primeira vez para nomear a incrível expansão das safras gerada pelas inovações nas práticas agrícolas na metade do século XX. No meio século que se seguiu, não só a população mundial dobrou, mas também a fração dos que viviam na pobreza extrema diminuiu cerca de seis vezes — de pouco mais do que a metade da humanidade para 10%. Nos países em desenvolvimento, a subnutrição caiu de mais de 30% em 1970 para perto de 10% hoje.

Esses acontecimentos convidam a uma atitude positiva em face de todo tipo de pressão ambiental, e em seu livro recente sobre as implicações do boom agrícola do século XX, o escritor Charles Mann diferencia os que reagem com otimismo reflexo ao aparente desafio da escassez de recursos, que ele chama de "magos", dos que enxergam o colapso sempre à espreita, que chama de "profetas". Mas embora a concepção e a execução da revolução verde pareçam tão impecáveis a ponto de refutar o alarmismo de Ehrlich, o próprio Mann não sabe muito bem quais são as lições a tirar. Pode ser um pouco cedo para julgar Ehrlich — ou talvez mesmo seu avô, Malthus —, uma vez que quase todos os assombrosos ganhos de produtividade do último século remetem ao trabalho de um único homem, Norman Borlaug, talvez o melhor exemplo de virtude humanitária do século imperial americano. Nascido em Iowa numa família de fazendeiros, em 1914, ele frequentou a escola pública, encontrou trabalho na DuPont e depois, com ajuda da Fundação Rockefeller, desenvolveu uma nova coleção de variedades de trigo altamente produtivas, resistentes a doenças, que hoje se acredita terem salvado a vida de bilhões de pessoas no mundo todo. Claro, se esses ganhos forem um grande avanço isolado — empreendido, em sua maior parte, por um homem só —, como poderemos contar confiantemente com futuros aprimoramentos?

O termo acadêmico para o assunto desse debate é "capacidade de carga": quanta população dado ambiente pode suportar, antes de entrar em colapso ou se degradar pelo uso excessivo? Mas uma coisa é considerar qual pode ser a máxima produtividade de determinado lote de terra, e outra bem diferente é contemplar até que ponto esse número é governado pelos sistemas ambientais — sistemas muito maiores e mais difusamente determinados do que mesmo um mago imperial como Borlaug poderia esperar comandar e controlar. O aquecimento global, em outras palavras, é mais do que apenas um fator numa equação para determinar a capacidade de carga; é o conjunto de condições sob as quais todos nossos experimentos para melhorar essa capacidade serão conduzidos. Dessa maneira, a mudança climática parece ser não apenas um entre os muitos desafios enfrentados por um planeta já combalido por conflitos civis, guerras, desigualdade terrível e inúmeros outros problemas insolúveis, mas o grande palco onde todos esses desafios serão enfrentados — toda uma esfera, em outras palavras, que contém literalmente todos os problemas futuros do mundo e todas suas soluções possíveis.

Curiosamente, eles podem ser os mesmos, o que é de enlouquecer. Os gráficos que mostram tamanho progresso recente no mundo em desenvolvimento — sobre pobreza, fome, educação, mortalidade infantil, expectativa de vida, relações de gênero e mais — são, falando em termos práticos, os mesmos que traçam o aumento drástico das emissões mundiais de carbono que colocou o planeta à beira do precipício. Esse é um aspecto do que se entende por "justiça climática". Não só é certo que os impactos mais cruéis da mudança climática serão sofridos pelos menos resilientes em face da tragédia climática, como também o crescimento humanitário da classe média do mundo em desenvolvimento após o fim da Guerra Fria foi custeado principalmente pela industrialização movida a combustível fóssil — um investimento no bem-estar do Sul global que empenhou o futuro ecológico do planeta.

Entre outros motivos, é por isso que o destino climático mundial será moldado principalmente pelos padrões de desenvolvimento da China e da Índia, cujo trágico fardo é integrar muitas centenas de milhões de pessoas à classe média global, ao mesmo tempo sabendo que o caminho fácil tomado pelas nações que se industrializaram no século XIX e mesmo no XX nos conduziu hoje ao caos climático. O que não significa que não irão fazer como eles, de qualquer jeito: em 2050, espera-se que o consumo de leite na China triplique, graças aos novos gostos de inclinação ocidental emergindo em suas classes consumidoras, um único boom em um único país que, segundo as estimativas, aumentará em cerca de 35% as emissões de gases de efeito estufa provocados pela indústria de laticínios.

A produção global de alimentos já responde por cerca de um terço de todas as emissões. Para evitar formas perigosas de mudança climática, o Greenpeace estima que o mundo precisa cortar seu consumo de carne e laticínios pela metade até 2050; tudo que sabemos sobre o que acontece quando os países ficam mais ricos sugere que isso será quase impossível. E abrir mão do leite é uma coisa; abrir mão da eletricidade barata, da cultura do automóvel, das dietas ricas em proteína de que os ricos do mundo dependem para permanecer magros são demandas bem maiores. No Ocidente pós-industrial, tentamos não pensar nesses compromissos que tanto nos beneficiaram. Quando o fazemos, é com frequência no espírito culpado do que o crítico Kris Bartkus memoravelmente chamou de "o trágico malthusiano" — quer dizer, nossa incapacidade de enxergar qualquer inocência remanescente na vida cotidiana do Ocidente próspero, haja vista a devastação que aquela riqueza impôs ao mundo de maravilhas naturais que ele conquistou, e o sofrimento dos que, em outras partes do planeta, foram deixados para trás na corrida pelo conforto material sem fim e convidados, na prática, a pagar por ele.

Claro, a maioria das pessoas não abraçou essa visão trágica ou de autocomiseração. Um estado de semi-ignorância e semi-indiferença é uma doença climática muito mais difusa do que a negação pura ou o fatalismo puro. Um modo de ver basicamente deliberado, ainda que com frequência travestido de impotência, é o tema da formidável obra em duas partes de William Vollmann, *Carbon Ideologies* [Ideologias do carbono], que abre — fora a epígrafe, "Um crime é algo que algum outro comete", de Steinbeck — da seguinte forma: "Um dia, num futuro talvez não muito distante, os habitantes de um planeta mais quente, mais perigoso e biologicamente diminuído do que esse em que vivi talvez se perguntem o que você e eu tínhamos na cabeça, se é que havia alguma coisa". Na maior parte do prólogo, ele escreve sobre o passado de um futuro imaginado e devastado. "Claro que fizemos isso conosco; sempre fomos intelectualmente preguiçosos e quanto menos era exigido de nós, menos fizemos", escreve. "Vivemos todos em função do dinheiro e foi em seu nome que morremos."

A seca pode ser um problema ainda maior do que o calor para a produção de alimentos, com a desertificação acelerada de algumas das melhores terras aráveis do mundo. Com 2ºC de aquecimento, as secas invadirão o Mediterrâneo e grande parte da Índia, e a produção de milho e sorgo do mundo inteiro vai sofrer, aumentando a pressão sobre o fornecimento mundial de alimentos. Com 2,5ºC, graças na maior parte à seca, poderíamos entrar em um déficit alimentar mundial — necessitando de mais calorias do que o planeta é capaz de produzir. Com 3ºC, haveria ainda mais secas — na América Central, Paquistão, Oeste dos Estados Unidos e Austrália. Com 5ºC, a Terra inteira seria envolvida pelo que o ambientalista Mark Lynas chama de "dois cinturões globais de seca permanente".

A precipitação pluviométrica é notoriamente difícil de modelar em detalhes, e, contudo, as previsões para mais adiante neste século são basicamente unânimes: tanto secas como chuvas e inundações sem precedentes. Por volta de 2080, sem dramáticas reduções drásticas nas emissões, a Europa meridional enfrentará uma seca permanente, muito pior do que o Dust Bowl americano. O mesmo é verdade para o Iraque e a Síria e grande parte do resto do Oriente Médio; parte das regiões mais densamente populosas de Austrália, África e América do Sul; e as regiões férteis da China. Nenhum desses lugares, que hoje fornecem a maioria do alimento mundial, seria fonte confiável depois disso. Quanto ao Dust Bowl original: as secas nas planícies e no Sudoeste americano seriam não só piores do que na década de 1930, previu um estudo da Nasa de 2015, mas piores do que qualquer seca em mil anos — e isso inclui as ocorridas entre 1100 e 1300, que secaram todos os rios a leste das montanhas de Sierra Nevada e podem ter sido responsáveis pelo fim da civilização anasazi.

Observe que mesmo com os ganhos notáveis das últimas décadas, no atual momento não vivemos em um mundo sem fome. Longe disso: a maioria das estimativas calcula o número mundial de subnutridos em 800 milhões, com pelo menos 100 milhões passando fome devido aos choques climáticos. O número do que chamamos de "fome oculta" — deficiências de micronutrientes e de dieta — é consideravelmente mais elevado, afetando bem mais de 1 bilhão de pessoas. A primavera de 2017 trouxe uma fome quadruplicada sem precedentes à África e ao Oriente Médio; as Nações Unidas advertiram que esses episódios isolados na Somália, no Sudão do Sul, na Nigéria e no Iêmen poderiam matar 20 milhões naquele ano. Isso foi um único ano em apenas um continente, tentando agora alimentar cerca de 1 bilhão de pessoas, cuja população deve quadruplicar no decorrer do século XXI para 4 bilhões.

Só resta torcer para que essas expansões populacionais produzam seus próprios Borlaugs, de preferência muitos deles. E já há sinais de alguns possíveis avanços tecnológicos: a China investiu em estratégias de cultivo sob medida para aumentar a produtividade e eliminar o uso de fertilizantes, que agravam as emissões de efeito estufa; no Reino Unido, uma "startup de solo livre" anunciou sua primeira "colheita" em 2018; nos Estados Unidos, já se ouve falar na perspectiva das fazendas verticais, que economizam área de plantio, ao produzir em ambiente fechado; e proteína desenvolvida em laboratório, que faz o mesmo cultivando carnes dentro de tubos de ensaio. Mas essas continuam sendo tecnologias de vanguarda, distribuídas de maneira desigual e, por serem tão caras, indisponíveis por ora para os mais necessitados. Há uma década, havia grande otimismo de que culturas geneticamente modificadas poderiam ensejar uma nova revolução verde, mas hoje a modificação genética tem sido usada sobretudo para tornar as plantas mais resistentes a pesticidas, fabricados e vendidos pelas mesmas companhias envolvidas na engenharia genética do cultivo. E a resistência cultural cresce tão célere que no rótulo da água mineral gaseificada da rede de supermercados Whole Foods se lê: "Água com gás sem produtos geneticamente modificados".

Não é exatamente claro quanto benefício mesmo os capazes de tirar vantagem das técnicas de vanguarda conseguirão extrair. Nos últimos quinze anos, o matemático iconoclasta Irakli Loladze conseguiu isolar um efeito dramático do dióxido de carbono na nutrição humana não antecipado por fisiologistas vegetais: ele torna as plantas maiores, mas essas plantas maiores são menos nutritivas. "Todas as folhas do planeta, incluindo as lâminas das gramíneas, produzem cada vez mais açúcares conforme os níveis de CO_2 continuam a crescer", Loladze contou ao site Politico, em uma matéria sobre seu trabalho intitulada "O grande colapso dos nutrientes". "Estamos presenciando a maior injeção de carboidratos na biosfera em toda a história humana — uma injeção que dilui outros nutrientes em nosso suprimento de alimentos."

Desde 1950, grande parte da substância boa das plantas que comemos — proteína, cálcio, ferro, vitamina C, para nomear apenas quatro — declinou em um terço, revelou um estudo de 2004, referência na área. Tudo está cada vez mais para junk food. Até o conteúdo proteico do mel de abelha caiu um terço.

O problema piora à medida que pioram as concentrações de carbono. Recentemente, pesquisadores estimaram que, em 2050, 150 milhões de pessoas no mundo desenvolvido estarão sob risco de deficiência de proteína como resultado do colapso de nutrientes, uma vez que grande parte dos pobres do mundo depende do cultivo vegetal, e não da carne animal, para obter proteína; 138 milhões poderiam sofrer de deficiência de zinco, essencial para uma gravidez saudável; e 1,4 bilhão poderiam enfrentar uma queda dramática de ferro no sangue — abrindo as portas para um possível surto de anemia. Em 2018, uma equipe liderada por Chunwu Zhu examinou o conteúdo proteico de dezoito cepas diferentes de arroz, alimento básico de mais de 2 bilhões de pessoas, e descobriu que o aumento de dióxido de carbono no ar produzia declínios nutricionais de todo tipo — quedas no conteúdo proteico, bem como de ferro, zinco e vitaminas B_1, B_2, B_5 e B_9. Na verdade, tudo exceto vitamina E. Em geral, os pesquisadores descobriram que, agindo só na cultura do arroz, as emissões de carbono poderiam prejudicar a saúde de 600 milhões de pessoas.

Em séculos anteriores, impérios foram erguidos sobre essa cultura. A mudança climática promete erguer um império da fome entre os pobres do mundo.

Afogamento

Que o nível do mar vai se tornar mortífero é uma certeza. A menos que haja uma redução das emissões, poderemos ver pelo menos 1,2 metro de elevação do nível do mar, e possivelmente o dobro, até o fim do século. Uma redução radical — capaz de fazer do teto de 2°C uma meta exequível, por mais otimista que seja — ainda assim poderia resultar em dois metros de elevação até 2100.

Ironicamente, encontramos, há uma geração, conforto em números como esses — ao pensar que um oceano alguns metros mais elevado é o pior que a mudança climática pode trazer, os que vivem perto do litoral sentem que podem respirar um pouco mais aliviados. Nesse sentido, até livros e artigos mais alarmistas e populares sobre o aquecimento global foram vítimas do próprio sucesso, tão centrados na elevação do nível do mar que desviaram a atenção de seus leitores de todos os flagelos climáticos que ameaçam as gerações futuras, à exceção dos oceanos — calor direto, clima extremo, pandemias etc. Mas por mais familiar que seja a questão do nível do mar, ela com certeza merece lugar de destaque na galeria das consequências da mudança climática. Acostumar-se à perspectiva de um futuro próximo com oceanos dramaticamente mais elevados é tão desanimador e preocupante quanto aceitar a inevitabilidade da guerra nuclear total — porque essa é a ruína que a elevação dos oceanos vai desencadear.

Em *The Water Will Come* [Vem água por aí], Jeff Goodell arrola alguns monumentos — em alguns casos, culturas inteiras — que serão transformados em relíquias submersas, como navios naufragados, ainda neste século: todas as praias que você já visitou; a sede do Facebook, o Kennedy Space Center e a maior base naval dos Estados Unidos, em Norfolk, Virginia; nações inteiras das Maldivas e das ilhas Marshall; a maior parte de Bangladesh, incluindo todos os manguezais que foram o reino do tigre-de-bengala por milênios; toda Miami Beach e grande parte do paraíso erguido nos pântanos e bancos de areia do sul da Flórida por especuladores imobiliários vorazes há menos de um século; a basílica de São Marcos, em Veneza, hoje com quase mil anos de idade; Venice Beach e Santa Monica, em Los Angeles; a Casa Branca, no número 1600 da avenida Pennsylvania, assim como a "Casa Branca de veraneio" de Trump, em Mar-a-Lago, a de Richard Nixon em Key Biscayne e a original, de Harry Truman, em Key West. A lista de Goodell é bastante incompleta. Passou-se um milênio desde que Platão se encantou pela história de uma grande cultura submersa, Atlântida, que se algum dia existiu foi provavelmente um arquipélago de ilhas mediterrânicas com população na casa dos milhares — possivelmente, dezenas de milhares. Até 2100, se não detivermos as emissões de carbono, pelo menos 5% da população mundial sofrerá com enchentes todo ano. Jacarta é uma das cidades que mais crescem no mundo, hoje abrigando 10 milhões de habitantes; devido às enchentes e ao afundamento puro e simples, a cidade pode submergir de vez até 2050. A China já evacua centenas de milhares todo verão para proteger a população contra as cheias no delta do rio das Pérolas.

O que afundará com essas inundações não são apenas os lares dos que tentam escapar — centenas de milhões de novos refugiados do clima espalhando-se por um mundo incapaz, a esta altura, de acomodar as necessidades de alguns poucos milhões —, mas também comunidades, escolas, bairros comerciais, fazendas, prédios de escritórios e centros empresariais, culturas regionais tão esparramadas que apenas algumas centenas de anos atrás teriam entrado para a memória como impérios, agora de repente transformados em museus submersos, uma exposição sobre nosso modo de vida no século, ou nos dois séculos, em que os humanos, em vez de manter distância segura do mar, construíram como loucos por toda a linha costeira. Levará milhares de anos, talvez milhões, para o quartzo e o feldspato se degradarem em areia capaz de voltar a encher as praias que perdermos.

Grande parte da infraestrutura da internet poderia ser submergida pelo aumento do nível do mar em menos de duas décadas, segundo um estudo; e a maioria dos celulares que usamos hoje para navegá-la é fabricada em Shenzhen, que, às margens do delta do rio das Pérolas, também pode ficar debaixo d'água a qualquer momento. Em 2018, a Union of Concerned Scientists [União dos Cientistas Preocupados], uma organização científica para proteção do meio ambiente, revelou que quase 311 mil residências nos Estados Unidos corriam risco de inundação crônica até 2045 — um intervalo de tempo, como observaram, não maior do que a vigência de uma hipoteca. Em 2100, a quantidade subiria para 2,4 milhões de casas — ou 1 trilhão de dólares em propriedades imobiliárias americanas — submersas. A mudança climática pode não só inviabilizar o seguro dos muitos quilômetros de costa americana, como também tornar obsoleta a própria ideia de seguro contra desastres naturais; no fim do século, mostrou um estudo recente, certos lugares poderiam ser atingidos por seis diferentes desastres provocados simultaneamente pelo clima. Se nenhuma ação significativa para frear as emissões for tomada, estima-se que os danos globais seriam da monta de 100 trilhões de dólares *por ano* até 2100. Isso é mais do que o PIB mundial de hoje. A maioria das estimativas é um pouco mais modesta: 14 trilhões por ano, ainda assim quase um quinto do PIB atual.

Mas as inundações não se encerrariam perto do fim do século, uma vez que a elevação do nível do mar continuaria por milênios, produzindo no fim, mesmo no cenário mais otimista de 2ºC, seis metros de elevação. O que iremos presenciar? O planeta perderia quase 1200 quilômetros quadrados de terra, onde vivem hoje cerca de 375 milhões de pessoas — um quarto delas na China. Na verdade, as vinte cidades mais afetadas pela elevação dos oceanos serão megalópoles asiáticas — entre elas Xangai, Hong Kong, Mumbai e Calcutá. O que lança uma sombra climática sobre a perspectiva, hoje considerada inevitável pelos profetas da geopolítica, de um século asiático. Sejam quais forem os rumos da mudança climática, a China certamente continuará em sua ascensão, mas ao mesmo tempo travará uma batalha com o oceano — talvez, um dos motivos para já estarem tão determinados a controlar o mar da China Meridional.

Quase dois terços das principais cidades do mundo hoje ficam no litoral — para não mencionar usinas, portos, bases navais, fazendas, a pesca, deltas de rios, várzeas e pântanos, arrozais — e mesmo as que estão acima de três metros alagarão bem mais facilmente, e com muito maior regularidade, se a água chegar nesse nível. As inundações já quadruplicaram desde 1980, segundo o Conselho Consultivo da Associação Europeia de Academias de Ciências (EASAC), e dobraram desde mais ou menos 2004. Mesmo em um cenário de elevação do nível do mar "baixo intermediário", em 2100 as inundações de maré alta poderiam atingir a Costa Leste dos Estados Unidos "dia sim, dia não".

Ainda nem mencionamos as enchentes no interior — quando rios transbordam, avolumados por chuvas torrenciais ou marés de tempestade a montante, vindas do mar. Entre 1995 e 2015, isso afetou 2,3 bilhões de pessoas e matou 157 mil no mundo todo. Mesmo sob o mais agressivo regime de redução de emissões globais, o aquecimento adicional do planeta resultante apenas do carbono que já despejamos na atmosfera aumentaria a precipitação de chuvas em tal escala que a quantidade de afetados pelas cheias fluviais na América do Sul dobraria, segundo um artigo, de 6 milhões para 12 milhões; na África, esse aumento seria de 24 milhões para 35 milhões; e na Ásia, de 70 milhões para 156 milhões. Feitas as contas, com apenas 1,5ºC de aquecimento, os danos por inundações aumentariam entre 160% e 240%; a 2ºC, a taxa de mortalidade por enchentes seria 50% mais elevada do que hoje. Nos Estados Unidos, um modelo recente sugeriu que as projeções da FEMA sobre o risco de inundações erravam por um fator de três, e que mais de 40 milhões de americanos corriam risco de enchentes catastróficas.

Tenha em mente que esses efeitos ocorrerão mesmo com a redução radical das emissões. Sem medidas de adaptação às inundações, largas fatias da Europa setentrional e toda a metade leste dos Estados Unidos serão afetados por pelo menos dez vezes mais inundações. Em grandes partes de Índia, Bangladesh e Sudeste Asiático, onde as enchentes são hoje uma tragédia cotidiana, o fator multiplicador pode ser igualmente elevado — e a base de onde partimos em si já é tão elevada que anualmente produz crises humanitárias numa escala que ficará em nossa memória por gerações, ou assim imaginamos.

Pelo contrário, esquecemos delas imediatamente. Em 2017, inundações na Ásia Meridional mataram 1200 pessoas, deixando dois terços de Bangladesh submersa; António Guterres, secretário-geral das Nações Unidas, estimou que 41 milhões de pessoas haviam sido afetadas. Como outros dados da mudança climática, esses números podem nos deixar anestesiados, mas 41 milhões são oito vezes toda a população global na época do dilúvio do mar Negro, há 7600 anos — um evento tão dramático e catastrófico que pode estar na origem da história da arca de Noé. Ao mesmo tempo, quando as enchentes vieram em 2017, quase 700 mil refugiados rohingya de Myanmar chegaram a Bangladesh, acomodados em um assentamento erguido em área de deslizamentos pouco antes da temporada seguinte de monções, e que se tornou, em meses, mais populoso do que Lyon, a terceira maior cidade da França.

Em que medida seremos capazes de nos adaptar aos novos recortes litorâneos depende acima de tudo da rapidez de elevação das águas. Nossa compreensão desse horizonte temporal evolui com rapidez estonteante. Quando o Acordo de Paris foi esboçado, seus autores tinham certeza de que os mantos de gelo antárticos permaneceriam estáveis mesmo com o aquecimento de vários graus no planeta; sua expectativa era de que os oceanos poderiam subir, no máximo, apenas um metro até o fim do século. Isso em 2015. Nesse mesmo ano, a Nasa descobriu que a expectativa era desesperadamente cômoda, sugerindo um metro não como o máximo, mas o mínimo. Em 2017, a Administração Oceânica e Atmosférica Nacional (NOAA, na sigla em inglês) dos Estados Unidos sugeriu que 2,5 metros era possível — neste século ainda. Na Costa Leste, os cientistas já introduziram um novo termo, "enchente de dias de sol" — quando a maré alta, sem a influência de tempestades, inunda uma cidade.

Em 2018, um estudo importante revelou que as coisas estavam ainda mais aceleradas: só na última década, a taxa de derretimento do manto de gelo antártico triplicou. De 1992 a 1997, o manto gelado perdeu, em média, 49 bilhões de toneladas de gelo por ano; de 2012 a 2017, foram 219 bilhões. Em 2016, o cientista do clima James Hansen sugerira que o nível do mar poderia subir muitos metros em cinquenta anos, se o gelo derretido dobrasse a cada década; o novo artigo, veja bem, registra o triplo, e no intervalo de apenas cinco anos. Desde a década de 1950, o continente perdeu 34 mil quilômetros quadrados de sua plataforma de gelo; os especialistas afirmam que seu destino provavelmente será determinado pelas medidas tomadas pelo ser humano apenas na próxima década.

A mudança climática como um todo é governada pela incerteza, na maior parte a incerteza da ação humana — que atitude será tomada, e quando, para evitar ou prevenir a transformação dramática da vida no planeta, que terá lugar na ausência de uma intervenção dramática. Cada uma das nossas projeções, das mais discretas às mais extremas, vem envolta em dúvida — são o resultado de tantas estimativas e pressuposições que seria tolice tomar qualquer uma delas por expressão da verdade.

Mas o caso do nível dos oceanos é diferente, porque acima do mistério básico da resposta humana jazem camadas e mais camadas de ignorância epistemológica sobre o que governa qualquer outro aspecto da ciência da mudança climática, salvo talvez a questão da formação de nuvens. Quando a água esquenta, ela se expande: disso sabemos. Mas a ruptura do gelo implica uma física quase inteiramente nova, nunca observada na história humana, e, portanto, muito mal compreendida.

Hoje, graças à observação do derretimento acelerado do Ártico, dispomos de artigos científicos devotados ao que se chama de "mecânica de danos" da perda das plataformas de gelo. Mas ainda não compreendemos bem essa dinâmica, que será uma das maiores forças por trás da elevação do oceano, e desse modo ainda não podemos fazer previsões confiáveis sobre a taxa de derretimento das plataformas. E mesmo que hoje tenhamos um retrato decente do passado climático do planeta, nunca em toda a história registrada da Terra houve um aquecimento que se aproximasse dessa velocidade — segundo uma estimativa, cerca de dez vezes mais rápido do que a qualquer momento nos últimos 66 milhões de anos. Todo ano, o americano médio emite carbono suficiente para derreter 10 mil toneladas de gelo nos mantos antárticos — o suficiente para acrescentar 10 mil metros cúbicos de água ao oceano. A cada minuto, cada um de nós contribui com quase vinte litros.

Um estudo sugere que o manto de gelo da Groenlândia poderia atingir o ponto de virada com apenas 1,2ºC de aquecimento global. Estamos nos aproximando desse nível de temperatura hoje, já em 1,1ºC. Só o derretimento desse manto de gelo, no decorrer de séculos, elevaria o nível do mar em seis metros, submergindo ao final Miami, Manhattan, Londres, Xangai, Bangcoc e Mumbai. E embora as projeções conservadoras de emissões mostrem um aquecimento pouco acima de 4ºC até 2100, como as mudanças de temperatura se distribuem de forma desigual pelo planeta, ameaçam aquecer o Ártico em 13ºC.

Em 2014, descobrimos que os mantos de gelo da Antártida Ocidental e da Groenlândia eram ainda mais vulneráveis ao derretimento do que os cientistas previam — na verdade, o manto da Antártida Ocidental já ultrapassou o ponto de colapso, mais do que dobrando sua taxa de perda de gelo em apenas cinco anos. O mesmo havia acontecido na Groenlândia, cujo manto de gelo está perdendo quase 1 bilhão de toneladas de gelo a cada dia que passa. Os dois mantos contêm gelo suficiente para elevar os níveis do mar globalmente de três a seis metros — cada um. Em 2017, revelou-se que duas geleiras no manto da Antártida Oriental também perdiam gelo a uma taxa alarmante — 18 bilhões de toneladas de gelo todo ano, o suficiente para cobrir Nova Jersey sob quase um metro de gelo. Se as duas geleiras se forem, os cientistas esperam no fim um acréscimo de cinco metros. No total, os dois mantos de gelo antárticos poderiam elevar o nível oceânico em sessenta metros; em muitas partes do mundo, a linha costeira seria deslocada por quilômetros e mais quilômetros. A última vez que a Terra presenciou 4ºC de aquecimento, escreveu Peter Brannen, não havia gelo em nenhum polo e o nível do mar subiu oitenta metros. Havia palmeiras no Ártico. Melhor nem pensar o que isso significa para a vida no equador.

Como tudo que diz respeito ao clima, o derretimento do gelo no planeta não vai ocorrer isoladamente e os cientistas ainda não compreendem ao certo que tipos de efeitos cascata esses colapsos irão desencadear. Uma grande preocupação é o metano, particularmente o metano que pode ser liberado pelo derretimento do Ártico, onde o *permafrost* contém mais de 1,8 trilhão de toneladas de carbono, consideravelmente mais do que há hoje em suspensão na atmosfera terrestre. Quando ele derrete, parte evapora como metano, que é, dependendo da medição, um gás de efeito estufa no mínimo dezenas de vezes mais potente que o dióxido de carbono.

Quando comecei a pesquisar mais a fundo a mudança climática, o risco de uma súbita liberação de metano do *permafrost* ártico era considerado muito baixo — na verdade, tão baixo que a maioria dos cientistas considerava toda referência ao tema um alarmismo irresponsável e empregava termos claramente céticos como "bomba relógio de metano ártico" e "arrotos da morte" para descrever o que eles viam como um risco climático com que não valia a pena se preocupar a curto prazo. As notícias desde então não são encorajadoras: um artigo da revista *Nature* revelou que a liberação do metano do *permafrost* sob os lagos árticos podia ser acelerada rapidamente por rupturas que ele chamou de "derretimento abrupto", já em curso. Os níveis de metano atmosférico aumentaram de forma drástica em anos recentes, confundindo os cientistas, que não sabiam muito bem a origem; pesquisa recente sugere que a quantidade de gás liberado por esses lagos poderia dobrar, daqui por diante. Não está claro se essa liberação de metano é recente ou se finalmente começamos a prestar atenção nela. Mas embora o consenso ainda seja de que uma liberação rápida e súbita de metano é pouco provável, a pesquisa é um estudo de caso sobre a importância de levar a sério tais riscos climáticos improváveis mas possíveis. Quando se considera irresponsável pensar, falar ou planejar sobre qualquer coisa além de uma estreita faixa de probabilidade, mesmo as descobertas pouco espetaculares da pesquisa recente podem nos pegar de surpresa.

Hoje, todos concordam que o *permafrost* está derretendo — a linha do *permafrost* recuou 130 quilômetros para o norte no Canadá nos últimos cinquenta anos. A avaliação mais recente do IPCC projeta uma perda do *permafrost* próximo à superfície entre 37% e 81% até 2100, embora a maioria dos cientistas ainda acredite que a liberação de carbono será lenta, e na maior parte como dióxido de carbono, o que é um pouco menos aterrorizante. Mas em 2011 o NOAA e o Centro Nacional de Informação sobre Neve e Gelo (NSIDC, na sigla em inglês) dos Estados Unidos previram que o derretimento do *permafrost* transformaria a região de um assim chamado sumidouro de carbono, que absorve o carbono atmosférico, em uma fonte de carbono, que o libera, já na década de 2020. Em 2100, disse o mesmo estudo, o Ártico terá liberado 100 bilhões de toneladas de carbono. Isso equivale à metade de todo o carbono produzido pela humanidade desde que o início da industrialização.

Esse é o ciclo de retroalimentação ártico com que muitos cientistas não estão preocupados a curto prazo. A retroalimentação que mais os preocupa é chamada de "efeito albedo": o gelo é branco e desse modo reflete a luz do sol de volta para o espaço, em vez de absorvê-la; quanto menos gelo, mais luz do sol é absorvida na forma de aquecimento global; e o desaparecimento total desse gelo, estima Peter Wadhams, poderia significar um aquecimento massivo equivalente ao período inteiro dos últimos 25 anos de emissões globais de carbono. Esse quarto de século de emissões, tenha em mente, é cerca de metade do total que a humanidade produziu em sua história — uma escala de produção de carbono que levou o planeta da estabilidade climática quase completa para a beira do caos.

Tudo isso é especulativo. Mas nossa incerteza acerca de cada uma dessas dinâmicas — colapso do manto de gelo, metano ártico, efeito albedo — anuvia nosso entendimento apenas do ritmo da mudança, não de sua escala. Na verdade, sabemos o que vai acontecer com os oceanos no final, apenas não sabemos quanto tempo levará para chegar lá.

Quanto isso quer dizer em elevação do nível do mar? O especialista em oceanografia química David Archer é o pesquisador que tem se debruçado mais intensamente sobre os impactos do "longo derretimento" causado pelo aquecimento global. Pode levar séculos, afirma, até milênios; mas ele estima que no fim, mesmo com apenas 3ºC de aquecimento, o aumento do nível do mar será de pelo menos cinquenta metros — ou seja, cem vezes acima do que Paris previa para 2100. O Serviço de Levantamento Geológico dos Estados Unidos calculou esse número final em oitenta metros.

O mundo talvez não ficaria literalmente irreconhecível por essa inundação, mas a distinção não é mais que semântica, em última instância. Montreal ficaria quase inteiramente submersa, assim como Londres. Os Estados Unidos são o exemplo perfeito: a apenas 52 metros, mais de 97% da Flórida desapareceria, deixando apenas algumas colinas no Panhandle; e cerca de 97% do Delaware ficaria submerso. O oceano cobriria 80% da Louisiana, 70% de Nova Jersey e metade da Carolina do Sul, Rhode Island e Maryland. San Francisco e Sacramento ficariam debaixo d'água, assim como as cidades de Nova York, Filadélfia, Providence, Houston, Seattle e Virginia Beach, entre dezenas de outras. Em muitos lugares, o litoral recuaria até bem mais de cem quilômetros. Arkansas e Vermont, hoje no interior, virariam cidades costeiras.

O resto do mundo pode se ver em uma situação ainda pior. Manaus, em plena selva amazônica, não ficaria apenas no litoral, mas debaixo d'água, assim como Buenos Aires e Assunção, hoje a oitocentos quilômetros do mar. Na Europa, além de Londres, Dublin seria submersa, assim como Bruxelas, Amsterdam, Copenhague e Estocolmo, Riga e Helsinki e São Petersburgo. Istambul ficaria inundada, e o mar Negro e o Mediterrâneo se uniriam. Na Ásia, você poderia esquecer as cidades costeiras de Doha, Dubai, Karachi, Calcutá, Mumbai (para mencionar apenas algumas) e seria capaz de acompanhar a trilha de cidades submersas a partir do que é hoje quase um deserto, em Bagdá, até chegar a Pequim, bem mais de cem quilômetros continente adentro.

Essa elevação de oitenta metros é, no fim das contas, o teto — mas temos um palpite muito bom de que acabaremos por alcançá-lo. Os gases de efeito estufa simplesmente agem numa escala de tempo longa demais para serem evitados, embora que tipo de civilização humana estará por perto para ver esse planeta inundado permanece uma questão em aberto. Claro, a variável mais assustadora é a velocidade com que o dilúvio virá. Pode ser daqui a mil anos, mas talvez bem antes disso. Atualmente, mais de 600 milhões de pessoas vivem abaixo de dez metros do nível do mar.

Incêndios florestais

O período que vai do Dia de Ação de Graças, no fim de novembro, ao Natal deveria ser, no sul da Califórnia, o começo da temporada de chuvas. Não em 2017. O incêndio Thomas, o pior dos que devastaram a região naquele outono, devorou 50 mil acres em um dia, terminando por queimar mais de 1100 quilômetros quadrados e forçando a evacuação de mais de 100 mil californianos. Uma semana após iniciado, ele permaneceu, no linguajar sinistro e quase clínico dos analistas de incêndios, apenas "15% contido". Para fazer uma aproximação poética, não é uma estimativa ruim de quanto compreendemos hoje as forças da mudança climática que desencadearam o incêndio Thomas e as muitas outras calamidades ambientais das quais ele foi um arauto apocalíptico. Ou seja, quase zero.

"A cidade em chamas é a imagem mais profunda que Los Angeles faz de si mesma", escreveu Joan Didion nos "Diários de Los Angeles", em *Slouching Towards Bethlehem* [Arrastando-se rumo a Belém], coletânea de ensaios publicada em 1968. Mas a impressão cultural aparentemente não é tão profunda assim, uma vez que os incêndios ocorridos no outono de 2017 provocaram, nas manchetes, na televisão e nas mensagens de texto, um coro perplexo de adjetivos como "impensável", "inaudito" e "inimaginável". Didion escreve sobre os incêndios que varreram Malibu em 1956, Bel-Air em 1961, Santa Barbara em 1964 e Watts em 1965; ela atualizou sua lista em 1989 com "Temporada de incêndios", em que descreveu os incêndios de 1968, 1970, 1975, 1978, 1979, 1980 e 1982: "Desde 1919, quando o condado começou a registrar seus incêndios, algumas áreas queimaram oito vezes".

A lista de datas sugere cautela, por um lado, contra o alarmismo nessa questão — contra uma espécie de pânico ambientalista californiano caricato, em que todos os observadores se desesperam com o desastre da semana. Mas os incêndios não são todos iguais. Cinco dos vinte piores incêndios na história da Califórnia atingiram o estado no outono de 2017, ano em que mais de 9 mil incêndios separados ocorreram, queimando mais de 1,24 milhão de acres — mais de 5 mil quilômetros quadrados transformados em fuligem.

Em outubro desse ano, no norte da Califórnia, ocorreram 172 incêndios em apenas dois dias — uma devastação tão brutal e extensa que dois relatos diferentes foram publicados em dois jornais locais diferentes sobre dois casais de idosos diferentes pulando em desespero na piscina conforme as chamas engoliam suas casas. Um casal sobreviveu, após seis horas excruciantes, para ver sua casa transformada num monumento de cinzas; na outra notícia, apenas o marido saiu ileso; sua esposa de 55 anos morreu em seus braços. Ao contarem histórias de horror depois desses incêndios, os americanos podem ser perdoados por misturá-las, ou por ficarem confusos; esse terror climático podia ser tão generalizado que oferecer variações sobre tal tema teria parecido, um mês antes, em setembro, inacreditável.

O ano seguinte ofereceu mais uma variação. No verão de 2018, os incêndios foram em menor quantidade, apenas 6 mil.

Mas somente um, composto de toda uma rede de incêndios conectados chamada de Complexo Mendocino, queimou quase meio milhão de acres sozinho. No total, mais de 5 mil quilômetros quadrados ficaram em chamas no estado e a fumaça cobriu quase metade do país. As coisas foram piores ao norte, na Colúmbia Britânica, onde mais de 3 milhões de acres se incendiaram, produzindo uma fumaça que — se acompanhasse o padrão de colunas canadenses anteriores — viajaria sobre o Atlântico para a Europa. Então, em novembro, veio o incêndio Woolsey, que forçou a evacuação de 170 mil moradores, e o Camp Fire, ainda pior, que queimou mais de quinhentos quilômetros quadrados e incinerou uma cidade inteira tão rápido que as pessoas sendo evacuadas, 50 mil, tiveram de fugir entre carros explodindo, seus tênis derretendo no asfalto enquanto corriam. Foi o incêndio mais mortífero da história da Califórnia, recorde batido quase um século antes pelo incêndio de Griffith Park, em 1933.

Se esses incêndios não foram sem precedentes, pelo menos na Califórnia, o que queremos dizer quando os chamamos assim? Como o Onze de Setembro, que foi seguido de várias décadas de fantasias americanas mórbidas sobre o World Trade Center, essa nova classe de terror parecia, para um público horrorizado, uma profecia climática forjada no medo, agora consumada.

Era uma profecia tripla. Primeiro, a simples intuição dos horrores climáticos — uma premonição particularmente bíblica quando a praga é incêndio descontrolado, como uma tempestade de chamas. Segundo, o alcance cada vez maior de alguns incêndios em especial, que hoje podem parecer, em grande parte do Oeste, ao alcance de apenas um sopro de mau vento. Mas talvez o modo mais angustiante em que os incêndios pareciam confirmar nossos pesadelos cinematográficos fosse o terceiro: que o caos climático pudesse penetrar em nossas fortalezas mais indevassáveis — ou seja, em nossas cidades.

Com os furacões Katrina, Sandy, Harvey, Irma e Michael, os americanos ficaram familiarizados com a ameaça de inundação, mas a água é apenas o começo. Nas cidades afluentes do Ocidente, mesmo os habitantes conscientes da mudança ambiental passaram as últimas décadas caminhando pelas ruas e rodando pelas pistas, navegando entre as gôndolas de supermercados abarrotados e pela internet e acreditando que havíamos encontrado um jeito de escapar da natureza. Não encontramos. Um paraíso onírico erigido num deserto estéril, Los Angeles sempre foi uma cidade impossível, como Mike Davis escreveu de forma tão brilhante. A visão das labaredas transpondo as oito faixas da rodovia I-405 é um lembrete de que a cidade continua sendo impossível. Na verdade, cada vez mais. Por um tempo, chegamos a acreditar que a civilização se movia no outro sentido — tornando o impossível primeiro possível e depois estável e rotineiro. Com a mudança climática, estamos nos movendo em vez disso em direção à natureza, e ao caos, para um novo domínio não delimitado pela analogia de nenhuma experiência humana.

Duas grandes forças conspiram para impedir que encaremos com normalidade incêndios como esses, embora nenhuma delas seja exatamente motivo de celebração. A primeira é que o clima extremo não deixa, porque não se estabiliza — assim, é bem provável que em menos de uma década esses incêndios, hoje o pesadelo de todos os moradores da Califórnia, passem a ser encarados como o "antigo normal". Os bons e velhos tempos.

A segunda força também faz parte da narrativa dos incêndios: o modo como a mudança climática está finalmente fechando o cerco. E alguns sitiados não são arraia-miúda. Os incêndios da Califórnia em 2017 acabaram com a safra de vinho do estado, varreram propriedades de veraneio de milhões de dólares e ameaçaram queimar tanto o Getty Museum como a propriedade de Rupert Murdoch em Bel-Air. Talvez não haja dois símbolos melhores da arrogância do dinheiro americano do que essas duas estruturas. Perto dali, a radiante fantasia infantil da Disneylândia foi logo encoberta, conforme as chamas avançavam, por um firmamento laranja sinistramente apocalíptico. Nos campos de golfe da região, os ricos da Costa Oeste continuavam a espairecer, dando suas tacadas a poucos metros das labaredas, em fotografias que não poderiam ter sido mais bem-arranjadas para queimar de uma vez por todas a imagem da plutocracia indiferente do país. No ano seguinte, os americanos acompanharam pelo Instagram a debandada das irmãs Kardashian e ficaram sabendo pelos jornais que as celebridades contrataram bombeiros particulares, enquanto o restante da população do estado dependeu do trabalho de presidiários recrutados ao soldo de um dólar por dia.

Por acidentes de geografia e pela força de sua riqueza, os Estados Unidos até o momento escaparam quase ilesos da devastação que a mudança climática já infligiu a partes do mundo menos desenvolvido — ou quase. O fato de que o aquecimento está agora atingindo nossos cidadãos mais abastados é muito mais do que uma oportunidade para desagradáveis episódios de tripúdio liberal; é também um sinal de como o golpe é duro e indiscriminado. De repente, está ficando bem mais difícil se proteger daquilo que vem por aí.

E o que vem por aí? Mais fogo, muito mais, mais frequentes, devorando mais e mais terras. Nas últimas cinco décadas, a temporada dos incêndios no Oeste dos Estados Unidos já cresceu para dois meses e meio; dos dez anos com a maior quantidade de incêndios florestais já registrados, nove ocorreram depois de 2000. No mundo todo, desde apenas 1979, a temporada de incêndios aumentou cerca de 20%, e os incêndios florestais americanos hoje consomem o dobro da área que consumiam em 1970.

Em 2050, a destruição dos incêndios deve dobrar outra vez e em alguns lugares nos Estados Unidos a área atingida pode quintuplicar. Para cada grau adicional de aquecimento global, pode quadruplicar. O que isso significa é que a 3ºC de aquecimento, nossa baliza provável para o final do século, os Estados Unidos talvez tenham de lidar com uma devastação pelo fogo dezesseis vezes maior do que hoje, quando, em um único ano, 10 milhões de acres viraram carvão. A 4ºC, a temporada de incêndios seria quatro vezes pior. O chefe do corpo de bombeiros da Califórnia acha que o termo já pertence ao passado: "A gente nem fala mais temporada de incêndios", ele disse, em 2017. "Pode tirar a 'temporada' — é o ano todo."

Mas incêndios florestais não são um mal americano; são uma pandemia global. Na gelada Groenlândia, em 2017 o fogo parece ter consumido uma área dez vezes maior do que em 2014; e na Suécia, em 2018, as florestas no Círculo Ártico ficaram em chamas. Incêndios que muito ao norte podem parecer inócuos, em termos relativos, já que há bem menos gente por lá. Mas eles estão aumentando mais rapidamente do que os incêndios em latitudes mais baixas e deixando os cientistas do clima muito preocupados: a fuligem e as cinzas que produzem podem pousar nos mantos de gelo e enegrecê-los, fazendo com que estes absorvam os raios do sol e derretam em grande velocidade. Outro incêndio ártico ocorreu na fronteira da Rússia com a Finlândia em 2018, e a fumaça do fogo siberiano nesse verão chegou ao território continental dos Estados Unidos. No mesmo mês, a segunda conflagração mais mortífera do século XXI assolara a costa grega, matando 99 pessoas. Em um resort, dezenas de hóspedes tentaram chegar a uma estreita escadaria de pedra que dava nas águas do Egeu para escapar das chamas, mas foram engolfados antes de alcançá-la, morrendo literalmente nos braços uns dos outros.

Os efeitos desses incêndios não são lineares nem claramente cumulativos. Talvez seja mais acertado dizer que dão início a uma nova série de ciclos biológicos. Os cientistas advertem que, mesmo à medida que a Califórnia for reduzida à vegetação rasteira por um futuro mais seco, levando inevitavelmente a cada vez mais incêndios destrutivos, a probabilidade de chuvas também cresce — episódios como os que provocaram a Grande Enchente no estado, em 1862, triplicaram. E os deslizamentos de terra estão entre as ilustrações mais claras dos novos horrores que se anunciam; em Santa Barbara, em janeiro daquele ano, as casas próximas ao nível do mar foram esmagadas por uma torrente de detritos, que desceu a vertente da montanha em direção ao oceano num rio marrom incessante. Um pai, em pânico, pôs os filhos pequenos em cima do balcão de mármore da cozinha, calculando que seria o lugar mais seguro da casa, pouco antes de uma grande rocha solta arrasar o quarto onde estavam momentos atrás. Uma criança pequena foi encontrada sem vida a cerca de três quilômetros de casa, sobre os trilhos de trem em uma vala, perto do mar, tendo sido carregada, ao que parece, por uma onda contínua de lama. Por três quilômetros.

No mundo todo, todo ano, entre 260 mil e 600 mil pessoas morrem em consequência da fumaça dos incêndios. A fumaça dos incêndios canadenses foi associada a picos de hospitalização até na Costa Leste dos Estados Unidos e a água potável do Colorado ficou prejudicada durante anos pelas consequências de um único incêndio em 2002. Em 2014, os Territórios do Noroeste do Canadá foram envolvidos por um manto de fumaça, levando a um pico de 42% de visitas ao pronto-socorro por problemas respiratórios e causando o que um estudo chamou de um efeito negativo "profundo" sobre o bem-estar individual. "Uma das emoções mais fortes sentidas pelas pessoas era de estarem isoladas", afirmou depois o principal pesquisador. "Há uma sensação de não conseguir escapar. Para onde correr? A fumaça está por toda parte."

* * *

Quando uma árvore morre — por processos naturais, incêndios, ou ação humana —, libera na atmosfera o carbono armazenado, às vezes, por séculos. Nesse sentido, ela é como carvão. E é por isso que o efeito dos incêndios florestais sobre as emissões é um dos ciclos de retroalimentação climáticos mais temidos — o medo de que as florestas do mundo, normalmente sumidouros de carbono, se tornem fontes de carbono, liberando todo esse gás armazenado. O impacto pode ser especialmente dramático quando as chamas devoram florestas em solo de turfa. Incêndios de turfa na Indonésia em 1997, por exemplo, liberaram mais de 2,6 bilhões de toneladas de carbono — 40% do nível de emissões global anual médio. E mais incêndios significam mais aquecimento, que significa mais incêndios. Simples assim. Na Califórnia, um único incêndio florestal pode eliminar por completo os ganhos de emissão conquistados no mesmo ano graças a todas as políticas ambientais agressivas promovidas pelo estado. Incêndios dessa escala acontecem ultimamente todo ano. É como se estivessem zombando da abordagem tecnocrática, meliorista, da redução de emissões. E a situação promete ficar dezesseis vezes pior; a seguirmos no curso atual, ao fim do século esse número pode chegar a sessenta vezes. Na Amazônia, que em 2010 sofreu sua segunda "seca centenária" no intervalo de cinco anos, houve 100 mil incêndios em 2017.

Hoje, as árvores da Amazônia ficam com um quarto de todo o carbono absorvido por ano pelas florestas do planeta. Mas em 2018, o presidente eleito Jair Bolsonaro prometeu abrir a selva tropical para o desenvolvimento — ou seja, para o desflorestamento. Quanto estrago uma só pessoa consegue causar ao planeta? Um grupo de cientistas brasileiros estimou que entre 2021 e 2030 esse desflorestamento liberaria o equivalente a 13,12 gigatoneladas de carbono. No ano passado, os Estados Unidos emitiram cerca cinco gigatoneladas. Isso significa que essa política, sozinha, teria o dobro ou o triplo do impacto de carbono anual de toda a economia americana, com todos seus aviões, automóveis, usinas a carvão. Ninguém emite mais carbono que a China; o país foi responsável por despejar 9,1 gigatoneladas no ar em 2017. Isso quer dizer que a política de Bolsonaro equivale a acrescentar, mesmo que apenas por um ano, uma segunda China inteira ao problema do combustível fóssil mundial — com um Estados Unidos por cima, para completar.

No mundo todo, o desflorestamento é responsável por cerca de 12% das emissões de carbono, e os incêndios florestais produzem até 25% do total. A capacidade dos solos florestais de absorver metano caiu em 77% em apenas três décadas, e pesquisadores da taxa de desflorestamento tropical acreditam que isso poderia contribuir com 1,5ºC a mais de aquecimento global, mesmo que as emissões dos combustíveis fósseis cessassem de imediato.

Historicamente, a taxa de emissões resultante do desflorestamento era ainda maior, com a destruição de matas e florestas causando 30% de emissões entre 1861 e 2000; até 1980, o desflorestamento desempenhou um papel maior nos recordes de calor do que as emissões diretas de gases de efeito estufa. Há ainda um impacto para a saúde pública: cada quilômetro quadrado de desflorestamento produz 27 novos casos de malária, graças ao que é chamado de "proliferação do vetor" — quando as árvores são derrubadas, os insetos se instalam.

Não é um fenômeno exclusivo dos incêndios florestais; cada ameaça climática promete desencadear ciclos similarmente brutais. Os incêndios certamente nos aterrorizam, mas é o caos em cascata que revela a verdadeira crueldade da mudança climática — ela pode jogar por terra e virar violentamente contra nós tudo o que sempre consideramos estável. Casas se tornam armas, estradas viram armadilhas mortais, o ar fica envenenado. E os idílicos panoramas montanhosos ao redor dos quais gerações de empresários e especuladores construíram resorts de luxo também se transformaram, por sua vez, em assassinos indiscriminados — e a cada novo evento desestabilizador, a probabilidade de novas mortes só aumenta.

Desastres não mais naturais

Os seres humanos costumavam observar o clima para prever o futuro; doravante, veremos em sua ira a vingança do passado. Em um mundo 4°C mais quente, o ecossistema terrestre vai entrar em ebulição com tantos desastres naturais que simplesmente começaremos a chamá-los de "o clima": tufões e tornados, inundações e secas fora de controle, o planeta assolado regularmente por eventos climáticos que não faz muito tempo assim destruíram civilizações inteiras. Furacões mais fortes serão comuns e teremos de inventar novas categorias para descrevê-los; os tornados virão com mais frequência, deixando rastros de destruição maiores e mais extensos. As pedras de granizo serão quatro vezes maiores do que hoje.

Os antigos naturalistas falavam muitas vezes em um "tempo profundo" — sua impressão ao contemplar a majestade de um vale ou bacia rochosa, ou dos ritmos vagarosos da natureza. Mas a perspectiva muda quando a história acelera. O que nos aguarda está mais para o que os aborígenes australianos, conversando com antropólogos vitorianos, chamaram de "tempo do sonho" ou "todo quando": a experiência quase mítica de se deparar, no momento presente, com um passado imemorial, em que os ancestrais, heróis e semideuses ocupavam um palco épico. Encontramos isso hoje assistindo a cenas de um iceberg desmoronando no mar — a sensação da história acontecendo de uma hora para outra.

E está. O verão de 2017 no hemisfério Norte trouxe um clima extremo sem precedentes: três grandes furacões se formaram em rápida sucessão no Atlântico; o aguaceiro épico "um em 500 mil anos" do furacão Harvey despejou sobre Houston 1 milhão de galões [3,78 milhões de litros] de água para quase cada habitante em todo o estado do Texas; na Califórnia, 9 mil incêndios florestais queimaram mais de 1 milhão de acres, e as conflagrações na gelada Groenlândia foram dez vezes maiores do que as de 2014; no Sudeste Asiático, as enchentes expulsaram 45 milhões de pessoas de suas casas.

Foi então que o verão recorde de 2018 fez 2017 parecer um idílio. Ele trouxe uma onda de calor global nunca registrada, com temperaturas beirando os 42ºC em Los Angeles, 50ºC no Paquistão e 51ºC na Argélia. Nos oceanos, seis furacões e tempestades tropicais surgiram nos radares ao mesmo tempo, incluindo o tufão Mangkhut, que atingiu as Filipinas e depois Hong Kong, matando quase cem pessoas e causando prejuízos de quase 1 bilhão de dólares, e o furacão Florence, que mais do que duplicou a média anual de chuvas na Carolina do Norte, matando mais de cinquenta pessoas e provocando 17 bilhões de dólares em danos. Houve incêndios na Suécia até próximo ao Círculo Ártico, e por uma parte tão grande do Oeste americano que metade do continente sofreu com a fumaça; esses incêndios queimaram quase 1,5 milhão de acres. Partes do parque Yosemite foram fechadas, assim como do parque das Geleiras em Montana, onde as temperaturas bateram nos 38ºC. Em 1850, a área tinha 150 geleiras; hoje, apenas 26 ainda não derreteram.

* * *

Em 2040, o verão de 2018 provavelmente parecerá normal. Mas clima extremo não é uma questão de "normal"; é a ameaça que ressoa do limiar cada vez pior dos eventos climáticos. Esta é uma das características mais assustadoras da mudança climática acelerada: não o fato de que muda a experiência cotidiana do mundo, embora o faça, e de forma dramática; mas o fato de que transforma eventos fora da curva, antes impensáveis, em algo bem mais comum e torna possíveis novas categorias de desastre. As tempestades já dobraram desde 1980, segundo o Conselho Consultivo da Associação Europeia de Academias de Ciências; e estima-se hoje que Nova York sofra com inundações do tipo "uma em quinhentos anos" a cada 25 anos. Mas a elevação do nível do mar é mais catastrófica em toda parte, o que significa que a distribuição das marés de tempestade pelo planeta será desigual; em alguns lugares, tempestades nessa escala acontecerão com frequência ainda maior. O resultado é uma experiência radicalmente acelerada de clima extremo — o equivalente a séculos de desastres naturais concentrados em apenas uma ou duas décadas. Ou em apenas um ou dois dias, como no caso de East Island, no Havaí, que desapareceu debaixo d'água durante um único furacão.

Os efeitos do clima nos eventos de precipitação atmosférica extremos — muitas vezes chamados de dilúvios ou "bombas de chuva" — são ainda mais claros do que no caso dos furacões, uma vez que o mecanismo não poderia ser mais direto: o ar quente segura mais umidade que o ar fresco. Já ocorrem 40% a mais de tempestades intensas nos Estados Unidos do que em meados do século passado. No Nordeste do país, a proporção é de 71%. Os temporais mais pesados hoje são três quartos mais fortes do que em 1958 e estão cada vez piores. A ilha de Kauai, no Havaí, é um dos lugares mais úmidos da Terra e em décadas recentes presenciou tanto tsunamis como furacões; uma chuva provocada pela mudança climática em abril de 2018 literalmente quebrou os pluviômetros, e o Serviço Nacional de Meteorologia dos Estados Unidos teve de fornecer uma estimativa a olho: 1270 milímetros de água em 24 horas.

Quando se trata de clima extremo, já vivemos numa época sem precedentes. Nos Estados Unidos, os danos de tempestades cotidianas — não excepcionais — aumentaram mais de sete vezes desde a década de 1980. Quedas de energia provocadas por tempestades dobraram depois de 2003. Quando o furacão Irma se formou pela primeira vez, a intensidade foi tamanha que alguns meteorologistas propuseram a criação de uma categoria inteiramente nova para o fenômeno — furacão de categoria 6. E então veio o Maria, varrendo o Caribe e devastando uma série de ilhas pela segunda vez em uma semana — duas tempestades tão intensas que as ilhas talvez estivessem preparadas para presenciá-las uma vez a cada geração, ou talvez com menos frequência ainda. Em Porto Rico, o Maria provocou falta de energia e de água corrente na maior parte da ilha por meses, encharcando tão completamente as terras cultiváveis que um fazendeiro previu que a ilha ficaria sem produzir alimentos por um ano.

As consequências do Maria também revelaram um dos aspectos mais perigosos de nossa cegueira climática. Os porto-riquenhos são cidadãos norte-americanos, habitando uma ilha próxima ao continente visitada por milhões de americanos. No entanto, quando ocorreu o desastre climático ali, processamos o sofrimento deles, talvez por egoísmo psicológico, como estrangeiro e remoto. Trump mal mencionou Porto Rico na semana subsequente ao Maria, e embora isso não surpreenda, nossos programas de debates das manhãs de domingo tampouco o fizeram. No fim da semana, dias após passar pela ilha, o furacão sumiu também da primeira página do *New York Times*. Quando a rusga de

Trump com a heroica prefeita de San Juan e sua problemática visita à ilha — durante a qual atirou rolos de papel-toalha, como camisetas distribuídas de brinde num jogo dos Knicks, para uma multidão sem energia ou água — transformaram o furacão numa questão partidária, os americanos enfim começaram a prestar um pouco mais de atenção na tragédia. Mas foi uma atenção trivial, comparada ao sofrimento humano — e comparada a nossa reação aos desastres naturais recentes nos Estados Unidos continentais. "Começamos a receber alguns indícios de como a classe dominante pretende lidar com o acúmulo de desastres do Antropoceno", escreveu McKenzie Wark, teórico cultural da New School. "Estamos por conta própria."

E no futuro, tudo que foi um dia sem precedentes logo se tornará rotineiro. Lembram do furacão Sandy? Em 2100, inundações daquela escala são esperadas com uma frequência até dezessete vezes pior, em Nova York. Furacões de intensidade semelhante ao do Katrina devem ocorrer com o dobro de frequência. Observando globalmente, os pesquisadores descobriram um aumento de 25% a 30% nos furacões de categoria 5 e 6 a apenas 1°C de aquecimento global. Entre 2006 e 2013, as Filipinas foram atingidas por 75 desastres naturais; na Ásia, nas últimas quatro décadas, os tufões se intensificaram entre 12% e 15%, e a proporção de temporais de categorias 4 e 5 dobrou; em algumas áreas, triplicou. Em 2070, as megacidades asiáticas podem ter um prejuízo de até 35 trilhões de dólares em ativos devido às tempestades, contra apenas 3 trilhões em 2005.

Estamos tão longe de investir em defesas adequadas contra essas tempestades que continuamos a construir em suas rotas — como se fôssemos colonos reivindicando terras varridas todo verão por tornados, miopemente assegurando a gerações futuras a punição de um desastre natural. Na verdade, é pior do que isso, uma vez que pavimentar áreas de costa vulnerável, como temos feito mais notavelmente em Houston e New Orleans, bloqueia os sistemas de drenagem naturais com concreto, prolongando cada enchente épica. Dizemos a nós mesmos que estamos "desenvolvendo" a terra — em alguns casos, fabricando-a com solo pantanoso. Na verdade, construímos verdadeiras pontes para o sofrimento, já que não são apenas essas novas comunidades de concreto erguidas no meio da planície alagadiça que estão vulneráveis, mas também todas as comunidades mais além, construídas na expectativa de que a antiga linha costeira pantanosa pudesse servir de proteção. O que levanta a questão do que exatamente queremos dizer, na era do Antropoceno, com a expressão "desastre natural".

O clima do "tempo do sonho" não vai atingir apenas as regiões costeiras, mas recobrir a vida de todo ser humano no planeta, por mais distante que more do litoral. Quanto mais o Ártico esquenta, mais intensas se tornam as nevascas nas latitudes setentrionais — foi o que levou ao "Apocalipse de Neve" de 2010, ao "Armagedom de Neve" de 2014 e à "Nevasca-Monstro" de 2016 no Nordeste americano.

Os efeitos da mudança climática no interior também estão sendo sentidos em estações mais quentes. Em abril de 2011 — num único mês —, 758 tornados varreram a zona rural dos Estados Unidos. O recorde de abril anterior fora 267 e o máximo para qualquer mês prévio registrado na história era 542. No mês seguinte, houve nova onda, incluindo o tornado que matou 138 pessoas em Joplin, Missouri. A assim chamada "alameda dos tornados" se deslocou oitocentos quilômetros em apenas trinta anos, e embora tecnicamente os cientistas não tenham certeza de que a mudança climática aumenta a formação de tornados, as rotas de destruição que deixam são cada vez maiores, em comprimento e largura; eles surgem de tempestades carregadas de eletricidade, que estão aumentando — a quantidade de dias em que há possibilidades de tornados aumentará em cerca de 40% até 2100, segundo um cálculo. O Serviço de Levantamento Geológico dos Estados Unidos — longe de ser um reduto do alarmismo, mesmo entre a burocracia federal de temperamento conservador — testou recentemente um cenário climático extremo, ao estilo "jogos de guerra", com a assim chamada "ARkStorm": tempestades de inverno atingem a Califórnia, produzindo inundações de quinhentos quilômetros de extensão e mais de trinta quilômetros de largura no Central Valley, além de inundações destrutivas em Los Angeles, Orange County e a Bay Area até o norte, forçando em conjunto a evacuação de mais de 1 milhão de californianos; as velocidades do vento chegam a níveis de furacão de duzentos quilômetros por hora em algumas partes do estado e pelo menos cem quilômetros por hora na maior parte do restante; deslizamentos de terra ocorrem em cascata nas montanhas; e os prejuízos, no todo, chegam aos 725 bilhões de dólares, quase três vezes a estimativa para um terremoto massivo no estado, o tão temido Grande Terremoto, o "Big One".

No passado, mesmo o recente, desastres como esses chegaram com força assombrosa e lógica moral incompreensível. Pudemos vê-los se aproximando, nos radares e nos satélites, mas não conseguimos interpretá-los — não de forma legível, não de maneiras que realmente captassem seu significado em relação uns aos outros. Até ateus e agnósticos podiam se pegar sussurrando a expressão "obra de Deus" após um furacão, incêndio florestal ou tornado, nem que fosse apenas para expressar a sensação inexplicável de ter de se sujeitar a tanto sofrimento sem autoria, sem culpados. A mudança climática vai mudar isso.

Mesmo que nos acostumemos a pensar nos desastres naturais como um componente regular de nosso clima, o escopo da devastação e do horror trazidos não vai diminuir. Aqui também há efeitos cascata: diante do furacão Harvey, o estado do Texas desligou os monitores de qualidade do ar em Houston, temendo que pudessem ser danificados; logo em seguida, uma nuvem de cheiros "insuportáveis" foi soprada das petroquímicas da cidade. No fim, quase meio bilhão de galões de águas residuais industriais foram despejados por uma única petroquímica na baía de Galveston. No total, essa tempestade sozinha produziu mais de cem "emanações tóxicas", incluindo quase 1,8 milhão de litros de gasolina, 24 toneladas de petróleo bruto e uma liberação de quatrocentos metros de largura de cloreto de hidrogênio — que ao se misturar com a umidade vira ácido clorídrico, "capaz de queimar, sufocar e matar".

Em New Orleans, quinhentos quilômetros a leste, o choque da tempestade foi menos direto, mas ali a cidade já estava fora de combate — outro temporal, no dia 5 de agosto, a deixara sem um suplemento completo de bombas de drenagem. Quando o furacão Katrina alcançou New Orleans, em 2005, não era uma cidade próspera que iria destruir — a população de 480 mil habitantes em 2000 declinara após um pico de mais de 600 mil em 1960. Ao final da tempestade, caiu para 230 mil. Houston é outro caso. Uma das cidades de crescimento mais acelerado no país em 2017 — a grande Houston abrangia também o subúrbio de crescimento mais acelerado do país nesse ano —, possui cerca de cinco vezes mais habitantes do que New Orleans. É uma trágica ironia que muitos dos recém-chegados que se mudaram para a rota dessa tempestade durante as últimas décadas foram atraídos para lá pela indústria petrolífera, que sempre trabalhou incansavelmente para minar a compreensão do público sobre a mudança climática e arruinar as tentativas de reduzir as emissões de carbono. Suspeitamos que não será a última tempestade "em quinhentos anos" que esses trabalhadores vão testemunhar antes da aposentadoria — tampouco a última a ser enfrentada pelas centenas de plataformas petrolíferas ao largo da costa de Houston ou pelas outras milhares flutuando nesse momento em alguma outra parte mais distante da Costa do Golfo, até o preço de nossas emissões ficar tão brutalmente claro que essas plataformas todas sejam por fim aposentadas.

A expressão "tempestade em quinhentos anos" também é muito útil na questão da resiliência. Mesmo uma comunidade devastada, vergada pelo sofrimento, consegue aguentar um longo período de recuperação se for rica e politicamente estável, e se precisar se reerguer apenas uma vez em um século — talvez até uma vez a cada cinquenta anos. Mas reconstruir-se durante uma década na esteira de tempestades espetaculares que ocorrem uma vez a cada década, ou uma vez a cada duas décadas, é outra história, mesmo para países ricos como os Estados Unidos e regiões abastadas como a grande Houston. New Orleans ainda está se recuperando do Katrina, mais de uma década depois, com a região de Lower Ninth Ward mal alcançando um terço da quantidade de moradores que havia antes da tempestade. E sem dúvida não ajuda o fato de toda a linha costeira da Louisiana estar prestes a ser engolida pelo mar — mais de 3 mil quilômetros já se foram. O estado perde um campo de futebol por hora. Nas Florida Keys, 250 quilômetros de estradas precisam ser elevadas acima do nível do mar, ao preço de mais de 4 milhões de dólares por quilômetro, ou cerca de 1 bilhão de dólares no total. O orçamento rodoviário nacional de 2018 foi de 25 milhões.

Para os pobres do mundo, a recuperação após tempestades como o Katrina, o Irma e o Harvey, ocorrendo com frequência cada vez maior, é quase impossível. A melhor opção é, muitas vezes, simplesmente partir. Nos meses subsequentes à devastação do furacão Maria em Porto Rico, milhares deixaram a ilha e foram para a Flórida, acreditando que seria para sempre. Mas a Flórida também está desaparecendo, é claro.

Esgotamento da água doce

Setenta e um por cento do planeta é coberto por água. Pouco mais de 2% dessa água é doce e apenas 1%, na melhor das hipóteses, é acessível; o resto está preso principalmente em geleiras. O que significa, em essência, como calculou a revista *National Geographic*, que apenas 0,007% da água do planeta está disponível para o uso e consumo de 7 bilhões de pessoas.

Pense em escassez de água e você provavelmente sentirá a garganta seca, mas na verdade a hidratação não passa de uma fatia ínfima das nossas necessidades hídricas. No mundo todo, entre 70% e 80% da água doce é usada para a produção de alimentos e a agricultura, com o acréscimo de 10% a 20% reservado à indústria. E a crise não é causada principalmente pela mudança climática — aquele 0,007% deveria dar e sobrar, acredite se quiser, não apenas para os 7 bilhões que aqui estamos, mas até para 9 bilhões, talvez um pouco mais. Claro, a tendência é ultrapassarmos os 9 bilhões ainda neste século, chegando a uma população mundial de no mínimo 10 bilhões e possivelmente 12 bilhões. Como a escassez de alimentos, boa parte do crescimento populacional é esperada em regiões do mundo que já são as mais afligidas pela escassez de água — nesse caso, a África urbana. Em muitos países africanos hoje, a pessoa precisa se virar com vinte litros de água por dia — menos da metade do que o recomendado para a saúde pública. Em cerca de apenas uma década, em 2030, prevê-se que a demanda mundial de água vá superar a oferta em 40%.

Hoje, a crise é política — o que significa dizer, não inevitável ou necessária, nem além da nossa capacidade de consertá-la — e, logo, opcional, na prática. Esse é um dos motivos para ser, não obstante, terrível como parábola climática: um recurso abundante é tornado escasso pela negligência e indiferença governamentais, pela falta de infraestrutura, pela poluição e pela urbanização e desenvolvimento descuidados. A crise de abastecimento de água não é inevitável, em outras palavras, mas presenciamos uma, de um modo ou de outro, e não estamos fazendo muita coisa para resolvê-la. Algumas cidades perdem mais água por vazamentos do que a que é entregue nas casas: mesmo nos Estados Unidos, vazamentos e roubos respondem por uma perda estimada de 16% da água doce; no Brasil, a estimativa é de 40%. Em ambos os casos, assim como por toda parte, a escassez se desenrola tão patentemente sobre o pano de fundo das desigualdades entre pobres e ricos que o drama resultante da competição pelo recurso dificilmente pode ser chamado, de fato, de competição; o jogo está tão arranjado que a escassez de água mais parece um instrumento para aprofundar a desigualdade. O resultado global é que pelo menos 2,1 bilhões de pessoas no mundo não têm acesso a água potável segura, e 4,5 bilhões não dispõem de tratamento de água de saneamento.

Como o aquecimento global, a crise hídrica é solúvel, no momento. Mas aquele 0,007% deixa uma margem terrivelmente tênue, e a mudança climática ainda vai abocanhar uma fatia disso. Metade da população mundial depende do derretimento sazonal da neve e do gelo em grandes elevações, depósitos que estão dramaticamente ameaçados pelo aquecimento. Mesmo se atingirmos as metas do acordo de Paris, as geleiras do Himalaia perderão 40% de seu gelo até 2100, ou possivelmente mais, e pode haver escassez de água generalizada no Peru e na Califórnia, resultado do derretimento de geleiras. Com 4ºC, os Alpes nevados poderiam se parecer mais com a cordilheira do Atlas, no Marrocos, com 70% menos neve até o fim do século. Em poucos anos, por volta de 2020, pelo menos 250 milhões de africanos poderão sofrer escassez devido à mudança climática; na década de 2050, ela pode atingir 1 bilhão de pessoas só na Ásia. No mesmo ano, conforme o Banco Mundial revelou, a disponibilidade de água doce nas cidades ao redor do mundo pode cair em até dois terços. No total, segundo as Nações Unidas, 5 bilhões de pessoas poderão ter acesso precário à água doce em 2050.

    Os Estados Unidos não serão poupados — a próspera cidade de Phoenix já entrou em modo de planejamento de emergência, o que não deve surpreender, considerando que até Londres começa a se preocupar com crises hídricas. Mas graças ao conforto propiciado pela riqueza — capaz de prover soluções provisórias e fornecimento de água de curto prazo adicional —, os Estados Unidos não serão os mais atingidos. Na Índia hoje, 600 milhões de pessoas enfrentam "estresse hídrico de elevado a extremo", segundo um relatório do governo de 2018, e 200 mil pessoas morrem por ano de falta de água ou de fornecimento contaminado. Em 2030, segundo o mesmo relatório, a Índia terá apenas metade da água que necessita. Em 1947, quando o Paquistão foi criado, a disponibilidade de água per capita no país era de 5 mil metros cúbicos; atualmente, devido em grande parte ao crescimento populacional, é de mil metros cúbicos; e em breve o crescimento contínuo e a mudança climática reduzirão esse número para quatrocentos.

Nos últimos cem anos, muitos dos maiores lagos do planeta começaram a secar, do mar de Aral, na Ásia Central, que já foi o quarto maior do mundo e que perdeu mais de 90% de seu volume em décadas recentes, ao lago Mead, que fornece a maior parte da água de Las Vegas e perdeu 1,5 trilhão de litros em um único ano. O lago Poopó, outrora o segundo maior da Bolívia, desapareceu por completo; o lago Urmia, no Irã, encolheu mais de 80% em trinta anos. O lago Chad mais ou menos evaporou totalmente. A mudança climática é apenas um fator nessa história, mas seu impacto não vai diminuir com o tempo.

O que se passa sob a superfície pode ser igualmente perturbador. No lago Tai, na China, por exemplo, a proliferação de bactérias em águas aquecidas em 2007 ameaçou a água potável de 2 milhões de pessoas; o aquecimento do lago Tanganica na África Oriental pôs em perigo o suprimento de peixe pescado e consumido por milhões de pessoas em quatro nações famintas adjacentes. Lagos de água doce, a propósito, são responsáveis por mais de 16% das emissões de metano natural no mundo, e os cientistas estimam que o crescimento de plantas aquáticas estimulado pelo clima poderia dobrar essas emissões nos próximos cinquenta anos.

Já estamos numa corrida, como uma solução provisória para a irrupção de secas pelo mundo, para drenar os depósitos de água subterrâneos conhecidos como aquíferos, mas esses depósitos levaram milhões de anos para se formar e tão cedo não voltarão a fazê-lo. Nos Estados Unidos, os aquíferos já fornecem um quinto de nossas necessidades hídricas; como nota Brian Clark Howard, poços que costumavam extrair água a 150 metros hoje necessitam bombear a pelo menos o dobro da profundidade. A bacia do rio Colorado, que serve água para sete estados, perdeu cinquenta quilômetros cúbicos de água subterrânea entre 2004 e 2013; o aquífero de Ogallala, em parte do Panhandle texano, perdeu quase cinco metros em uma década e calcula-se que irá secar em mais de 70% ao longo dos próximos cinquenta anos, no Kansas. Enquanto isso, a extração de petróleo e gás pelo método de *fracking*, ou faturamento hidráulico, tem atingido essas reservas de água potável. Na Índia, em apenas dois anos, 21 cidades poderão exaurir seu suprimento de água subterrânea.

O primeiro Dia Zero na Cidade do Cabo aconteceu em março de 2018, dia em que o município, alguns meses antes e em meio à pior seca em décadas, predissera que suas torneiras ficariam proverbialmente secas.

Da sala de um apartamento moderno numa metrópole avançada em algum lugar do mundo desenvolvido, essa ameaça pode parecer difícil de acreditar — tantas cidades hoje lembram fantasias de abundância ilimitada e sob demanda para os ricos do mundo. Mas de todas as prerrogativas urbanas, a expectativa casual de água potável infinita talvez seja a ilusão mais entranhada de todas. Dá trabalho levar essa água a sua pia, seu chuveiro, seu banheiro.

Como é tão comum em crises climáticas, na Cidade do Cabo a seca agravou os conflitos existentes. Em um memorável relato em primeira pessoa escrito na época, o morador da Cidade do Cabo Adam Welz descreveu o episódio, que terminou pouco antes de ficarem sem uma gota d'água, como se fosse uma novela sobre os problemas locais familiares: brancos ricos, em sua maioria, queixando-se de que negros pobres, em sua maioria, estavam sugando o suprimento de água, muitos recebendo uma pequena cota de graça; as mídias sociais pegaram fogo com denúncias contra sul-africanos negros preguiçosos e indiferentes, que não faziam a manutenção de tubulações e mantinham o comércio nas favelas com água roubada. Sul-africanos negros apontaram o dedo para brancos suburbanos com suas piscinas e gramados, fazendo grande celeuma sobre "a farra das pessoas apertando descargas nos banheiros dos shoppings de luxo". Circularam teorias da conspiração envolvendo descaso do poder federal e tecnologia israelense não confirmada, e acusações de má-fé foram trocadas entre autoridades locais e nacionais e entre meteorologistas — servindo em conjunto, como quase sempre é o caso quando as comunidades devem responder coletivamente às ameaças climáticas, como um bufê de desculpas para não agir. No auge da crise, o prefeito anunciou que quase dois terços da cidade, 64%, não estavam respeitando as novas restrições municipais de uso de água, que visavam limitar o uso a noventa litros diários por pessoa. O americano médio consome de quatro a cinco vezes essa quantidade; no árido Utah, fundado em cumprimento de uma profecia mórmon que previu o advento do Éden no deserto, o cidadão médio utiliza por dia 940 litros. Em fevereiro, a Cidade do Cabo cortou a cota individual quase pela metade, cinquenta litros, e o Exército foi mobilizado para defender as instalações de fornecimento de água da cidade.

Mas as acusações de irresponsabilidade individual não passavam de um jogo de empurra, como acontece tantas vezes em comunidades que começam a enfrentar adversidades climáticas. É comum a obsessão com o consumo pessoal, em parte porque temos controle sobre ele e em parte por ser uma forma muito contemporânea de ressaltar as próprias virtudes. Mas em última instância, essas escolhas são, em quase todos os casos, contribuições insignificantes, que nos cegam para as forças mais importantes. No caso da água doce, o quadro mais amplo é o seguinte: o consumo pessoal representa uma fatia tão ínfima que só nas secas mais extremas pode fazer alguma diferença. Mesmo antes da seca, uma estimativa descobriu que a África do Sul tinha 9 milhões de pessoas sem qualquer acesso a água para consumo pessoal; a quantidade exigida para satisfazer as necessidades desses milhões é apenas um terço da quantidade de água utilizada, todo ano, para produzir a safra de vinho do país. Na Califórnia, onde as secas despertam a indignação com piscinas e gramados verdejantes, o consumo urbano total responde por apenas 10%.

Na África do Sul, finalmente, a crise passou — uma combinação de racionamento de água agressivo e o fim da temporada de seca. Mas podemos ser perdoados, considerando quanta cobertura a Cidade do Cabo recebe no noticiário, por pensar que a cidade sul-africana foi a primeira a ficar cara a cara com o Dia Zero. Na verdade, São Paulo passou por isso em 2015, após uma seca de dois anos, limitando o uso da água a doze horas por dia para parte dos moradores, num sistema de racionamento brutal que fechou o comércio e forçou demissões em massa. Em 2008, Barcelona, enfrentando a pior seca que a cidade presenciara desde que os catalães passaram a manter registros, teve de trazer água potável da França de balsa. No Sul da Austrália, a "seca do milênio" começou com as chuvas escassas de 1996 e persistiu, passando por uma baixa de oito anos profunda como o Death Valley, iniciada em 2001, e se encerrou apenas quando o fenômeno La Niña enfim trouxe chuvas e alívio à região, em 2010. As produções de arroz e algodão caíram 99% e 84%, respectivamente. Rios e lagos encolheram, e as terras úmidas sofreram acidificação. Em 2018, na cidade indiana de Shimla, outrora a casa de veraneio do *Raj* britânico, as torneiras secaram por semanas em maio e junho.

E embora a agricultura com frequência seja o setor que mais sofra com a falta d'água, questões hídricas não são exclusivamente rurais. Catorze das vinte maiores cidades mundiais estão neste momento passando por escassez de água ou seca. Estima-se que 4 milhões de pessoas já vivam em regiões que enfrentam escassez de água pelo menos uma vez por ano — isso corresponde a cerca de dois terços da população do planeta. Meio bilhão estão em lugares onde a escassez é permanente. Hoje, com apenas 1ºC de aquecimento, essas regiões com pelo menos um mês de falta d'água todo ano incluem praticamente todo o território dos Estados Unidos a oeste do Texas, onde os lagos e aquíferos estão sendo drenados para atender à demanda, e se estendendo acima pelo oeste do Canadá e abaixo até a Cidade do México; quase todo o Norte da África e o Oriente Médio; uma ampla fatia da Índia; quase toda a Austrália; partes significativas de Argentina e Chile; e toda a África ao sul da Zâmbia.

Na medida em que tem tido seus defensores, a mudança climática que tentam vender é um fenômeno de águas salgadas — o derretimento do Ártico, a elevação dos oceanos, o encolhimento dos litorais. A crise da água doce é mais alarmante, já que nossa dependência dela é muito maior. E está também mais próxima. Mas embora o planeta disponha hoje dos recursos necessários para oferecer água potável e saneamento a todos seus habitantes, não existe, necessariamente, vontade política — tampouco inclinação — de fazê-lo.

Durante as três próximas décadas, a demanda hídrica da rede de produção mundial de alimentos deverá crescer cerca de 50%; das cidades e da indústria, em 50% e 70%; e da geração de energia, em 85%. E a mudança climática, com suas megassecas iminentes, promete apertar o cinto consideravelmente. De fato, um estudo fundamental sobre água e mudança climática feito pelo Banco Mundial, "Quente e seco", revelou que "os impactos da mudança climática serão canalizados sobretudo pelo ciclo da água". A advertência agourenta do Banco: quando se trata dos cruéis efeitos em cascata da mudança climática, a eficiência hídrica é um problema tão urgente quanto a eficiência energética, e um quebra-cabeça igualmente importante por ser resolvido. Sem uma adaptação significativa na distribuição dos recursos hídricos, avalia o Banco Mundial, o PIB regional pode cair, simplesmente devido à insegurança do abastecimento de água, em até 14% no Oriente Médio, 12% no Sahel africano, 11% na Ásia Central e 7% no Leste da Ásia.

Mas é claro que o PIB é, na melhor das hipóteses, uma medida bruta do custo ambiental. Uma contabilidade mais refinada foi feita por Peter Gleick, do Pacific Institute: uma simples lista de todos os conflitos armados ligados à água, a começar por 3000 a.C., com a antiga lenda suméria de Ea. Gleick lista quase quinhentas contendas desde 1900; quase metade da lista completa começa apenas em 2010. Parte disso, Gleick admite, é reflexo da relativa abundância dos dados recentes, e parte se deve à natureza cambiante da guerra — conflitos que costumavam acontecer quase exclusivamente entre Estados hoje têm, numa era em que a autoridade estatal enfraqueceu em muitos lugares, maior probabilidade de serem deflagrados dentro dos Estados e entre grupos. A seca síria de cinco anos que se estendeu de 2006 a 2011, provocando a perda de safras que gerou instabilidade política e ajudou a desencadear a guerra civil que produziu uma crise mundial de refugiados, é um exemplo vivo. Gleick está mais focado pessoalmente na estranha guerra acontecendo no Iêmen desde 2015 — uma guerra civil, em termos técnicos, mas na prática uma guerra por procuração entre a Arábia Saudita e o Irã na região, e, conceitualmente, uma espécie de guerra mundial em miniatura, com o envolvimento americano e russo. Ali, o custo humanitário tem sido acarretado tanto pela água como pelo sangue; em parte devido a ataques dirigidos contra a infraestrutura hídrica, a quantidade de casos de cólera cresceu para 1 milhão em 2017, o que significa que em um único ano cerca de 4% do país contraiu a doença.

"A comunidade de estudiosos da água tem um ditado", Gleick me contou. "Se o clima é um tubarão, os recursos hídricos são os dentes."

Morte dos oceanos

Tendemos a ver o mar como algo insondável, a coisa mais próxima do espaço sideral que há por aqui: escuro, assustador e, especialmente nas profundezas, bizarro e misterioso. "Quem conhece o oceano?", escreveu Rachel Carson em seu ensaio "Sob o mar", publicado 25 anos antes de ela abordar a profanação do planeta pela mão humana e as panaceias industriais em *Primavera silenciosa*:

> Tanto você como eu, com nossos sentidos limitados à terra, ignoramos a espuma e a onda que estoura sobre o caranguejo oculto entre as algas de seu lar, numa piscina de maré; ou a longa e lenta ondulação do alto-mar, onde os bandos errantes de peixes e animais caçam e são caçados e o golfinho sobe à superfície para respirar o ar da atmosfera.

Mas o oceano não é o outro; somos nós. A água não é uma mera praia, atraente para os animais terrestres: cobrindo cerca de dois terços de sua superfície, é, por ampla margem, o ambiente predominante do planeta. Entre tantas outras coisas, o oceano nos alimenta: os pescados representam mundialmente quase um quinto de toda proteína animal da dieta humana, e em áreas costeiras a proporção pode ser bem maior. O oceano também ajuda no ciclo das estações, com correntes pré-históricas como a do Golfo, e regula a temperatura global, absorvendo grande parte do calor do sol.

Talvez fosse mais acertado dizer "costumava alimentar", "costumava ajudar" e "costumava regular", já que o aquecimento climático ameaça sabotar cada uma dessas funções. As populações de peixes já estão migrando para o norte por centenas de quilômetros em busca de águas mais frias — a do linguado se deslocou por quatrocentos quilômetros na Costa Leste americana, a da cavalinha se afastou tanto de seu habitat próximo ao continente que os pescadores não estão mais sujeitos à regulamentação da União Europeia. Um estudo acompanhando o impacto humano na vida marinha revelou que apenas 13% do oceano permanece ileso, e partes do Ártico foram tão transformadas pelo aquecimento que os cientistas começam a se perguntar por quanto tempo mais poderão continuar chamando suas águas de "árticas". E por mais que a elevação do nível do mar e as inundações costeiras tenham dominado nossos medos sobre o impacto da mudança climática na água marinha do planeta, há muito mais com que nos preocuparmos.

No momento, mais de um quarto do carbono emitido pelos humanos concentra-se no oceano, que, além do mais, nos últimos cinquenta anos, absorveu 90% do excesso de calor provocado pelo aquecimento global. Metade desse calor vem sendo absorvido desde 1997, e os mares atuais conservam 15% mais energia de calor do que o faziam em 2000 — absorvendo o triplo de energia adicional, apenas nessas duas décadas, da contida nas reservas de combustível fóssil do planeta inteiro. Mas o resultado de toda essa absorção de dióxido de carbono é o que chamamos de "acidificação do oceano", precisamente o que o nome indica, e que já vem afetando parte das bacias hidrográficas do planeta — você deve se lembrar delas como o lugar onde a vida começou. Sozinha — por meio de seu efeito no fitoplâncton, que libera enxofre no ar, contribuindo para a formação de nuvens —, a acidificação oceânica pode acrescentar de um quarto a meio grau de aquecimento.

Você provavelmente já ouviu falar no "branqueamento" — ou seja, morte — dos corais, quando águas mais quentes eliminam os protozoários chamados zooxantelas, que fornecem, por meio da fotossíntese, mais de 90% das necessidades energéticas do coral. Cada coral é um ecossistema tão complexo quanto uma cidade moderna, e as zooxantelas são seu suprimento de comida, o bloco de construção básico de uma cadeia energética; quando morrem, o organismo todo passa fome com a eficiência militar de uma cidade sitiada. Desde 2016, metade da célebre Grande Barreira de Corais na Austrália sofreu esse processo. Essas mortes em larga escala são chamadas de "eventos de branqueamento em massa"; um deles ocorreu globalmente, de 2014 a 2017. A população de corais já declinou de tal forma que criou uma camada inteiramente nova no oceano, entre trinta e 150 metros abaixo da superfície, chamada pelos cientistas de "zona crepuscular". Segundo o Instituto de Recursos Mundiais, até 2030 o aquecimento e a acidificação dos oceanos ameaçarão 90% de todos os corais.

É uma péssima notícia, porque os recifes de corais sustentam pelo menos um quarto de toda a vida marinha e fornecem alimento e renda para meio bilhão de pessoas. Também são uma proteção contra marés de tempestade — algo que representa muitos bilhões, com os recifes atualmente valendo pelo menos 400 milhões de dólares anuais para Indonésia, Filipinas, Malásia, Cuba e México — 400 milhões anuais para cada país. A acidificação dos oceanos também vai afetar diretamente as populações de peixes. Embora os cientistas ainda não saibam muito bem como prever os efeitos sobre as criaturas que tiramos do oceano para comer, sabem que em águas ácidas ostras e mexilhões têm dificuldade de formar conchas, e que as concentrações cada vez mais elevadas de carbono prejudicam o faro dos peixes — algo que você talvez nem soubesse que os peixes tinham, mas que muitas vezes ajuda em sua navegação. Na costa da Austrália, as populações de peixe declinaram em cerca de 32% só nos últimos dez anos.

Hoje é comum dizer que atravessamos uma extinção em massa — período em que a atividade humana multiplicou possivelmente por até mil a velocidade com que as espécies estão desaparecendo da Terra. Provavelmente também é justo dizer que vivemos numa era marcada pela chamada anoxificação dos oceanos. Nos últimos cinquenta anos, a quantidade de água marinha sem oxigênio algum quadruplicou em todo o globo, deixando-nos com um total de mais de quatrocentas zonas mortas; as zonas sem oxigênio aumentaram em vários milhões de quilômetros quadrados, em uma área mais ou menos comparável à da Europa; e centenas de cidades costeiras hoje têm um oceano fétido e mal oxigenado a seu dispor. Isso se deve em parte ao simples aquecimento do planeta, uma vez que águas quentes transportam menos oxigênio. Mas também é em parte consequência da poluição direta — uma "zona morta" no golfo do México, com mais de 23 mil quilômetros quadrados, foi criada pelo transbordamento no rio Mississippi dos fertilizantes químicos de fazendas industriais do Meio-Oeste americano. Em 2014, um evento tóxico não atípico ocorreu no lago Erie, quando o fertilizante das fazendas de milho e soja de Ohio provocou a proliferação de uma alga que acabou com a água potável da cidade de Toledo. E em 2018, uma zona morta do tamanho da Flórida foi descoberta no mar da Arábia — tão grande que os pesquisadores acreditaram que pudesse abranger todos os 165 mil quilômetros quadrados do golfo de Omã, sete vezes maior que a zona morta no golfo do México. "O oceano", disse o chefe de pesquisa, Bastien Queste, "está sufocando."

Declínios drásticos no oxigênio do oceano desempenharam papel relevante nas piores extinções em massa do planeta, e o processo pelo qual as zonas mortas aumentam — estrangulando a vida marinha e acabando com a pesca — já vai bem avançado não só no golfo do México, como também na costa da Namíbia, onde o sulfeto de hidrogênio borbulha no mar ao longo de uma faixa de terra conhecida como Costa do Esqueleto. O nome se referia originalmente aos destroços de navios naufragados, mas hoje vem a calhar mais do que nunca. O sulfeto de hidrogênio também é uma dessas coisas que os cientistas suspeitam ter sido o golpe de misericórdia na extinção que pôs fim ao Permiano, após todos os ciclos de retroalimentação terem sido acionados. Ele é tão tóxico que a evolução nos treinou para perceber o vestígio mais sutil, seguro, por isso nossos narizes são tão eficazes em perceber flatulência.

E depois há a possível desaceleração da "esteira transportadora oceânica", o grande sistema circulatório composto pela Corrente do Golfo e outras, que é a principal maneira de regular as temperaturas regionais do planeta. Como isso funciona? A água da Corrente do Golfo esfria na atmosfera do mar da Noruega e se adensa, descendo para o fundo do oceano, onde é então empurrada para o sul por mais água da Corrente do Golfo — por sua vez esfriando ao norte e afundando no leito oceânico —, até chegar à Antártida, onde a água fria volta à superfície e começa a esquentar e viajar para o norte. A jornada pode levar mil anos.

Assim que a esteira transportadora passou a ser objeto de estudos rigorosos, na década de 1980, alguns oceanógrafos temeram que pudesse cessar, causando um desequilíbrio drástico no clima do planeta — o aquecimento das partes mais quentes e o esfriamento das mais frias. A paralisação total seria uma hecatombe inconcebível, embora os impactos soem inócuos, num primeiro momento — uma Europa mais fria, o clima mais intenso, elevação extra do nível oceânico. Invariavelmente, isso é descrito como o cenário *O dia depois de amanhã*, e parece um estranho capricho do destino que um filme tão esquecível tenha se tornado símbolo desse cenário catastrófico.

    Não é um cenário com que algum cientista sério se preocupe em qualquer escala de tempo humana. Mas uma desaceleração da esteira transportadora é outra história. A mudança climática já diminuiu a velocidade da Corrente do Golfo em 15%, acontecimento que os cientistas chamam de "evento sem precedentes no último milênio", e que se acredita ser um dos motivos para que a elevação dos oceanos ao longo da Costa Leste dos Estados Unidos seja drasticamente maior do que em qualquer outro lugar do mundo. E em 2018, dois artigos importantes desencadearam uma nova onda de preocupação com a esteira transportadora — tecnicamente chamada Circulação de Revolvimento Meridional do Atlântico —, que está se movendo à taxa mais baixa em pelo menos 1500 anos, segundo se revelou. Isso havia acontecido cerca de cem anos antes do previsto até pelos cientistas mais alarmistas, e fora marcado pelo que o climatologista Michael Mann chamou, de forma sombria, de "ponto da virada". Novas mudanças estão por vir, é claro: a transformação do oceano pelo aquecimento deve tornar essas águas desconhecidas duplamente irreconhecíveis, remodelando os mares do planeta antes de até mesmo termos sido capazes de descobrir suas profundezas e toda a vida ali submersa.

Ar irrespirável

Nossos pulmões precisam de oxigênio, mas ele é apenas uma fração do que respiramos, e a fração tende a cair conforme houver mais carbono na atmosfera. Não significa que corremos o risco de morrer sufocados — o oxigênio é abundante demais para isso —, mas sofreremos de um modo ou de outro. Com o carbono a 930 partes por milhão (mais do que o dobro do patamar em que nos encontramos hoje), a capacidade cognitiva cai em 21%.

Os efeitos do carbono são mais pronunciados em ambientes fechados, onde ele tende a se acumular — esse é um dos motivos por que você provavelmente se sente um pouco mais desperto durante uma caminhada vigorosa ao ar livre do que depois de um longo dia fechado em casa. E também de as salas de aula de ensino primário, segundo um estudo, acusarem a média de mil partes por milhão, chegando a 3 mil por milhão em um quarto das salas observadas no Texas — números deveras alarmantes, considerando que esses são os ambientes que criamos para promover o desempenho intelectual. Mas as salas de aula não são os piores culpados: outros estudos revelaram concentrações ainda mais elevadas em aviões, com efeitos que você deve confusamente lembrar de alguma experiência passada.

Mas o carbono é, por assim dizer, a menor das preocupações. Doravante, o ar do planeta não vai estar apenas mais quente; também será mais sujo, opressivo e carregado de doenças. Secas têm impacto direto na qualidade do ar, provocando o que se conhece por exposição à poeira e nos tempos do Dust Bowl americano era chamado de "pneumonia de poeira"; a mudança climática trará novas tempestades de areia a esses estados das planícies, onde a morte por contaminação de poeira está prevista para mais do que dobrar e o número de hospitalizações pela mesma causa, triplicar. Quanto mais o planeta esquenta, mais ozônio se forma, e até meados deste século os americanos devem sofrer um aumento de 70% na quantidade de dias com um insalubre *smog* [nevoeiro contaminado por fumaça] de ozônio, de acordo com projeção do Centro Nacional de Pesquisa Atmosférica. Na década de 2090, até 2 bilhões de pessoas no mundo todo estarão respirando ar acima do nível "seguro" da OMS. Hoje, mais de 10 mil pessoas morrem diariamente devido à poluição do ar. Isso é bem mais por dia — *por dia* — do que a quantidade total de pessoas de algum modo afetadas pelo derretimento de reatores nucleares. Esse não é um argumento decisivo a favor da energia nuclear, claro, uma vez que a comparação não é tão direta: a quantidade de chaminés de combustível fóssil expelindo colunas de fumaça negra é incalculavelmente maior do que a de instalações de fissão nuclear, com suas torres afuniladas e nuvens de vapor branco. Mas é um sinal alarmante da universalidade de nosso regime de poluição de carbono, que envolve o planeta todo numa mortalha tóxica.

Em anos recentes, os pesquisadores revelaram toda uma história secreta de adversidades que permeiam a experiência humana do último meio século, por obra do chumbo na gasolina e na tinta, que parece ter aumentado drasticamente as taxas de deficiência intelectual e de criminalidade e diminuído drasticamente os índices de desempenho escolar e renda ao longo da vida, onde quer que esses produtos contendo chumbo foram introduzidos. Os efeitos da poluição do ar já parecem mais óbvios. A poluição de partículas pequenas, por exemplo, atrapalha de tal forma o desempenho cognitivo com o tempo que os pesquisadores se referem ao efeito como "imenso": reduzir a poluição chinesa aos padrões da Agência de Proteção Ambiental americana (EPA, na sigla em inglês), por exemplo, melhoraria as notas nas provas orais do país em 13%, e as de matemática, em 8%. (A simples elevação de temperatura tem um impacto robusto e negativo também na realização da prova em si: as notas despencam quando faz muito calor.) A poluição foi ligada ao aumento de doenças mentais em crianças e da probabilidade de demência em adultos. Um nível de poluição mais elevado no ano em que a pessoa nasce revelou reduzir rendimentos na vida e participação na força de trabalho à idade de trinta anos, e a relação entre poluição e partos prematuros e baixo peso ao nascer é tão forte que a simples introdução da cobrança automática de pedágio nas cidades americanas reduziu ambos os problemas, nos arredores de pedágios, em 10,8% e 11,8%, respectivamente, apenas com o fim da fumaça expelida pelos escapamentos quando os carros desaceleravam para pagar.

Então, dentre as ameaças à saúde trazidas pela poluição, há aquela que nos é mais familiar. Em 2013, o derretimento do gelo ártico remodelou os padrões climáticos asiáticos, privando a China industrial dos padrões de ventilação naturais dos quais ela dependia e, como resultado, cobrindo a maior parte do Norte do país num *smog* irrespirável. Uma métrica um tanto obtusa chamada Índice de Qualidade do Ar categoriza os riscos de acordo com uma idiossincrática escala de medidas pelo cálculo da presença de uma variedade de poluentes: os alertas começam em 51-100, e em 201-300 incluem aviso de "aumento significativo de efeitos respiratórios na população em geral". O índice termina na faixa de 301-500, advertindo sobre "agravamento sério de doenças coronárias ou pulmonares e mortalidade prematura em pessoas com enfermidade cardiopulmonar e em idosos" e "risco grave de efeitos respiratórios na população em geral"; nesse nível, "todo mundo deve evitar qualquer tipo de esforço ao ar livre". O "arpocalipse" chinês de 2013 dobrou o topo dessa faixa superior, atingindo um pico de Índice de Qualidade do Ar de 993, e os cientistas que acompanharam o fenômeno sugeriram que a China inadvertidamente inventara um novo tipo de *smog* nunca visto ou estudado, que combinava a poluição densa e repleta de fuligem da Europa da era industrial, cujo aspecto lembra uma sopa de ervilha, e a poluição de pequenas partículas que ultimamente tem contaminado grande parte do mundo em desenvolvimento. Nesse ano, o *smog* foi responsável por 1,37 milhão de mortes no país.

Fora da China, a maioria das pessoas viu as fotografias e vídeos de uma capital mundial encoberta por um cinza tão espesso que obscurecia o sol como um sinal não das condições atmosféricas do planeta, mas de como o país era atrasado — como a China ficara tão na retaguarda dos índices de qualidade de vida do Primeiro Mundo, independentemente do lugar no tabuleiro global determinado por seu rápido crescimento econômico. Então, na temporada de incêndios recorde da Califórnia em 2017, o ar em volta de San Francisco estava pior do que em Pequim no mesmo dia. Em Napa, o Índice de Qualidade do Ar chegou a 486. Em Los Angeles, houve uma procura enlouquecida por máscaras cirúrgicas; em Santa Barbara, os moradores desentupiam as calhas do telhado tirando cinzas com as mãos. Em Seattle, no ano seguinte, a fumaça dos incêndios florestais tornou inseguro para qualquer um, em qualquer lugar, respirar ao ar livre. O que representou para os americanos um motivo extra — o pânico com a própria saúde — para ignorar a situação em Deli, onde em 2017 o Índice de Qualidade do Ar bateu nos 999.

A capital indiana abriga 26 milhões de pessoas. Em 2017, simplesmente respirar esse ar equivalia a fumar mais de dois maços de cigarros por dia, e houve uma demanda 20% maior nos prontos-socorros. Alguns corredores na meia maratona de Deli competiram com a cabeça embrulhada numa máscara de respirar. E o ar pesado de fuligem é perigoso de outras maneiras: a visibilidade ficou tão baixa que houve engavetamentos nas rodovias e a United Airlines cancelou todas as chegadas e partidas na cidade.

Pesquisa recente mostra que até a exposição de curto prazo à poluição de partículas pode aumentar drasticamente as taxas de infecções respiratórias, com cada dez microgramas adicionais por metro cúbico associados a um aumento desses diagnósticos em 15% a 32%. A pressão arterial também sobe. Em 2017, segundo a revista *The Lancet*, 9 milhões de mortes prematuras no mundo todo foram por poluição de partículas pequenas; mais de um quarto delas na Índia. E isso antes que os números finais do pico desse ano fossem divulgados.

Em Deli, grande parte da poluição vem das queimadas nos arredores; mas de resto o *smog* de pequenas partículas é produzido principalmente pela emissão de diesel e de gases, além de outras atividades industriais. O dano à saúde pública é indiscriminado, afetando quase qualquer vulnerabilidade humana: a poluição aumenta o predomínio de derrames, doenças cardiovasculares, câncer de todo tipo, doenças do aparelho respiratório agudas e crônicas, como asma, e complicações na gravidez, incluindo parto prematuro. A pesquisa recente sobre as consequências para o comportamento e o desenvolvimento humanos parece ainda mais apavorante: a poluição do ar foi associada a problemas de memória, atenção e vocabulário, déficit de atenção e transtornos do espectro do autismo. A poluição pode prejudicar o desenvolvimento de neurônios no cérebro e viver próximo a uma usina a carvão pode deformar seu DNA.

No mundo em desenvolvimento, 98% das cidades estão envoltas num ar cujos índices estão acima do limiar de segurança estabelecido pela OMS. Fora das áreas urbanas, o problema não melhora muito: 95% da população mundial respira um ar perigosamente poluído. Desde 2013, a China vem realizando uma limpeza sem precedentes em seu ar, mas a poluição em 2015 continuava matando mais de 1 milhão de chineses por ano. No mundo todo, uma em cada seis mortes é causada por poluição do ar.

Esses níveis de poluição não são novidade nenhuma; podemos encontrar presságios sobre a toxicidade do *smog* e os perigos do ar fuliginoso, por exemplo, na obra de Charles Dickens, raramente apreciado por seu ambientalismo. Mas todo ano descobrimos novas maneiras pelas quais nossa atividade industrial está envenenando o planeta.

Um particular sinal de alarme em razão do que parece ser uma ameaça poluidora inteiramente nova ou ainda mal compreendida: os microplásticos. O aquecimento global não é diretamente responsável pelos microplásticos, e no entanto a rapidez com que tomaram o mundo natural se tornou uma fábula incontornável sobre o tipo de transformação que a palavra "Antropoceno" implica, e até que ponto a culpa recai sobre a pujante cultura global do consumo.

Você já deve ter ouvido falar da "Grande Mancha de Lixo do Pacífico" — a massa de plásticos com o dobro do tamanho do Texas flutuando livremente no oceano. Não é como uma ilha de verdade — aliás, não é sequer uma massa estável, apenas é conveniente, retoricamente, pensarmos a seu respeito dessa maneira. E ela é composta, na maior parte, de plásticos normais, visíveis a olho nu. Os pedaços microscópicos — 700 mil podem ser liberados no ambiente em um único ciclo da máquina de lavar — são mais insidiosos. E, acredite se quiser, mais ubíquos: um quarto dos peixes vendidos na Indonésia e na Califórnia contém plásticos, segundo um estudo recente. Na Europa, estima-se que uma dieta que inclui mariscos representa a ingestão de pelo menos 11 mil partículas todo ano.

O efeito direto na vida oceânica é ainda mais impressionante. A quantidade total de espécies marinhas consideradas adversamente afetadas pela poluição plástica subiu de 260 em 1995, quando a primeira medição foi feita, para 690 em 2015 e 1450 em 2018. A maioria dos peixes testados nos Grandes Lagos continha microplásticos, assim como os intestinos de 73% dos peixes examinados no noroeste do Atlântico. Um estudo feito em supermercados do Reino Unido revelou que cada cem gramas de mexilhões estavam infestados com setenta partículas de plástico. Alguns peixes aprenderam a ingerir o material e certas espécies de crustáceos como o krill hoje funcionam como usinas de processamento, transformando os microplásticos em fragmentos menores que os cientistas chamam de "nanoplásticos". Mas o krill não consegue moer tudo; em 2,6 quilômetros quadrados de água perto de Toronto, foram encontradas recentemente 3,4 milhões de partículas de microplástico. Claro, as aves marinhas não estão imunes: um pesquisador encontrou 225 pedaços de plástico no estômago de um filhote de três meses de idade, pesando o equivalente a 10% de sua massa corporal — o mesmo que um humano médio carregando entre cinco e dez quilos de plástico em sua barriga estufada. ("Imagine ter de realizar seu primeiro voo para o mar aberto com isso no estômago", afirmou o pesquisador ao *Financial Times*, acrescentando: "No mundo todo, a população de aves marinhas está declinando mais rápido do que qualquer outro grupo de aves".)

Microplásticos foram encontrados na cerveja, no mel e em dezesseis de dezessete marcas de sal comercial testadas em oito países diferentes. Quanto mais testamos, mais encontramos; e embora ninguém ainda saiba o impacto para a saúde humana, nos oceanos um grânulo microscópico de plástico é considerado 1 milhão de vezes mais tóxico do que a água que o envolve. Provavelmente, se começarmos a abrir os cadáveres humanos para procurar microplásticos — como começamos a fazer com as proteínas tau, supostos marcadores de encefalopatia traumática crônica e mal de Alzheimer —, encontraremos plástico na nossa carne também. Podemos respirar microplásticos, mesmo em ambientes fechados, onde foram detectados em suspensão no ar, e já os bebemos: eles são encontrados na água da torneira de 94% das cidades americanas testadas. E a produção de plástico global deve triplicar até 2050, quando haverá mais plástico do que peixes no oceano.

O pânico do plástico tem uma estranha relação com a mudança climática: parece recorrer a premonições sobre a degradação do planeta, focando ao mesmo tempo em algo que tem muito pouco a ver com o aquecimento global. Mas não são só as emissões de carbono que estão implicadas na mudança climática. Outra poluição também está. Uma das ligações é relativamente atenuada: plásticos são produzidos por uma atividade industrial que também gera poluentes, incluindo dióxido de carbono. Outra, a segunda, é mais direta, mas, no esquema das coisas, trivial: quando o plástico se degrada, libera metano e etileno, dois potentes gases de efeito estufa.

Mas uma terceira relação entre a poluição que não deriva do carbono e a temperatura do planeta é muito mais apavorante. Não se trata do problema do plástico, porém da poluição de "aerossol" — expressão que abrange quaisquer partículas suspensas em nossa atmosfera. Partículas de aerossol na verdade diminuem a temperatura global, na maior parte refletindo a luz solar de volta para o espaço. Em outras palavras, todas as demais formas de poluição que despejamos na atmosfera com nossas usinas, fábricas e automóveis — sufocando parte das maiores e mais prósperas cidades do mundo e destinando muitos milhões de pessoas ao leito do hospital, bem como muitos milhões de pessoas menos afortunadas à morte prematura —, toda essa poluição, perversamente, reduz a quantidade de aquecimento global que enfrentamos hoje.

Mas quanto? Em cerca de meio grau — embora provavelmente mais. Os aerossóis já refletem tanta luz solar para fora da Terra que, na era industrial, o planeta esquentou apenas dois terços do que teria esquentado. Se de alguma maneira houvéssemos conseguido produzir exatamente o mesmo volume de emissões de carbono desde o início da Revolução Industrial, mantendo ao mesmo tempo o céu livre da poluição por aerossóis, os termômetros registrariam meio grau acima do patamar atual. O resultado é o que o prêmio Nobel Paul Crutzen chamou de "beco sem saída" e o escritor especializado em questões climáticas Eric Holthaus descreveu, talvez mais incisivamente, como um "pacto com o diabo": a escolha entre a poluição destrutiva para a saúde pública de um lado e, de outro, um céu limpo cuja claridade e salubridade irão acelerar de maneira dramática a mudança do clima. A eliminação dessa poluição salvará milhões de vidas todo ano, mas também levará a um aumento acentuado do aquecimento. Isso nos conduziria a um planeta entre 1,5ºC e 2ºC mais quente do que em nosso ponto de partida pré-industrialização — deixando-nos bem no limiar dos 2ºC de aquecimento, considerado há muito tempo a fronteira que separa um futuro suportável da catástrofe climática.

Por quase uma geração, engenheiros e futuristas têm contemplado as implicações práticas desse fenômeno e a possibilidade de diminuir a temperatura global com um plano envolvendo partículas suspensas — ou seja, poluir o ar de propósito para manter o planeta mais fresco. Muitas vezes agrupada com outras sob o termo genérico de "geoengenharia", a ideia foi recebida pelo público como um cenário digno de ficção científica — e de fato tem figurado na maior parte da ficção científica recente que trata da crise climática. Contudo, o plano ganhou enorme aceitação entre os climatologistas mais aflitos, muitos deles cientes de que nenhuma das metas bastante modestas dos acordos de Paris podem ser conquistadas sem tecnologias de emissões negativas — cujo custo, no momento, é proibitivo.

O sequestro de carvão pode de fato se mostrar um "pensamento mágico", mas, quanto às tecnologias mais brutas, sabemos que irão funcionar. Em vez de sugar o carbono da atmosfera, poderíamos bombardear o céu com poluição deliberadamente; a versão mais plausível disso talvez seja o dióxido de enxofre. Ele deixaria nossos crepúsculos muito vermelhos e o céu esbranquiçado, trazendo mais chuvas ácidas.

Também seria a causa de dezenas de milhares de outras mortes prematuras todo ano, devido ao efeito na qualidade do ar. Um artigo de 2018 sugeriu que a Amazônia secaria rapidamente, levando a mais incêndios florestais. O efeito negativo no crescimento vegetal anularia por completo o efeito positivo na temperatura global, segundo outro artigo de 2018; em outras palavras, ao menos em termos de produção agrícola, a geoengenharia solar não ofereceria o menor benefício.

Uma vez iniciado tal programa, não poderíamos parar. Mesmo uma breve interrupção, uma dispersão temporária do nosso escudo de enxofre vermelho, mergulharia o planeta no abismo climático, com vários graus de aquecimento — o que deixaria as instalações responsáveis por manter esse escudo muito vulneráveis à politicagem e ao terrorismo, como seus próprios defensores admitiriam. E, no entanto, muitos cientistas ainda descrevem a geoengenharia como algo inevitável — é simplesmente barata demais, dizem. Mesmo um ambientalista bilionário, agindo por conta própria, conseguiria concretizá-la sozinho.

Pragas do aquecimento

As rochas são um registro da história do planeta, de eras transcorridas por milhões de anos, achatadas pelas forças do tempo geológico em estratos com espessuras medidas em centímetros, até menos. O gelo funciona assim também, como um livro contábil do clima, mas também é a história congelada, parte da qual pode ser reanimada após o descongelamento. Há hoje, presas no gelo ártico, doenças que não circularam no ar por milhões de anos — em alguns casos, desde antes de os seres humanos estarem por perto para entrar em contato com elas. O que significa que nosso sistema imunológico não terá ideia de como reagir quando essas pragas pré-históricas emergirem do gelo. Vários micróbios já foram reanimados em laboratório: uma bactéria "extremófila" de 32 mil anos foi despertada em 2005, outra de 8 milhões de anos foi trazida de volta à vida em 2007, um cientista russo injetou em si mesmo uma bactéria de 3,5 milhões de anos, por curiosidade, para descobrir o que aconteceria. (Ele sobreviveu.) Em 2018, os cientistas reviveram algo bem maior — um verme que permanecera congelado no *permafrost* pelos últimos 42 mil anos.

O Ártico também abriga micróbios aterrorizantes de épocas mais recentes. No Alasca, os pesquisadores encontraram vestígios da gripe de 1918 que infectou 500 milhões de pessoas e matou 50 milhões — cerca de 3% da população mundial e quase seis vezes o número de mortos na Primeira Guerra, da qual a pandemia serviu como uma espécie de toque final macabro. Os cientistas desconfiam que a varíola e a peste bubônica estão aprisionadas no gelo siberiano, entre muitas outras doenças que por sua vez se tornaram lendárias — uma história resumida de enfermidades devastadoras, esquecida como uma salada de maionese ao sol do Ártico.

Muitos organismos congelados como esses não sobreviverão de fato ao derretimento; a maioria dos que voltaram à vida foi reanimada em laboratório, em condições difíceis de reproduzir. Mas em 2016, um menino morreu e vinte outros foram infectados pelo antraz liberado quando o *permafrost* descongelado expôs a carcaça de uma rena morta pelas bactérias no mínimo 75 anos antes; mais de 2 mil renas modernas morreram.

Mais do que doenças antigas, o que preocupa os epidemiologistas são os atuais flagelos que mudam de local, são reprogramados ou tornam a evoluir graças ao aquecimento. O primeiro efeito é geográfico. Antes do início do período moderno, a regionalização humana era uma defesa contra pandemias — um micróbio podia varrer uma cidade, um reino ou até, num caso extremo, um continente —, mas, na maioria dos casos, não podia viajar muito mais rápido do que suas vítimas, ou seja, bem devagar. A peste negra matou pelo menos 60% da população da Europa, mas considere, num sinistro exercício de imaginação, como esse impacto poderia ter sido grande num mundo realmente globalizado.

Hoje, mesmo com a globalização e a rápida mistura das populações humanas, nossos ecossistemas estão no geral estáveis e isso funciona como mais um limite — sabemos onde determinados micróbios podem se espalhar e sabemos quais ambientes estão imunes. (É por isso que determinados vetores encontrados no turismo de aventura exigem dúzias de novas vacinas e medicamentos profiláticos, e é por esse mesmo motivo que os nova-iorquinos não precisam se preocupar quando viajam a Londres.)

Mas o aquecimento global vai embaralhar esses ecossistemas, ajudando as doenças a invadir limites tão efetivamente quanto Cortés. O mapa das doenças transmitidas por mosquito no momento é definido, porém essas fronteiras estão desaparecendo em grande velocidade, à medida que os trópicos se expandem — a taxa atual é cinquenta quilômetros por década. No Brasil, por gerações, a febre amarela permaneceu na bacia amazônica, onde os mosquitos de *Haemagogus* e *Sabethes* prosperavam, tornando a doença uma preocupação para os que viviam e trabalhavam na selva ou viajavam para suas profundezas, mas só para esses indivíduos; em 2016, a doença deixou a Amazônia, à medida que cada vez mais mosquitos se dispersavam para fora da selva tropical; e em 2017 ela chegara a regiões em torno das megalópoles do país, São Paulo e Rio de Janeiro — mais de 30 milhões de pessoas, muitas vivendo em favelas, enfrentando a chegada de uma doença que mata entre 3% e 8% dos infectados.

A febre amarela é apenas uma das pragas que serão transmitidas por mosquitos à medida que avançam, conquistando uma área cada vez maior de um mundo em aquecimento — a globalização das doenças pandêmicas. Só a malária já mata atualmente 1 milhão de pessoas todo ano, infectando muitos mais, mas ninguém precisa se preocupar com a doença se mora no Maine ou na França. Conforme os trópicos avançam para o norte e os mosquitos migram junto, talvez seja a hora de se preocupar; no decorrer do próximo século, uma fração cada vez maior da população mundial viverá à sombra de doenças como essas.

Ninguém estava muito preocupado com o zika vírus tampouco, há cerca de dois anos.

Mas ele também pode ser um bom modelo para um segundo efeito preocupante — a mutação. Um motivo para termos começado a ouvir falar no zika só nos últimos anos é que a doença permanecera restrita a Uganda e ao Sudeste Asiático; outro é que, até recentemente, não parecia causar defeitos congênitos. Os cientistas ainda não têm total conhecimento do que aconteceu ou do que deixaram de perceber, mesmo hoje, vários anos após o planeta aparentemente entrar em pânico por causa da microcefalia: pode ser que a doença tenha mudado quando chegou às Américas, consequência de uma mutação genética ou de uma resposta adaptativa a um novo ambiente; ou que o zika produza esses efeitos pré-natais devastadores apenas na presença de outra doença, possivelmente menos comum na África; ou que alguma coisa no ambiente ou na história imunológica em Uganda proteja gestantes e nascituros.

Mas há uma coisa que sabemos com certeza sobre como o clima afeta algumas enfermidades. A malária, por exemplo, prospera em regiões mais quentes, um dos motivos para o Banco Mundial estimar que 3,6 bilhões de pessoas terão de lidar com a doença até 2030 — 100 milhões como resultado direto da mudança climática.

Projeções como essas dependem não só de modelos climáticos, mas de um intricado entendimento do organismo em questão. Ou, antes, dos organismos. A transmissão da malária envolve tanto a doença como o mosquito; a da doença de Lyme, tanto a doença como o carrapato — outra criatura ameaçadora do ponto de vista epidemiológico cujo universo está se expandindo rapidamente graças ao aquecimento global. Como foi documentado por Mary Beth Pfeiffer, os casos de Lyme aumentaram no Japão, na Turquia e na Coreia do Sul, onde a doença literalmente inexistia até 2010 — zero casos —, e hoje vive em centenas de novos sul-coreanos a cada ano. Na Holanda, a infestação tomou conta de 54% do território; na Europa como um todo, os casos de Lyme triplicaram. Nos Estados Unidos, há provavelmente cerca de 300 mil novos contágios todo ano — e como até mesmo muitos que passaram por tratamento continuam a apresentar os sintomas anos depois, essa quantidade pode se acumular. No geral, o número de casos de doenças transmitidas por mosquitos, carrapatos e pulgas triplicou nos Estados Unidos só nos últimos treze anos, com dezenas de condados por todo o país encontrando carrapatos pela primeira vez. Mas os efeitos da epidemia podem ser vistos talvez com mais clareza em outros animais além dos humanos: em Minnesota, só durante a década de 2000, carrapatos de inverno contribuíram para uma queda de 58% da população de alces, e alguns ambientalistas acreditam que a espécie poderá ser extinta completamente no estado até 2020. Na Nova Inglaterra, foram encontrados filhotes de alce mortos com até 90 mil carrapatos intumescidos grudados na pele, que morreram não da doença de Lyme, mas de simples anemia, como resultado de tantas criaturas sugando alguns mililitros de sangue cada uma. A população de alces sobreviventes está longe de parecer saudável. Muitos perderam a pelagem após se coçar incessantemente para se livrar dos carrapatos e acabaram com uma fantasmagórica pele cinzenta que lhes valeu o apelido de "alces fantasmas".

A doença de Lyme é, em termos relativos, uma enfermidade nova, que ainda não compreendemos muito bem: atribuímos a ela uma série muito misteriosa e incoerente de sintomas, de dor nas juntas a fadiga, perda de memória e paralisia facial, quase uma explicação genérica para problemas que não somos capazes de identificar muito bem em pacientes que sabidamente foram picados por um inseto carregando a bactéria. Mas conhecemos os carrapatos, porém, com tanta certeza quanto conhecemos a malária —

não existem muitos parasitas que compreendamos melhor. Mas há uma quantidade incalculável de outros milhões que compreendemos menos, o que significa que nosso entendimento de como a mudança climática vai redirecionar ou remodelar esses parasitas está imerso numa ignorância sombria. E ainda há as pragas que a mudança climática vai nos obrigar a confrontar pela primeira vez — todo um novo universo de doenças humanas que nem sequer conhecemos, muito menos com as quais nos preocupamos.

"Novo universo" não é uma hipérbole. Os cientistas conjecturam que o planeta pode abrigar mais de 1 milhão de vírus ainda não descobertos. As bactérias são ainda mais traiçoeiras e provavelmente conhecemos uma quantidade ainda menor delas.

As mais assustadoras talvez sejam as que vivem dentro de nós, por ora pacificamente. Mais de 99% dessas bactérias dentro do corpo humano são desconhecidas da ciência, o que significa que operamos na quase completa ignorância dos efeitos que a mudança climática pode exercer nas criaturas que vivem, por exemplo, em nossos intestinos — na quase completa ignorância de quantas dessas bactérias das quais os seres humanos dependem para quase tudo, como operários invisíveis em uma fábrica, desde digerir o alimento e modular a ansiedade, poderiam ser reprogramadas, reduzidas ou exterminadas por alguns graus a mais de aquecimento.

A grande maioria dos vírus e bactérias que moram dentro de nós é inofensiva para os humanos — por enquanto. É possível que uma diferença de 1ºC ou 2ºC na temperatura global não altere tanto o comportamento da maioria deles — provavelmente da vasta maioria, até mesmo de quase todos. Mas consideremos o caso da saiga — o adorável antílope anão natural da Ásia Central. Em maio de 2015, quase dois terços da população mundial desse animal morreram em questão de dias — todos os espécimes numa área do tamanho da Flórida, a terra subitamente pontilhada por centenas de milhares de carcaças, sem um único sobrevivente. Eventos assim são chamados de "megamortes", e esse foi tão surpreendente e cinematográfico que suscitou, de imediato, uma enxurrada de teorias da conspiração: alienígenas, radiação, combustível de foguete descartado. Mas nenhuma toxina foi encontrada pelos pesquisadores que investigaram as cenas de extermínio — nem nos próprios animais, nem no solo, nem nas plantas. O culpado, conforme descobririam, era uma simples bactéria, *Pasteurella multocida*, que vivera nas amígdalas da saiga, sem ameaçar seu hospedeiro de modo algum, por incontáveis gerações. De repente, passara a se proliferar, emigrara para a corrente sanguínea e daí para o fígado, rins e baço dos animais. Por quê? "Os locais onde as saigas morreram em maio de 2015 estavam extremamente quentes e úmidos", escreveu Ed Yong na revista *The Atlantic*. "Na verdade, os níveis de umidade foram os mais elevados na região desde que se começou a registrá-los, em 1948. O mesmo padrão vigorou para dois eventos como esse, só que muito menores, ocorridos em 1981 e 1988. Quando a temperatura esquenta para valer e o ar fica úmido demais, a saiga morre. O clima é o gatilho, a *Pasteurella* é a bala." Isso não quer dizer que saibamos precisamente por que a umidade é capaz de transformar a *Pasteurella* numa assassina, ou quantas outras espécies de bactérias vivendo dentro de mamíferos como nós — o 1% que identificamos, ou talvez, mais preocupante, os 99% que abrigamos sem delas ter conhecimento ou compreensão — podem ser acionadas pelo clima de modo que as amigáveis criaturas simbiontes com quem convivemos, em alguns casos há milhões de anos, se transformem de uma hora para outra em criaturas contagiosas dentro de nós. O episódio permanece um mistério. Mas a ignorância não traz conforto. Provavelmente a mudança climática vai nos apresentar a algumas delas.

Colapso econômico

O mantra murmurado pelos mercados globais — que prevaleceu entre o fim da Guerra Fria e o início da Grande Recessão, prometendo seu reinado eterno — é de que o crescimento econômico nos salvará de qualquer coisa.

Mas após a crise de 2008, uma série de historiadores e economistas iconoclastas estudiosos do que chamam de "capitalismo fóssil" sugeriu que toda a história do crescimento econômico acelerado, que começou quase de repente no século XVIII, não é resultado da inovação ou da dinâmica do livre-comércio, mas simplesmente de nossa descoberta dos combustíveis fósseis e todo seu poder bruto — uma injeção única desse novo "valor" em um sistema que previamente fora caracterizado pela vida de subsistência. Essa é uma opinião de uma minoria entre os economistas, e, no entanto, a versão resumida de sua perspectiva é bastante convincente. Antes dos combustíveis fósseis, ninguém vivia melhor do que seus pais ou avós ou ancestrais de quinhentos anos atrás, a não ser imediatamente após uma grande epidemia como a peste negra, que permitiu aos afortunados sobreviventes se refestelar com os recursos liberados pelos sepultamentos em massa.

No Ocidente, em especial, tendemos a acreditar que inventamos um jeito de escapar dessa disputa por recursos incessante, feroz e de soma zero — tanto mediante as inovações em particular, como o motor a vapor e o computador, como com o desenvolvimento de um sistema capitalista dinâmico para recompensá-las. Mas estudiosos como Andreas Malm têm opinião diferente: fomos tirados desse lodo por uma inovação singular, produzida não pela empreendedora mão humana, mas na verdade engendrada, milhões de anos antes até mesmo que houvesse mãos humanas para escavar a terra, pelo tempo e pelo peso geológico, que há muitos milênios comprimiu os fósseis das formas de vida baseadas em carbono anteriores na Terra (plantas, pequenos animais), como limões espremidos, transformando-as em petróleo. O petróleo é um patrimônio do passado pré-humano da Terra — a energia que ela é capaz de armazenar quando imperturbada por milênios. Assim que os humanos descobriram esse depósito oculto, passaram à pilhagem — tão rapidamente que, em vários momentos ao longo do último meio século, os analistas do petróleo entraram em pânico e anunciaram que ele estava no fim. Em 1968, o historiador Eric Hobsbawm escreveu: "Quando pensamos em Revolução Industrial, pensamos em algodão". Hoje, ele provavelmente substituiria isso por "combustível fóssil".

A cronologia do crescimento é quase perfeitamente consistente com a queima desses combustíveis, embora economistas doutrinários argumentariam que a equação do crescimento é bem mais complicada do que isso. As gerações sendo longas como são e a memória histórica sendo curta como é, os vários séculos de prosperidade relativamente confiável e em expansão conferiram ao crescimento econômico do Ocidente uma aura reconfortante de permanência: contamos com sua existência, ao menos em alguns continentes, e nos enfurecemos com nossos líderes e elites quando ele não ocorre. Mas a história do planeta é muito longa, e a história humana, ainda que um intervalo mais breve, também é longa. E embora o ritmo da mudança tecnológica que chamamos de progresso seja vertiginoso atualmente e possa forjar novos modos de amortecer os choques da mudança climática, também não é difícil imaginar aqueles séculos pujantes, desfrutados por nações que colonizaram o resto do planeta para produzi-los, como uma aberração. Impérios do passado também tiveram anos de expansão econômica.

Não é preciso acreditar que o crescimento econômico é uma miragem produzida pelos gases fósseis para temer que a mudança climática seja uma ameaça a ele — na verdade, essa afirmação é a pedra angular a partir da qual todo um edifício da literatura acadêmica foi construído na última década. A pesquisa mais empolgante na economia do aquecimento veio de Solomon Hsiang, Marshall Burke e Edward Miguel, que não são historiadores do capitalismo fóssil mas oferecem uma análise bastante desanimadora: em um país já relativamente aquecido, cada grau Celsius a mais reduz o crescimento, em média, em cerca de um ponto percentual (uma proporção enorme, considerando que computamos esse aumento em números baixos, de um único dígito, como "forte"). É o melhor trabalho na área. Comparada à trajetória do crescimento econômico sem mudança climática, sua projeção média é de uma perda de 23% em ganhos per capita mundialmente até o fim do século.

Acompanhar o formato da curva de probabilidade é ainda mais assustador. A pesquisa sugere que há uma chance de 51% de que a mudança climática irá reduzir a produção global em mais de 20% até 2100, em comparação com um mundo sem aquecimento, e uma chance de 12% de que baixará o PIB per capita em

50% ou mais até lá, a menos que as emissões diminuam. Para dar uma ideia, estima-se que a Grande Depressão derrubou o PIB mundial em cerca de 15% — os números não eram tão bons na época. Nossa mais recente Grande Recessão o baixou em cerca de 2%, em um único choque; Hsiang e seus colegas estimam uma chance em oito de um efeito em curso e irreversível até 2100 que é 25 vezes pior. Em 2018, uma equipe liderada por Thomas Stoerk sugeriu que esses números poderiam estar sendo dramaticamente subestimados.

A escala da devastação econômica é difícil de compreender. Mesmo nas nações pós-industriais do Ocidente rico, onde indicadores econômicos como a taxa de desemprego e o crescimento do PIB circulam como se contivessem o sentido da vida, números como esses são um pouco impenetráveis; estamos tão acostumados à estabilidade econômica e ao crescimento previsível que o espectro da confiabilidade se estende de contrações de cerca de 15%, efeitos que ainda estudamos em histórias da Depressão, para um crescimento mais ou menos com metade dessa taxa — cerca de 7%, que o mundo como um todo atingiu pela última vez durante o boom global do início da década de 1960.

Esses são picos e depressões isolados, excepcionais, estendendo-se por não mais que alguns anos, e na maior parte do tempo medimos as flutuações econômicas em pontos decimais — 2,9 nesse ano, 2,7 naquele outro. O que a mudança climática sugere é um revés econômico de categoria inteiramente diversa.

A análise por país talvez seja ainda mais alarmante. Há países que se beneficiam, ao norte, onde temperaturas mais quentes podem melhorar a agricultura e a produtividade econômica: Canadá, Rússia, Escandinávia, Groenlândia. Mas em latitudes intermediárias, os países responsáveis pelo grosso da atividade econômica do mundo — Estados Unidos, China — perdem quase metade de sua produção potencial. O aquecimento perto do equador é pior, com perdas em toda a África, na América Latina, do México ao Brasil, aproximando-se de 100% na Índia e no Sudeste Asiático. Só a Índia, propôs um estudo, sofreria quase um quarto do sofrimento econômico infligido ao mundo pela mudança climática. Em 2018, o Banco Mundial estimou que o curso atual das emissões de carbono traria uma piora acentuada das condições de vida de 800 milhões de pessoas por toda a Ásia Meridional. Cem milhões, afirmam, serão arrastados para a pobreza extrema pela mudança climática apenas ao longo da próxima década. Talvez "de volta" à pobreza extrema seja mais apropriado: muitas das populações mais vulneráveis são as que acabaram de deixar uma vida de privação e subsistência, mediante o crescimento do mundo desenvolvido turbinado pela industrialização e pelos combustíveis fósseis.

E para ajudar a amortecer ou compensar esses impactos, não temos nenhum repeteco do New Deal em vista, nenhum Plano Marshall a postos. A redução global dos recursos econômicos seria permanente e, por ser permanente, em pouco tempo nem a veríamos mais como privação, apenas como a brutal normalidade contra a qual poderemos medir minúsculos arrotos de crescimento de pontos decimais como se fossem o sopro de uma nova prosperidade. Nos habituamos a reveses em nossa marcha errática pelo arco da história econômica, mas sabemos que não passam de adversidades e esperamos por recuperações elásticas. O que a mudança climática nos reserva não é esse tipo de coisa — não uma Grande Recessão ou uma Grande Depressão, mas, em termos econômicos, uma Grande Extinção.

Como isso poderia acontecer? A resposta está em parte nos capítulos precedentes — desastres naturais, inundações, crises de saúde pública. Essas não são apenas tragédias, mas tragédias caras, e já começam a se acumular numa taxa sem precedentes. Há o custo para a agricultura: mais de 3 milhões de americanos trabalham em mais de 2 milhões de fazendas; se a produção declina em 40%, as margens também declinam, em muitos casos desaparecendo completamente, pequenas fazendas e cooperativas e até impérios do agronegócio indo por água abaixo (para usar a metáfora de contabilidade estranhamente apropriada)* e afogando em dívidas todos os proprietários e trabalhadores desses campos áridos, muitos com idade suficiente para se lembrar das mesmas planícies numa era de abundância. E por fim há a inundação de fato: 2,4 milhões de casas e estabelecimentos americanos, representando mais de 1 trilhão de dólares em moeda corrente, sofrerão inundações crônicas até 2100, segundo um estudo de 2018 feito pela organização Union of Concerned Scientists. Até 2015, 14% das propriedades em Miami Beach poderão estar submersas. Isso só nos Estados Unidos, embora não seja apenas o sul da Flórida; na verdade, ao longo das próximas décadas, o impacto imobiliário será de quase 30 bilhões de dólares só em Nova Jersey.

    O aquecimento acarreta um custo direto para o crescimento, como no caso da saúde. Alguns desses efeitos já podem ser vistos — por exemplo, a deformação de trilhos de trem ou o adiamento de voos devido a temperaturas tão altas que anulam a aerodinâmica utilizada para decolar, hoje um acontecimento corriqueiro em aeroportos muito quentes, como o de Phoenix. (Cada passagem de ida e volta de Nova York a Londres, lembre-se, custa ao Ártico três metros quadrados de gelo.) Da Suíça à Finlândia, as ondas de calor obrigaram ao fechamento de usinas de energia quando os líquidos de resfriamento ficaram quentes demais para fazer seu serviço. E na Índia, em 2012, 670 milhões de pessoas fi-

---

* *Underwater*: quando propriedades valem menos do que deveriam. (N. T.)

caram sem luz quando a rede elétrica do país foi sobrecarregada pelos fazendeiros irrigando seus campos sem a ajuda da temporada de monções, que nunca chegou. Em virtualmente todos os projetos, à exceção dos mais avançados, virtualmente no mundo todo, à exceção dos mais ricos, a infraestrutura do planeta simplesmente não foi construída para a mudança climática, o que significa que as vulnerabilidades estão por toda parte.

Além disso, efeitos menos óbvios também são visíveis — por exemplo, a produtividade. Nas últimas décadas, os economistas se perguntaram por que a revolução da computação e da internet não trouxe ganhos de produtividade significativos para o mundo industrializado. Planilhas, softwares de gestão de bancos de dados, o e-mail — só essas inovações aparentemente já prometeriam imensos ganhos em eficiência para qualquer negócio ou economia que os adotasse. Mas esses ganhos simplesmente não se materializaram; na verdade, o período econômico em que essas inovações foram introduzidas, junto com literalmente milhares de eficiências similares promovidas pelo computador, tem se caracterizado, sobretudo no Ocidente desenvolvido, pela estagnação dos salários e da produtividade e crescimento econômico refreado. Uma possibilidade especulativa: os computadores nos tornaram mais eficientes e produtivos, mas ao mesmo tempo a mudança climática está ocasionando o efeito contrário, reduzindo ou anulando por completo o impacto da tecnologia. Como é possível? Uma teoria aponta para os efeitos cognitivos negativos do aquecimento direto e da poluição do ar, ambos acumulando o aporte de novas pesquisas a cada dia que passa. E explicando ou não a grande estagnação das últimas décadas, sabemos de fato que, globalmente, temperaturas mais quentes reduzem a produtividade do trabalhador.

A afirmação parece forçada e intuitiva, uma vez que, por um lado, você não imagina que aumentos ínfimos de temperatura transformariam economias inteiras em mercados zumbis e uma vez que, por outro, você mesmo certamente já se esfalfou trabalhando em um dia quente com o ar-condicionado desligado. A perspectiva mais ampla talvez seja ainda mais dura de engolir, pelo menos de início. Pode soar como determinismo geográfico, mas Hsiang, Burke e Miguel identificaram uma temperatura média anual ideal para a produtividade econômica: 13°C, que por acaso calha de ser a média histórica para os Estados Unidos e várias outras das maiores economias do mundo. Hoje, o clima nos Estados Unidos fica em torno dos 13,4°C, que se traduz em menos de 1% de perda de PIB — embora, como juros compostos, o efeito cresça com o tempo. Claro que, à medida que o país ficou mais quente nas últimas décadas, regiões específicas testemunharam uma elevação da temperatura, em certos casos aproximando-se mais de um clima ideal. A Bay Area e arredores, em San Francisco, por exemplo, no momento registram exatos 13°C.

É isso que significa sugerir que a mudança climática é uma crise envolvente, que influencia cada aspecto do modo como vivemos hoje no planeta. Mas o sofrimento do mundo será distribuído com tanta desigualdade quanto seus ganhos, com grandes divergências tanto entre países como dentro deles. Países que já são quentes, como Índia e Paquistão, serão os mais atingidos, enquanto Rússia e Canadá deverão se beneficiar, relativamente falando; nos Estados Unidos, o ônus recairá em grande medida sobre o Sul e o Meio-Oeste, onde algumas regiões podem perder até 20% da renda nos condados.

No geral, embora venha a ser duramente atingido pelos impactos climáticos, os Estados Unidos estão entre os países em melhores condições de enfrentá-los — sua riqueza e geografia são os motivos para a América mal começar a acusar os efeitos da mudança climática que já assolam as regiões mais quentes e pobres do mundo. Mas em parte por ter tanto a perder, e em parte por ter desenvolvido com tanta agressividade seus extensos litorais, os Estados Unidos acabam sendo mais vulneráveis aos impactos climáticos do que qualquer outro país no mundo, exceto a Índia, e seu mal-estar econômico não será mantido em quarentena atrás de suas fronteiras. Em um mundo globalizado, há o que Zhengtao Zhang e outros chamam de um "efeito de reverberação econômica". Eles também o quantificaram e descobriram que o impacto cresce junto com o aquecimento. A 1ºC, com um declínio no PIB americano de 0,88%, o PIB global cairia em 0,12%, e os prejuízos americanos gerariam um efeito cascata no sistema mundial. A 2ºC, a reverberação econômica triplica, embora aqui, também, os efeitos sejam desencadeados de maneira diferente em diferentes partes do mundo; comparado ao impacto das perdas americanas a 1ºC, a reverberação econômica a 2ºC na China seria 4,5 vezes maior. As ondas de choque que se irradiam de outros países são menores, porque suas economias também o são; mas as ondas virão de praticamente todos os países do mundo, como sinais de rádio emitidos de toda uma floresta de torres global, cada uma transmitindo penúria econômica.

Para o bem ou para o mal, nos países do Ocidente rico optamos pelo crescimento econômico como a melhor medida, por mais imperfeita que seja, da saúde de nossas sociedades. Claro, a mudança climática conta — com seus incêndios, secas e fomes, conta imensamente. Os custos já são astronômicos, com furacões isolados causando prejuízos de centenas de bilhões de dólares. Caso o planeta aqueça 3,7ºC, os danos da mudança climática poderiam, segundo uma avaliação, atingir 551 trilhões de dólares — quase o dobro da riqueza existente hoje no mundo. Estamos no rumo de mais aquecimento ainda.

Ao longo das últimas décadas, o consenso nas políticas públicas tem nos alertado que o mundo só toleraria respostas à mudança climática se fossem gratuitas — ou, melhor ainda, se pudessem se apresentar como possibilidades de oportunidade econômica. Essa lógica de mercado provavelmente sempre foi míope, mas nos últimos anos, à medida que o custo da adaptação, na forma da energia verde, caiu de forma tão drástica, a equação se inverteu: todo mundo sabe agora que será incalculavelmente mais caro *não* fazer algo a respeito do clima do que tomar até a medida mais agressiva hoje. Se você não pensa no preço de uma ação ou título do governo como uma barreira intransponível para os retornos financeiros que irá receber, tampouco deveria achar cara a adaptação climática. Em 2018, um artigo científico calculou o custo global de uma rápida transição de energia, até 2030, em 26 trilhões de dólares negativos — em outras palavras, reconstruir a infraestrutura energética do mundo produziria para nós todo esse dinheiro, comparado a um sistema estático, em apenas doze anos.

A cada dia que passa e não agimos, esses custos se acumulam, e os números pioram depressa. Hsiang, Burke e Miguel extraem sua proporção de 50% do limite extremo do que é possível — mais exatamente um pior cenário para o crescimento econômico sob o signo da mudança climática. Mas, em 2018, Burke e vários colegas publicaram um importante artigo explorando as consequências para o crescimento de alguns cenários mais próximos dos nossos atuais percalços. Nele, consideraram um cenário plausível, mas ainda assim um tanto otimista, em que o mundo respeita os acordos de Paris, limitando o aquecimento entre 2,5ºC e 3ºC. É provavelmente o melhor cenário de aquecimento que podemos esperar; globalmente, relativo a um mundo sem aquecimento adicional, cortaria a produção econômica per capita até o fim do século em algo entre 15% e 25%, segundo estimaram Burke e seus colegas. Chegando aos 4ºC, no extremo inferior da faixa de aquecimento sugerida por nossa atual trajetória de emissões, cortaria a produção em 30% ou mais. É o dobro das privações que marcaram nossos avós na década de 1930 e que ajudaram a produzir uma onda de fascismo, autoritarismo e genocídio. Mas só dá realmente para perceber o abismo quando você o olha do alto do novo pico, aliviado. Talvez não haja esse alívio ou pausa da privação climática, e ainda que, como em qualquer colapso, possa haver alguns poucos indivíduos que encontrem maneiras de se beneficiar dele, a experiência da maioria das pessoas poderá estar mais para mineiros enterrados permanentemente no fundo de um poço.

Conflitos climáticos

Os climatologistas são muito cuidadosos ao falar sobre a Síria. Querem que saibamos que embora a mudança climática tenha de fato produzido uma seca que contribuiu para a guerra civil no país, não é exatamente legítimo dizer que o conflito é resultado do aquecimento; o Líbano, por exemplo, seu país vizinho, sofreu igualmente com a perda de colheitas e continuou estável.

Mas guerras não são causadas pela mudança climática apenas no mesmo sentido em que furacões não são causados pela mudança climática, o que significa dizer que ela aumenta sua probabilidade, o que significa dizer que a distinção é semântica. Se a mudança climática torna o conflito apenas 3% mais provável em um dado país, não significa que o efeito seja trivial: há centenas de países no mundo, o que multiplica a probabilidade, resultando em que esse aumento na temperatura poderia produzir mais três, quatro ou seis novas guerras. Na última década, os pesquisadores conseguiram até quantificar algumas relações pouco óbvias entre temperatura e violência: para cada meio grau de aquecimento, afirmam, as sociedades presenciarão um aumento de 10% a 20%

na probabilidade de conflito armado. Na ciência do clima, nada é simples, mas a aritmética é angustiante: um planeta 4°C mais quente teria talvez o dobro de guerras. Provavelmente mais.

Como é o caso com quase qualquer aspecto do caos climático, o cumprimento das metas de Paris não vai nos poupar do derramamento de sangue — na verdade, longe disso; mesmo um esforço espantoso e improvável de limitar o aquecimento a 2°C continuaria, por essa matemática, resultando em pelo menos 40%, chegando talvez até 80%, de mais guerras. Este, em outras palavras, é nosso melhor cenário: um aumento correspondendo no mínimo à metade dos conflitos atuais, numa época em que ninguém bem informado diria que gozamos de abundância de paz. O clima já elevou o risco de conflitos na África em mais de 10%; nesse continente, em 2030, a projeção das temperaturas aponta para 393 mil mortes adicionais em combates armados.

"Combate" — a palavra parece uma relíquia quando a lemos. No rico Ocidente, queremos crer que a guerra é um traço anômalo da vida moderna, uma vez que parece ter sido eliminada tão completamente da nossa experiência cotidiana quanto a pólio. Mas no resto do mundo ocorrem hoje dezenove conflitos armados intensos o bastante para reclamar no mínimo mil vidas por ano. Nove deles começaram após 2010 e muitos mais se desenrolam numa escala de violência menor.

A expectativa de um salto nessas contas durante as próximas décadas é um dos motivos, como observaram quase todos os climatologistas com quem falei, para a obsessão dos militares americanos com a mudança climática: o Pentágono passou a emitir avaliações de ameaça climática regularmente e se planeja para uma nova era de conflitos dominada pelo aquecimento global. (Isso continua válido na era Trump, quando departamentos federais de menor importância, como o Government Accountability Office, também fornecem alertas sombrios sobre o clima.) As bases navais americanas submergindo com a elevação do mar já constituem preocupação suficiente, e o derretimento do Ártico promete inaugurar um novo teatro de conflitos, que antes teria parecido quase tão exótico quanto a corrida espacial. (Isso também põe o país sobretudo contra os velhos rivais da América, os russos, agora tornados adversários.)

Pela perspectiva da mentalidade de "jogos de guerra", também é possível ver a agressiva atividade de construção dos chineses no Mar do Sul da China, onde novas ilhas artificiais foram criadas para uso militar, como uma espécie de prévia, por assim dizer, da vida como superpotência num mundo inundado. A oportunidade estratégica é clara, já que a expectativa é que muitas das atuais bases de apoio — como as ilhas não muito acima do nível do mar que os Estados Unidos usaram no passado como ponto de partida para seu império no Pacífico — devem desaparecer até o fim do século, se não antes. O arquipélago das ilhas Marshall, por exemplo, conquistado pelos Estados Unidos durante a Segunda Guerra Mundial, pode se tornar inabitável com a elevação do oceano até meados do século, adverte o Serviço de Levantamento Geológico; suas ilhas ficarão submersas mesmo que cumpramos as metas de Paris. E o que será levado junto com elas é aterrorizante. A começar pelos bombardeios no atol de Bikini, essas ilhas foram o marco zero dos testes nucleares americanos logo após a guerra; os militares "limparam" a radioatividade apenas de uma ilha, o que faz do lugar o maior depósito de resíduos nucleares do mundo.

Mas para o Exército americano a mudança climática não é apenas uma questão de rivalidade entre grandes potências se desenrolando num mapa transformado. Mesmo entre os militares que esperam que a hegemonia do país dure indefinidamente, a mudança climática oferece um problema, porque ser a polícia do mundo é um pouco mais difícil quando a taxa de criminalidade dobra. E não é só na Síria que o clima contribui para os conflitos. Alguns especulam que o elevado nível de confrontos armados no Oriente Médio ao longo da última geração possa ser um reflexo das pressões trazidas pelo aquecimento global — uma hipótese ainda mais cruel, considerando que o aquecimento começou a se acelerar quando o mundo industrializado extraiu e depois queimou o petróleo da região. Do Boko Haram ao Estado Islâmico, do Talibã aos grupos islâmicos militantes no Paquistão, a seca e as colheitas perdidas foram ligadas à radicalização, e o resultado pode ser particularmente pronunciado em meio às disputas étnicas: um estudo feito em 2016 revelou que, de 1980 a 2010, 23% dos conflitos nos países etnicamente diversos do mundo começaram em meses assolados pela mudança climática. Segundo cálculos, 32 países — do Haiti às Filipinas e da Índia ao Camboja, todos dependentes em grande medida da lavoura e da agricultura — enfrentam "extremo risco" de conflitos e inquietação civil devido a perturbações climáticas nos próximos trinta anos.

O que explica a relação entre clima e conflitos? Em parte, ela diz respeito à agricultura e à economia: quando as safras diminuem e a produtividade cai, as sociedades podem oscilar, e quando as secas e ondas de calor fustigam, os choques podem ser sentidos ainda mais profundamente, sacudindo as falhas tectônicas da política e produzindo ou expondo outras que ignorávamos. Muitas têm a ver com a migração forçada que pode resultar desses choques e com a instabilidade política e social que a migração costuma gerar; quando as coisas vão de mal a pior, os que conseguem procuram fugir, nem sempre para lugares que irão recebê-los de braços abertos — na verdade, como mostra a história recente, muito pelo contrário. E a atual migração já é recorde: são cerca de 70 milhões de desabrigados vagando pelo planeta. Esse é o impacto causado fora; mas o impacto local geralmente é mais profundo.

Os que permanecem na região devastada pelo clima extremo muitas vezes se veem sob uma estrutura social e política inteiramente nova, se é que restou alguma. E não só os Estados fracos podem ser vítimas das pressões climáticas; em anos recentes, estudiosos compilaram uma longa lista de impérios esfacelados, ao menos em parte, por efeitos e eventos climáticos: Egito, Acádia, Roma.

Esse cálculo complexo é o que deixa os pesquisadores relutantes em apontar claramente os culpados pelos conflitos, mas a complexidade é o modo como o aquecimento articula sua brutalidade. Como o custo do crescimento, a guerra não é um impacto específico da elevação da temperatura global, mas está mais na linha de uma combinação abrangente dos piores abalos e efeitos cascata da mudança climática. O Center for Climate and Security, um *think tank* focado em políticas públicas, classifica as ameaças climáticas em seis categorias: "Estados em um beco sem saída", em que os governos reagiram aos desafios climáticos locais, para a agricultura, por exemplo, voltando-se a um mercado global hoje mais vulnerável aos abalos climáticos do que nunca; "Estados precários", na superfície estáveis — mas apenas graças a um período de boa fortuna climática; "Estados frágeis", como Sudão, Iêmen e Bangladesh, onde os impactos climáticos já corroeram a confiança na autoridade do poder público, ou pior; "zonas de disputa entre Estados", como o Mar do Sul da China ou o Ártico; "Estados em vias de desaparecimento", no sentido literal, como no caso das Maldivas; e "atores não estatais", como o Estado Islâmico, que conseguem se apropriar de recursos locais, como água doce, como uma maneira de alavancar sua influência contra a autoridade estatal oficial ou a população local. Em todos esses casos, o clima não é a única causa, mas a centelha que ateou fogo a uma pilha complexa de gravetos sociais.

Essa complexidade também pode ser um dos motivos para não enxergarmos a ameaça da escalada da guerra com muita clareza, preferindo pensar nos conflitos como algo determinado principalmente pela política e pela economia, quando todos os três são na verdade governados, como tudo o mais, pelas condições estabelecidas por nosso clima em rápida transformação. Nos últimos dez anos ou perto disso, o linguista Steven Pinker desenvolveu uma carreira paralela sugerindo que, sobretudo no Ocidente, somos incapazes de apreciar o progresso humano — que estamos na verdade cegos para todas as melhoras imensas e rápidas que o mundo presenciou em termos de violência e guerra, redução da pobreza e da mortalidade infantil, expectativa de vida. É verdade, somos incapazes de apreciar o progresso. Quando olhamos para os gráficos, a trajetória desse avanço parece incontestável: forte diminuição de mortes violentas, bem menos privação extrema, uma classe média global em expansão, ao ritmo de centenas de milhões de pessoas. Porém, mais uma vez, essa história diz respeito à riqueza trazida pela industrialização e à transformação das sociedades trazidas pela riqueza recém-conquistada, turbinada pelos combustíveis fósseis. É uma história escrita em grande parte pela China e, em menor grau, pelo resto do mundo em desenvolvimento, que progride graças à industrialização. Mas o custo de grande parte desse progresso, o saldo devedor de toda essa industrialização que possibilitou a entrada na classe média a bilhões de pessoas no Sul global é a mudança climática — sobre a qual, ironicamente, somos otimistas demais, incluindo Pinker. Para piorar, o aquecimento provocado por todo nosso progresso prenuncia uma volta à violência.

    Mesmo quando se trata da guerra, a memória histórica tem vida sadicamente curta, os horrores e suas causas evaporam no folclore familiar em um espaço de tempo inferior a uma única geração. Mas as guerras no decorrer da história, é importante lembrar, foram conflitos por recursos, muitas vezes deflagrados pela escassez, algo que será ocasionado por um planeta densamente povoado e sofrendo privações com a mudança climática. Essas guerras não costumam aumentar os recursos; na maioria das vezes, reduzem-nos a cinzas.

O folclore dos conflitos de Estado projeta uma longa sombra — a colcha de retalhos das nações rasgada numa desordem abominável e mutuamente perniciosa. O clima também desfia esse tecido ao puxar os fios individuais: irritabilidade pessoal, conflitos interpessoais, violência doméstica.

O calor esgarça tudo. Aumenta as taxas de crimes violentos e de palavrões nas mídias sociais, assim como a probabilidade de que um arremessador da primeira divisão do beisebol, preparando-se para lançar a bola após o rebatedor de seu time ter sido atingido no corpo pelo arremessador adversário, atinja um rebatedor do outro time, por retaliação. Quanto mais quente fica, por mais tempo os motoristas frustrados apertam a buzina; e mesmo em simulações, policiais mostram maior tendência a atirar no intruso quando o treinamento é conduzido em clima mais quente. Um artigo especula que até 2099 a mudança climática nos Estados Unidos ocasionaria um adicional de 22 mil assassinatos, 180 mil estupros, 3,5 milhões de agressões e 3,76 milhões de roubos, assaltos e furtos. As estatísticas do passado são mais indiscutíveis e a chegada do ar-condicionado ao mundo desenvolvido, na metade do século passado, não contribuiu muito para solucionar o problema da onda de crimes no verão.

Não são apenas efeitos da temperatura. Em 2018, uma equipe de pesquisadores, examinando um enorme conjunto de dados de mais de 9 mil cidades americanas, descobriu que a poluição do ar previa incidentes para cada categoria de crime considerada — roubo de carro, violação de domicílio, latrocínio, agressão, estupro e assassinato. E depois há as maneiras mais tortuosas pelas quais os impactos do clima podem vir numa cascata de violência. Entre 2008 e 2010, a Guatemala foi atingida pela tempestade tropical Arthur, pelo furacão Dolly, pela tempestade tropical Agatha e pela tempestade tropical Hermine — estamos falando de um país que já era um dos dez mais afetados pelo clima extremo e recuperando-se nesses mesmos anos da erupção de um vulcão local e de um terremoto na região. No total, quase 3 milhões de pessoas sofriam de "insegurança alimentar" e pelo menos 400 mil precisavam de assistência humanitária; só nos desastres de 2010, o país sofreu danos totalizando mais de 1 bilhão de dólares, ou aproximadamente um quarto do orçamento nacional, que devastaram suas estradas e cadeias de suprimentos. Em 2011, os guatemaltecos foram atingidos pela tempestade tropical 12E e, na esteira dos desastres, os fazendeiros começaram a cultivar papoula; o crime organizado, um problema já enorme, explodiu — o que não deveria nos surpreender, considerando que uma pesquisa recente mostrou que a máfia siciliana foi criada pela seca. Hoje, a Guatemala tem a quinta taxa de homicídios mais elevada do mundo; de acordo com o Unicef, é o segundo país mais perigoso do mundo para crianças. Historicamente, as culturas lucrativas do país foram café e cana-de-açúcar; em décadas por vir, a mudança climática pode tornar ambas incultiváveis.

"Sistemas"

O que chamo de cascatas, os climatologistas chamam de "crises de sistemas". Essas crises são o que os militares americanos querem dizer quando chamam a mudança climática de um "multiplicador de ameaças". A multiplicação, quando não é suficiente para produzir conflito, resulta em migração — ou seja, refugiados do clima. Desde 2008, ela já produziu 22 milhões deles.

No Ocidente, muitas vezes pensamos nos refugiados como um problema de Estados falidos — isto é, um problema que as partes arruinadas e empobrecidas do mundo infligem às sociedades relativamente mais estáveis e ricas. Mas o furacão Harvey produziu pelo menos 60 mil migrantes do clima no Texas e o furacão Irma forçou a evacuação de quase 7 milhões de pessoas. Como em outros casos, a situação daqui para a frente só piora. Até 2100, a elevação do nível do mar sozinha pode desalojar 13 milhões de americanos — uma pequena porcentagem da população total do país. Muitos desses refugiados do nível do mar virão do Sudeste — principalmente da Flórida, onde se calcula que 2,5 milhões deixarão a grande Miami devido às inundações; e de Louisiana, onde se prevê que a área de New Orleans perderá meio milhão de habitantes.

Por ser um país singularmente rico, os Estados Unidos estão, por ora, singularmente aptos a enfrentar esses estorvos — quase é possível imaginar, no decorrer de um século, dezenas de milhões de americanos reassentados adaptando-se a uma linha costeira devastada e a uma nova geografia nacional. Quase. Mas o aquecimento não é apenas questão de nível do mar e seus horrores não atingirão nações como os Estados Unidos primeiro. Na verdade, os impactos serão maiores entre os países menos desenvolvidos e mais empobrecidos do mundo, portanto, as nações menos resilientes — quase literalmente uma história dos ricos afogando os pobres em seus despojos. O primeiro país a se industrializar e produzir gases de efeito estufa em grande escala, o Reino Unido, deve ser um dos menos abalados pela mudança climática. Os países de desenvolvimento mais lento, que produzem menos emissões do que os outros, estarão entre os mais atingidos; o sistema climático da República Democrática do Congo, um dos países mais pobres do mundo, deve sofrer perturbações especialmente profundas.

O Congo é praticamente isolado do mar, e montanhoso, mas na próxima geração de aquecimento essas características não oferecerão proteção. A riqueza será um amortecedor, porém não uma salvaguarda, como a Austrália já está descobrindo: de longe o país mais rico de todos que estão enfrentando mais intensa e imediatamente o fogo cerrado do aquecimento global, é um primeiro teste de como as sociedades afluentes do mundo vão se adaptar, ceder ou se reerguer ante a pressão das mudanças de temperatura que devem atingir o resto do mundo próspero só mais para o final deste século. O país foi fundado na indiferença genocida à paisagem nativa e aos que nela habitavam, e suas ambições modernas sempre foram incertas: a Austrália é hoje uma sociedade de expansiva abundância, engenhosamente erguida sobre uma terra árida e ecologicamente implacável. Em 2011, uma única onda de calor produziu morte florestal significativa e branqueamento dos corais, morte da vida vegetal, colapsos nas populações de aves locais e picos dramáticos na quantidade de determinados insetos, bem como transformações em ecossistemas tanto marinhos como terrestres. Enquanto uma taxa de carbono vigorou no país, as emissões caíram; quando a taxa foi revogada, por pressão política, voltaram a subir. Em 2018, o Parlamento declarou o aquecimento global como um "risco atual e existencial à segurança do país". Meses depois, o primeiro-ministro ecologicamente consciente foi forçado a renunciar, pela vergonha de tentar honrar os acordos de Paris.

As engrenagens de uma comunidade são lubrificadas pela abundância; ressecadas pela privação, emperram e quebram. Os caminhos são familiares, até para aqueles que só conheceram uma vida de riqueza, sua vida privilegiada e sem atritos, mas estimulada por entretenimentos que traçam o arco do declínio social: quebras do mercado, remarcações de preços, acúmulo de bens e serviços nas mãos dos bem de vida e bem armados, forças da lei recolhidas no próprio enriquecimento e a ausência de qualquer expectativa de justiça fazendo da sobrevivência subitamente uma questão de empreendedorismo.

Mais de 140 milhões de pessoas em apenas três regiões do mundo se tornarão migrantes do clima até 2050, projetou o Banco Mundial em um estudo de 2018, mantendo-se as atuais tendências de aquecimento e emissões: 86 milhões na África subsaariana, 40 milhões na Ásia Meridional e 17 milhões na América Latina. A estimativa mais citada da Organização Internacional para as Migrações (OIM) das Nações Unidas sugere números um pouco mais elevados — 200 milhões, no total, até 2050. São números bem altos — tão altos que muitos opositores da mudança climática não acreditam neles. Mas segundo a OIM, a mudança climática pode provocar a migração de 1 bilhão de pessoas pelo mundo todo até 2050. Um bilhão — é mais ou menos quanta gente vive hoje nas Américas do Norte e do Sul combinadas. Imagine os dois continentes de uma hora para outra afundados no mar, o Novo Mundo submerso, e as pessoas se debatendo na superfície, procurando firmar os pés em algum lugar, seja ele qual for, e se alguém tenta alcançar um ponto seco, haverá outro querendo chegar primeiro.

O sistema em crise nem sempre é a "sociedade"; o sistema também pode ser o corpo humano. Historicamente, nos Estados Unidos, mais de dois terços das epidemias transmitidas pela água — doenças que infectam o ser humano via algas e bactérias causadoras de distúrbios gastrintestinais — foram precedidos de chuvas de intensidade atípica, contaminando o fornecimento local. A concentração de salmonela nos rios, por exemplo, aumenta significativamente após uma chuva forte, e o surto mais dramático de moléstias transmitidas pela água no país aconteceu em 1993, quando mais de 400 mil pessoas em Milwaukee foram contaminadas por *Cryptosporidium* logo após uma tempestade.

Impactos súbitos ligados à precipitação pluviométrica — tanto as inundações como seu oposto, as secas — podem devastar a economia das comunidades agrícolas, mas também geram o que os cientistas chamam, sem fazer jus à gravidade do problema, de "deficiências nutricionais" em fetos e crianças; no Vietnã, os que passaram por essa provação no começo, e sobreviveram, começavam a vida escolar mais tarde, seu desempenho era pior e, uma vez adultos, tinham estatura inferior à média. Na Índia vigora esse mesmo padrão de ciclo de pobreza. Os impactos da desnutrição crônica ao longo da vida são ainda mais preocupantes por serem permanentes: capacidade cognitiva reduzida, salários achatados, morbidez aumentada. No Equador, os danos do clima foram identificados até em crianças de classe média, que carregam o peso dos choques pluviométricos e de temperaturas extremas em seus rendimentos pessoais de vinte a sessenta anos após o ocorrido. Os efeitos começam no útero e são universais, com declínios mensuráveis nos rendimentos ao longo da vida para todos os dias acima dos 32ºC durante os nove meses de gestação. Os impactos se acumulam também mais tarde. Um estudo abrangente realizado em Taiwan revelou que, para cada unidade adicional de poluição do ar, o risco relativo de Alzheimer dobrava. Padrões similares foram observados de Ontario à Cidade do México.

Quanto mais universais as condições da degradação ambiental, mais imaginação, ironicamente, será necessária para avaliar seus custos. Quando quem passa privação não são mais as comunidades excepcionais, mas regiões inteiras, países inteiros, as condições que um dia podem ter parecido inumanas podem parecer, para uma futura geração sem experiência, simplesmente "normais". No passado, olhamos horrorizados para o crescimento atrofiado de populações nacionais que passaram por períodos de fome tanto natural (Sudão, Somália) como provocada pelo homem (Iêmen, Coreia do Norte). No futuro, a mudança climática pode atrofiar todo mundo, de um modo ou de outro, sem que nenhum grupo de controle seja de todo poupado.

Seria de esperar que essas premonições assentassem como sedimentos no planejamento familiar. E de fato, entre os jovens e os ricos da Europa e dos Estados Unidos, para quem as escolhas reprodutivas vêm em geral imbuídas de significado político, é o que ocorre. Entre esse grupo supostamente consciencioso, é uma grande preocupação trazer uma nova vida a um mundo degradado, cheio de sofrimento, e "contribuir" para o problema povoando o palco climático com mais atores, cada um deles uma pequena máquina de consumir. "Quer combater a mudança climática?", perguntou o *The Guardian* em 2017. "Tenha menos filhos." Nesse ano e no seguinte, o jornal publicou diversas variações sobre o tema, assim como muitas outras publicações dedicadas ao estilo de vida, incluindo o *The New York Times*: "Acrescente o seguinte à lista de decisões afetadas pela mudança climática: devo ter filhos?".

O efeito nas decisões pessoais da classe consumidora é talvez uma maneira mesquinha de pensar no aquecimento global, embora revele a pressão de um estranho orgulho ascético entre os bem de vida. ("O egoísmo de ter filhos é como o egoísmo de colonizar um país", escreve a romancista Sheila Heti, numa passagem representativa de *Maternidade*, sua reflexão sobre o significado de ter filhos, que ela optou por evitar.) Mas é claro que a subsequente degradação não é inescapável; é opcional. Cada novo bebê chega a um mundo novo em folha, contemplando todo um horizonte de possibilidades. A perspectiva não é ingênua. Vivemos nesse mundo com eles — ajudando a construí-lo para eles, e com eles, e para nós mesmos. Um novo cronômetro é acionado a cada parto, medindo quanto dano mais será causado ao planeta e à vida que essa criança vai levar. Os horizontes estão igualmente abertos para nós, por mais hipotecados e predeterminados que pareçam. Mas fechamos as portas quando pensamos no futuro como sendo inevitável. O que às vezes soa como sabedoria estoica com frequência não passa de álibi para a indiferença.

Em um mundo de sofrimento, a mentalidade egoísta anseia por compartimentação, e uma das fronteiras mais interessantes da nova climatologia monitora a impressão deixada em nosso bem-estar psicológico pela força do aquecimento global, capaz de superar quaisquer métodos que concebamos para lidar com ele — ou seja, os efeitos na saúde mental de um mundo de pernas para o ar. Talvez o vetor mais previsível seja o trauma: entre um quarto e metade de todos os expostos a eventos climáticos extremos irão vivenciá-los como um choque negativo que abala sua saúde mental. Na Inglaterra, descobriu-se que as inundações quadruplicavam os níveis de sofrimento psicológico, mesmo entre indivíduos de uma comunidade inundada não afetados pessoalmente pela inundação. Após o furacão Katrina, 62% dos evacuados excederam o limiar do diagnóstico para reação aguda ao estresse; na região como um todo, quase um terço sofreu de transtorno do estresse pós-traumático (TEPT). Incêndios florestais, curiosamente, produziam uma menor incidência — apenas 24% dos evacuados após uma série de incêndios na Califórnia. Mas um terço dos que enfrentaram a crise diretamente foi diagnosticado, mais tarde, com depressão.

Mesmo os que observam os efeitos de longe sofrem com o trauma climático. "Não conheço um cientista sem reação emocional às perdas que testemunhamos", afirmou Camille Parmesan, que compartilhou o prêmio Nobel da paz de 2007 com Al Gore. O site Grist chama o fenômeno de "depressão do clima", a revista *Scientific American*, de "luto ambiental". E embora possa parecer intuitivo que aqueles que contemplam o fim do mundo também entrem em desespero, sobretudo quando suas advertências chegaram praticamente apenas em ouvidos moucos, também é uma previsão angustiante do que está reservado ao resto do mundo, à medida que a devastação da mudança climática lentamente se manifesta. No sentido da aflição psicológica, que tantos de nós podemos experimentar, os cientistas do clima são os canários na mina de carvão. Talvez seja por isso que tantos pareçam preocupados com o risco de alarmes falsos sobre o aquecimento: eles aprenderam o bastante sobre apatia pública para ficarem particularmente preocupados acerca de quando, e precisamente como, soar o alarme.

Em certos lugares, alguém acionou o alarme por eles. Os que estudam o fenômeno estão sofrendo apenas por via indireta — sinal de como o impacto em primeira mão costuma ser intenso.

Não causa surpresa que o trauma climático seja especialmente duro com os jovens — nisso, nossa sabedoria popular sobre a mente impressionável das crianças é fidedigna. Trinta e duas semanas após o furacão Andrew atingir a Flórida em 1992, matando quarenta pessoas, mais de metade das crianças pesquisadas apresentaram TEPT moderado e mais de um terço, grave; nas áreas de impacto elevado, 70% das crianças se situaram na faixa moderada-severa 21 meses após a tempestade de categoria 5. Em um triste contraste, estima-se que veteranos de guerra sofram de TEPT numa proporção de 11% a 31%.

Um estudo especialmente detalhado examinou as consequências para a saúde mental do furacão Mitch, uma tempestade de categoria 5 e o segundo furacão atlântico mais mortífero já registrado, que atingiu América Central em 1998, deixando 11 mil mortos. Em Posoltega, a região mais atingida da Nicarágua, crianças tinham uma chance de 27% de terem ficado gravemente feridas, uma chance de 31% de terem perdido um parente e uma chance de 63% de que sua casa tivesse sido danificada ou destruída. Dá para imaginar as consequências. Noventa por cento dos adolescentes na área tiveram TEPT, com o adolescente médio aparecendo no ponto extremo da faixa de TEPT "grave" e a adolescente média aparecendo no limiar do "gravíssimo". Seis meses após a tempestade, quatro em cada cinco adolescentes que sobreviveram sofriam de depressão; mais da metade, descobriu o estudo, acalentava o que os autores chamaram, de maneira algo eufemística, de "pensamentos de vingança".

E depois há custos de saúde mental mais surpreendentes e de lenta combustão. O clima afeta tanto o surgimento como a gravidade da depressão, revelou a revista *The Lancet*. Temperatura em elevação e umidade são casados, nos dados, a visitas ao pronto-socorro por problemas de saúde mental. Quando faz mais calor, os hospitais psiquiátricos veem picos também nas internações. Os casos de esquizofrenia em particular dão um salto quando as temperaturas estão mais elevadas e, nesses hospitais, a temperatura na ala aumenta a gravidade dos sintomas nos esquizofrênicos. Ondas de calor trazem ondas de outras coisas, também; transtornos do humor e de ansiedade e demência.

O calor produz violência e conflito entre as pessoas, sabemos, e assim não deveria nos surpreender que também gere um pico de violência das pessoas contra si mesmas. Cada aumento de 1ºC na temperatura mensal está associado a um aumento de quase um ponto percentual da taxa de suicídio nos Estados Unidos, e de mais de dois pontos percentuais no México; um cenário de emissões persistente poderia produzir 40 mil suicídios adicionais até 2050. Um artigo alarmante escrito por Tamma Carleton sugeriu que o aquecimento global já é responsável por 59 mil suicídios, muitos deles de agricultores, na Índia — onde atualmente ocorre um quinto dos suicídios mundiais e onde as taxas de suicídio dobraram a partir de 1980. Quando as temperaturas já estão elevadas, ela descobriu, um aumento de apenas 1ºC, num único dia, produzirá setenta cadáveres adicionais, mortos pelas próprias mãos.

Se você chegou até aqui, é um leitor corajoso. Cada um desses doze capítulos contém, por direito próprio, horror suficiente para induzir um ataque de pânico até nos de imaginação mais otimista. Mas você não está apenas imaginando esse horror; está prestes a vivê-lo. Em muitos casos, em muitos lugares, já o está vivendo.

Na verdade, o que é talvez mais notável em toda a pesquisa sumarizada até este ponto — relativa não só a refugiados, saúde do corpo e saúde mental, mas também a conflitos, oferta de alimento, nível do mar e todos os demais componentes da desordem climática — é o fato de ser uma pesquisa emergindo do mundo como o conhecemos hoje. Ou seja, um mundo apenas 1ºC mais quente; um mundo ainda não desfigurado e obliterado além do reconhecimento; um mundo unido na maior parte em torno de convenções concebidas numa era de estabilidade climática, hoje pulando de cabeça numa era mais parecida com o caos climático, um mundo que apenas começamos a perceber.

Parte da pesquisa do clima é especulativa, sem dúvida, projetando nossas melhores estimativas sobre os processos físicos e as dinâmicas humanas em condições planetárias que nenhum ser humano, de nenhuma era, jamais conheceu. Algumas dessas previsões certamente se revelarão falsas; é assim que a ciência funciona. Mas toda nossa ciência brota da que a precedeu, e a próxima era da mudança climática não possui precedentes. Os doze elementos do caos climático são, como Donald Rumsfeld observou com sua expressão incongruentemente útil, os *"known knowns"* — as coisas que sabemos que sabemos. É a categoria menos preocupante; há mais duas.

Esses esboços podem parecer exaustivos, às vezes até opressivos. Mas não passam de esboços, a serem completados e refinados ao longo das próximas décadas — se as décadas precedentes servem de guia, com mais frequência por uma ciência ainda mais desanimadora do que por descobertas tranquilizadoras. Com toda nossa merecida confiança no conhecimento que temos do aquecimento global — que é real, que é antropogênico, que está provocando a elevação do nível dos oceanos e o derretimento do Ártico e tudo o mais —, ainda sabemos muito pouco. Há vinte anos, não havia pesquisa significativa sobre a relação entre mudança climática e crescimento econômico; há dez, pouca coisa sobre clima e conflitos. Há cinquenta, a pesquisa sobre a mudança climática era praticamente inexistente.

O ritmo desse saber é empolgante, mas também aconselha humildade; ainda há muita coisa que ignoramos sobre a maneira como o aquecimento global afeta nosso atual modo de vida. Agora imagine quanto saberemos daqui a cinquenta anos — e como nossa autoimolação provavelmente será tão mais horrível, mesmo que evitemos suas piores consequências. O aquecimento vai acionar rápidos ciclos de retroalimentação impulsionados pela liberação do metano ártico ou pela desaceleração dramática do sistema circulatório do oceano? É impossível afirmar com certeza. Conseguiremos nos proteger dispersando enxofre em nossa própria atmosfera, tornada vermelha, sujeitando o planeta inteiro aos efeitos incertos dessas partículas na saúde, ou criando plantações do tamanho de continentes inteiros para sugar carbono? É difícil prever. Esses, assim, estão entre os *"known unknowns"* — as coisas que sabemos que não sabemos. E o oráculo Rumsfeld nos proveu de uma categoria ainda mais assustadora.

O que isso tudo significa é que as doze ameaças descritas nesses doze capítulos oferecem o melhor retrato do futuro que somos capazes de pintar no presente. O que de fato reside mais à frente talvez se revele mais sombrio, embora o contrário, sem dúvida, também seja possível. O mapa de nosso novo mundo será desenhado em parte pelos processos naturais que permanecem misteriosos, mas, mais definitivamente, por mãos humanas. Em que ponto a crise climática será inegável, impossível de compartimentar? Quantos danos mais terão sido cometidos por nosso egoísmo? Agiremos rápido na hora de nos salvar e preservar o que for possível do nosso modo de vida tal como o conhecemos hoje? Em prol da clareza, tratei cada uma dessas ameaças da mudança climática — elevação do nível do mar, escassez de alimentos, estagnação econômica — como ameaças independentes, coisa que não são. Algumas podem se cancelar, outras, reforçar-se mutuamente, outras ainda, serem meramente contíguas. Mas, juntas, formam uma treliça de crise climática, sob a qual ao menos alguns humanos, e provavelmente muitos bilhões, irão viver. Como?

III. O CALEIDOSCÓPIO CLIMÁTICO

Narrativas

Ter razão sobre o fim do mundo não é motivo de orgulho. Mas os humanos sempre contaram histórias desse tipo através dos milênios, cada Armagedom com suas diferentes lições. Uma cultura urdida em pressentimentos do apocalipse deveria saber como receber notícias das ameaças ambientais. Mas reagimos aos cientistas que dão voz aos gritos de socorro do planeta como se fosse alarmismo. Nossos filmes são apocalípticos, mas quando se trata de contemplar os perigos do aquecimento na realidade, sofremos de uma incrível falta de imaginação. É o caleidoscópio do clima: podemos ficar hipnotizados com a ameaça à nossa frente e continuar incapazes de distingui-la com clareza.

No cinema, a devastação climática é onipresente, mas sempre em segundo plano, como se substituíssemos nossas ansiedades com o aquecimento global por sua encenação numa tela criada e controlada por nós — provavelmente um sinal tranquilizador de que o fim dos tempos continua sendo uma "fantasia". *Game of Thrones* abre com uma inequívoca profecia climática, mas adverte que "o inverno está chegando"; a premissa de *Interestelar* é uma ameaça ambiental, mas a ameaça é uma praga agrícola. *Filhos da esperança* retrata a civilização à beira do colapso, mas que chegou nesse ponto pela fertilidade ameaçada. *Mad Max: Estrada da fúria* se descortina como um panorama do aquecimento global, a longa saga de um mundo transformado em deserto, mas sua crise política é causada, na verdade, pela escassez de petróleo. O protagonista de *The Last Man on Earth* assume essa condição devido a um vírus devastador, a família de *Um lugar silencioso* sussurra de medo de insetos predadores gigantes à espreita na natureza selvagem, e o cataclismo central da temporada "Apocalipse" de *American Horror Story* tem ares retrô — um inverno nuclear. Nos inúmeros apocalipses zumbi dessa era de ansiedade ecológica, os mortos-vivos são invariavelmente retratados como uma força alheia a nós, não endêmica. Ou seja, não como nós.

Qual é o sentido de nos entretermos com um apocalipse fictício quando enfrentamos a possibilidade de um real? Uma das funções da cultura pop é oferecer histórias que distraiam mesmo quando parecem nos envolver — oferecer sublimação e diversão. Em tempos de mudança climática em cascata, Hollywood também procura entender nossa relação volátil com a natureza, da qual por longo tempo tentamos manter distância segura — mas que, em meio a essa mudança, voltou como uma força caótica que não obstante percebemos, de alguma forma, como um erro nosso. A responsabilização por esse erro é outra coisa que o entretenimento pode fazer, quando a lei e as políticas públicas fracassam, embora nossa cultura, como nossa política, seja especialista em pôr a culpa nos outros — em transferir, em vez de admitir, o erro. Há ainda uma forma de profilaxia emocional em ação aqui: em histórias de catástrofes climáticas, talvez também estejamos buscando catarse e, coletivamente, tentando nos persuadir de que podemos sobreviver.

Com o mundo apenas 1ºC mais quente como hoje, os incêndios florestais, as ondas de calor e os furacões inundam o noticiário e prometem em breve desabar sobre nossa história pessoal e nossa vida interior, fazendo o que no momento talvez se assemelhe a uma cultura prenhe de intuições sobre o juízo final parecer um período ingênuo, por comparação. Pesadelos sobre o fim do mundo vão se multiplicar, inclusive no quarto das crianças, onde irmãos costumavam sussurrar suas angústias sobre a morte, o significado da ausência de Deus ou a possibilidade de uma longa guerra nuclear; para os pais delas, o trauma climático entrará para o vocabulário da psicologia popular, ainda que como bode expiatório para outras frustrações e ansiedades pessoais. O que vai acontecer a 2ºC ou 3ºC? Provavelmente, à medida que a mudança climática coloniza e anuvia nossa vida e nosso mundo, fará o mesmo com nossa não ficção, de tal forma que a mudança climática talvez venha a ser encarada, pelo menos por alguns, como o único assunto que merece ser levado a sério.

Nas narrativas ficcionais, na cultura pop e no que costumava ser exaltado como "alta" cultura, um curso diferente e mais estranho se insinua. De início, talvez uma volta do antiquado gênero conhecido como "Terra Moribunda" — inaugurado na língua inglesa por Lord Byron, com seu poema "As trevas", escrito depois que uma erupção vulcânica nas Índias Orientais proporcionou ao hemisfério Norte o "Ano sem verão". O alarme ambiental da era vitoriana ecoou em ficção similar, incluindo *A máquina do tempo* de H. G. Wells, que retrata um futuro remoto em que a maioria dos humanos se tornou troglodita escravizado, trabalhando sob a terra em prol de uma elite paparicada e reduzidíssima na superfície; em um futuro ainda mais remoto, quase toda vida na Terra havia sido extinta. Nossa nova versão poderia incluir lamentos épicos, brotados do chamado "existencialismo climático". Uma cientista recentemente descreveu para mim o livro que estava escrevendo como "uma mistura de *Entre o mundo e eu* e *A estrada*".

Mas o escopo da transformação do mundo pode também destruir o gênero rapidamente — na verdade, acabar com toda tentativa de narrar o aquecimento, que talvez fique grande e óbvio demais até para Hollywood. Podemos contar histórias "sobre" a mudança climática enquanto ela ainda parece um aspecto marginal da vida humana, ou uma característica dominante de vidas à margem da nossa. Mas a 3ºC ou 4ºC, ninguém vai ser capaz de se isolar dos impactos — ou querer vê-los numa tela enquanto os vê da janela. E assim, conforme a mudança climática se expande pelo horizonte — à medida que começa a parecer inescapável, total —, talvez deixe de ser uma história e se torne o cenário que abrange tudo e todos. Não mais uma narrativa, desapareceria no que os teóricos de literatura chamam de metanarrativa, sucedendo as que — como a verdade religiosa ou a fé no progresso — dominaram a cultura de eras anteriores. Seria um mundo sem muito apetite para dramas épicos sobre petróleo e ganância, mas onde até as comédias românticas seriam criadas sob o signo do aquecimento, tão certo quanto a comédia maluca foi gestada pelas ansiedades da Grande Depressão. A ficção científica seria vista como ainda mais profética, mas os livros mais espantosos em prever a crise não serão mais lidos, assim como ninguém mais lê *O livro da selva* ou mesmo *Sister Carrie*; por que ler sobre um mundo que você pode ver perfeitamente da janela? No momento, histórias que ilustram o aquecimento global ainda oferecem um prazer escapista, mesmo que esse prazer muitas vezes venha na forma de horror. Mas quando não pudermos mais fantasiar que o sofrimento climático está distante — no tempo ou no espaço —, vamos parar de fantasiar sobre ele e passar a fantasiar em meio a ele.

Em seu volumoso ensaio *The Great Derangement* [O grande desarranjo], o romancista indiano Amitav Ghosh se pergunta por que o aquecimento global e os desastres naturais ainda não viraram preocupações da ficção contemporânea, por que pelo jeito somos incapazes de imaginar adequadamente a catástrofe climática, por que a ficção ainda não tornou os perigos do aquecimento "reais" o bastante para nós e por que não houve uma avalanche de romances de um gênero que ele conjura e chama de "horror/fantasia ambientalista".

Outros chamam de "*cli-fi*" [ficção climática]: ficção popular soando o alarme ambientalista, histórias didáticas de aventura, com frequência em um tom de proselitismo. Ghosh tem outra coisa em mente: o grande romance do clima. "Considere, por exemplo, as histórias que se formam em torno de perguntas como 'Onde você estava quando caiu o Muro de Berlim?' ou 'Onde você estava no Onze de Setembro?'", escreve ele. "Será possível um dia perguntar, nessa mesma veia: 'Onde você estava quando a concentração de CO_2 na atmosfera ultrapassou quatrocentas partes por milhão?' ou 'Onde você estava quando a plataforma de gelo Larsen B quebrou?'"

Sua resposta: provavelmente não, porque os dilemas e dramas da mudança climática são simplesmente incompatíveis com as histórias que contamos a nós mesmos sobre nós mesmos, em especial nos romances convencionais, que tendem a terminar de forma otimista e esperançosa, e a enfatizar, mais do que o miasma do destino social, a jornada de uma consciência individual. Essa é uma definição limitada do romance, mas quase tudo sobre nossa cultura narrativa geral sugere que a mudança climática é um tema completamente inadequado para todas as ferramentas narrativas que temos à mão. A questão de Ghosh se aplica até aos filmes de histórias em quadrinhos, que poderiam, em tese, ilustrar o aquecimento global: Quem seriam os heróis? E o que fariam? O enigma provavelmente ajuda a explicar por que tantos produtos da cultura pop que tentam tratar da mudança climática, desde *O dia depois de amanhã*, não passam de dramalhões pomposos: a ação coletiva é, do ponto de vista dramático, um porre.

O problema é ainda mais sério nos games, prestes a se juntar aos romances, filmes e televisão, ou mesmo os superar, e que são construídos, enquanto gênero narrativo, de forma ainda mais obsessiva em torno dos imperativos do protagonista — ou seja, você. Também prometem ao menos um simulacro de participação ativa. Isso pode ser cada vez mais gratificante no futuro, presumindo que continuemos a caminhar, como zumbis, por essa estrada para a ruína. Hoje o jogo mais popular do mundo, Fortnite, convida o jogador a participar de uma competição por recursos escassos durante um fenômeno de clima extremo — como se você pudesse cuidar do assunto e resolvê-lo por conta própria.

Há também, além do problema do herói, um problema do vilão. A ficção literária pode não ser compatível com histórias épicas cujo cenário natural é a mudança climática, mas, pelo menos na ficção popular e nos filmes de grande sucesso comercial, temos uma série de modelos à mão, das sagas de super-herói às narrativas de invasão alienígena. Não existem histórias mais elementares e familiares do que as que costumavam ser descritas como "o homem contra a natureza". Mas em *Moby Dick* ou *O velho e o mar*, ou em muitos outros exemplos menores, a natureza era tipicamente uma metáfora, encerrando uma força teológica ou metafísica. Isso porque ela permanecia misteriosa, inexplicável. A mudança climática mudou esse fato também. Hoje sabemos o significado do clima extremo e dos desastres naturais, embora eles ainda se apresentem com uma espécie de majestade profética: significa que há mais por vir e que a culpa é nossa. Não seria preciso reescrever muita coisa de *Independence Day* se fôssemos fazer uma refilmagem ao estilo *cli-fi*. Mas, no lugar dos extraterrestres, contra quem os heróis lutariam? Nós mesmos?

Era mais fácil entender os vilões nas histórias que retratavam a possibilidade do Armagedom nuclear, a analogia intuitiva da mudança climática que dominou a cultura americana por uma geração. Era isso que o *Dr. Fantástico* caricaturava — que o destino do mundo estivesse nas mãos de uns poucos lunáticos; se tudo fosse pelos ares, saberíamos exatamente quem culpar. Mas a lucidez moral não vinha de Stanley Kubrick, nem era uma projeção de seu niilismo, mas antes o contrário: vinha da sabedoria geopolítica convencional na então adolescente era nuclear. A mesma lógica de responsabilidade pôde ser vista em *Thirteen Days* [Treze dias], as memórias de Robert Kennedy sobre a crise dos mísseis em Cuba, que perdurou em parte porque foi tão compatível com a experiência vivida por seu leitor médio durante aquelas semanas em 1962: observando a perspectiva de a aniquilação global ganhar e perder força em um longo xadrez telefônico disputado por dois homens e suas equipes relativamente reduzidas.

Mas a responsabilidade moral pela mudança climática é bem mais obscura. O aquecimento global não é algo que pode acontecer caso um bando de míopes cometa profundos erros de cálculo; é algo que já está acontecendo, por toda parte, e sem nenhuma supervisão direta. O Armagedom nuclear, teoricamente, tem dúzias de autores; a catástrofe climática, bilhões, com a responsabilidade aumentando com o tempo e estendendo-se pela maior parte do planeta. Isso não significa que esteja distribuída por igual: embora a mudança climática venha a ganhar suas dimensões finais em virtude dos rumos da industrialização no mundo em desenvolvimento, no atual momento os ricos globais têm a maior cota de responsabilidade — os 10% mais ricos geram metade das emissões. Essa distribuição acompanha de perto a desigualdade de renda global, que é um dos motivos para muitos na esquerda apontarem o dedo para a totalidade do sistema, afirmando que a culpa é do capitalismo industrial. E é. Mas dizer isso não dá nome aos bois; dá nome a um veículo de investimento tóxico, do qual a maior parte do mundo é acionista, incluindo alguns fervorosos. E que na verdade apreciam muito seu atual modo de vida. Isso inclui, quase certamente, você, eu e todo mundo que compra escapismo com uma assinatura da Netflix. Entrementes, não é verdade que os países socialistas do mundo estão se comportando de forma mais responsável em relação ao carbono, tampouco que o tenham feito no passado.

Cumplicidade não rende um bom drama. O teatro moral moderno precisa de antagonistas, e o desejo fica mais forte quando a alocação da culpa se torna uma necessidade política, coisa que sem dúvida é. Isso é um problema tanto para a ficção quanto para a não ficção, uma extraindo lógica e energia da outra. Os vilões naturais são as petrolíferas — uma análise recente de filmes que retratam o apocalipse climático mostrou que eram na verdade sobre ganância corporativa. Mas o impulso de atribuir a responsabilidade total a elas é refreado pelo fato de que os meios de transporte e a indústria respondem por menos de 40% das emissões globais. As campanhas de desinformação e negação das companhias provavelmente contribuem ainda mais para sua imagem de vilãs — é difícil imaginar uma exibição mais grotesca de maldade corporativa, e, daqui a uma geração, a negação patrocinada pela indústria petrolífera provavelmente será vista como a conspiração mais abjeta contra a saúde e o bem-estar humanos jamais perpetrada no mundo moderno. Mas maldade não é o mesmo que responsabilidade, e o negacionismo climático captou a imaginação de apenas um partido político num país do mundo — país com apenas duas das dez maiores petrolíferas do mundo. A inação americana decerto retardou o progresso global da consciência climática na época em que o mundo tinha apenas uma superpotência. Mas não existe sequer sombra de negacionismo climático além das fronteiras norte-americanas, que respondem por apenas 15% das emissões mundiais. Acreditar que a culpa pelo aquecimento global recaia exclusivamente sobre o Partido Republicano ou seus financiadores da indústria do combustível fóssil é uma forma de narcisismo americano.

Esse narcisismo, desconfio, cairá por terra com a mudança climática. No resto do mundo, onde as ações relativas ao carbono são igualmente lentas e a resistência a mudanças genuínas nas políticas públicas é igualmente forte, a negação não é sequer um problema. A influência corporativa da indústria do combustível fóssil está presente, claro, mas também a inércia e a sedução de ganhos de curto prazo, bem como as preferências dos trabalhadores e consumidores do mundo, situadas em algum lugar do longo espectro de culpabilidade que vai do egoísmo informado, passando pela ignorância legítima, à complacência reflexa, ainda que ingênua. Como transformar isso em narrativa?

Além da questão da vilania há a história da natureza e de nossa relação com ela. Essa história permaneceu por muito tempo restrita à lógica simples das parábolas e alegorias. A mudança climática promete transformar tudo que pensamos que sabíamos sobre a natureza, incluindo a infraestrutura moral dessas fábulas. Elas são dirigidas a pessoas de todas as idades, dos filmes animados a que crianças pequenas assistem antes até mesmo de aprender o alfabeto aos contos de fadas surrupiados de eras mais antigas, passando pelo filme catástrofe, os artigos na imprensa sobre o destino de espécies em risco e os segmentos nos noticiários noturnos sobre o clima extremo, que raramente mencionam o aquecimento.

As parábolas são uma ferramenta de aprendizado e funcionam como os dioramas nos museus de história natural: você passa, olha, acredita que os elementos da cena taxidérmica têm algo a ensiná-lo — mas somente pela lógica da metáfora, porque você não é um animal empalhado e não vive na cena, mas além dela, fora dela, mais como observador do que como participante. A lógica é distorcida pelo aquecimento global, porque anula a distância entre os humanos e a natureza — entre você e o diorama. Uma das mensagens da mudança climática é: você não vive fora da cena, mas dentro dela, sujeito aos mesmos horrores que afligem os animais. Na verdade, o aquecimento já atinge os humanos tão duramente que não deveríamos precisar olhar para o outro lado, para as espécies em extinção e os ecossistemas em perigo, de modo a acompanhar o progresso da terrível ofensiva do clima. Mas é o que fazemos, entristecendo-nos com os ursos-polares encalhados e as notícias sobre os recifes de corais moribundos. Quando se trata de parábolas climáticas, tendemos a preferir as estreladas por animais, que são mudos, quando não projetamos nossas vozes neles, e que estão morrendo por nossas mãos — metade das espécies estará extinta, calcula E. O. Wilson, até 2100. Mesmo no momento em que enfrentamos os impactos paralisantes do clima na vida humana, continuamos a olhar para esses animais, em parte porque o que John Ruskin chamou memoravelmente de "falácia patética" ainda vigora: curiosamente, talvez seja mais fácil se solidarizar com os animais porque preferimos não encarar nossa própria responsabilidade, mas apenas imaginar sua dor, ainda que por um instante. Diante de uma tempestade tornada ainda mais intensa pelos humanos, e que continuamos a tornar intensa a cada dia, parece que ficamos mais à vontade assumindo nossa impotência.

O pânico em torno do plástico é outra parábola climática exemplar, na medida em que também serve apenas para desviar nossa atenção da questão principal. O pânico surge do desejo admirável de deixar marcas menores no planeta e do horror natural a um meio ambiente tão poluído por detritos, no ar, nos alimentos, nos nossos corpos — desse modo, o pânico baseia-se numa obsessão deveras moderna por higiene e leveza como uma forma de consumismo virtuoso (obsessão que aparece nas práticas de reciclagem). Mas embora o plástico deixe uma pegada de carbono, a poluição plástica simplesmente não é um problema do aquecimento mundial — e no entanto, hoje ela ocupa, ao menos brevemente, o centro do nosso campo de visão: a proibição dos canudos de plástico ofusca, ainda que apenas por um momento, a ameaça climática muito maior e mais ampla.

Outra parábola dessas é a morte das abelhas. Em 2006, leitores curiosos foram apresentados a uma nova fábula ambiental, quando as colônias de abelhas nos Estados Unidos começaram a sofrer extinções em massa quase anuais: 36% num ano; 29% no seguinte; 46% no seguinte; 34% no seguinte. Como qualquer um com uma calculadora já deve ter notado, os números não batem: se essas quantidades de colônias de abelhas entrassem em colapso todo ano, a quantidade total estaria rapidamente se aproximando de zero, e não aumentando com regularidade, como estava. Isso aconteceu porque os apicultores, em sua maioria não adoráveis amadores, mas grandes criadores que transportam abelhas pelas rodovias de todo o país num ciclo incessante de polinização de aluguel, estavam simplesmente recruzando suas abelhas todo ano, contrabalançando as perdas em massa com novas colmeias que mais do que compensavam os lucros em escala industrial que vinham obtendo.

Nada mais natural, por assim dizer, do que antropomorfizar animais — nossa indústria da animação foi construída em cima disso, para começo de conversa. Mas há algo estranho, quase fatalista, em seres vaidosos como nós se identificarem tão fortemente com criaturas que prescindem a tal ponto de livre-arbítrio e autonomia individual que muitos especialistas na área não têm certeza se são os indivíduos ou a colônia o verdadeiro organismo. Quando eu cobria o colapso das colônias, os defensores desses insetos me diziam que nosso apreço pelo grande espetáculo da civilização das abelhas explicava a onda de preocupação com seu bem-estar. Mas eu não podia deixar de me perguntar se não era quase o motivo oposto que dava ao colapso das colônias a força de fábula: a completa impotência de indivíduos confrontados com o inevitável suicídio coletivo. Afinal, a coisa vai além da euforia com as abelhas: vemos a destruição do nosso mundo nas mortes misteriosas provocadas por ebola, gripe aviária e outras pandemias; na ansiedade com o apocalipse robótico; no Estado Islâmico, na China e nos exercícios militares de Jade Helm, no Texas; no medo da inflação descontrolada na esteira da flexibilização quantitativa, que não aconteceu, ou da corrida do ouro que tais temores semearam, que aconteceu. Ninguém espera topar com milenarismo ao abrir a página sobre abelhas melíferas na Wikipédia. Mas quanto mais lemos sobre o colapso das colônias, mais admirados ficamos ao ver que a internet é um oráculo onde escolhemos nossa versão preferida do final dos tempos.

No final das contas, não havia mistério algum, tampouco, nas mortes em si, que poderiam ser explicadas perfeitamente pelas condições de trabalho das abelhas: em grande parte, estas entraram em contato com uma nova classe de inseticidas, os neonicotinoides, que, como o nome sugere, de fato as transformaram em dependentes de nicotina. Em outras palavras, insetos voadores talvez estejam em vias de desaparecer devido ao aquecimento — aquele estudo recente sugeriu que 75% deles podem já ter morrido, deixando-nos em um mundo sem polinizadores, coisa que os cientistas chamam de "Armagedom ecológico" —, mas a síndrome do colapso das colônias basicamente não tem nada a ver com isso. E mesmo assim, em 2018, a imprensa dedicou longos artigos à fábula das abelhas. Provavelmente, isso aconteceu não porque as pessoas gostavam de estar erradas sobre as abelhas, mas porque tratar qualquer crise aparente como fábula tem algo de tranquilizador — como se isolasse o problema numa narrativa cujo significado controlamos.

Quando Bill McKibben decretou "O fim da natureza", em 1989, estava propondo uma espécie de charada epistemológica hiperbólica: que nome dar a isso, seja lá o que *isso* for, quando as forças da natureza e do clima, do reino animal e da vida vegetal, foram de tal modo transformadas pela atividade humana que não são mais genuinamente "naturais"?

A resposta veio algumas décadas mais tarde, quando o termo "Antropoceno", que foi cunhado no espírito do alarmismo ambientalista e sugeria um estado de coisas bem mais bagunçado e instável do que o "fim" da natureza. Ambientalistas, amantes da natureza e da vida ao ar livre, românticos de vários tipos — muita gente lamentaria o fim da natureza. Mas há literalmente bilhões de pessoas que em breve serão aterrorizadas pelas forças desencadeadas pelo Antropoceno. Em grande parte do mundo, já estão, na forma das ondas de calor letais quase anuais no Oriente Médio e na Ásia Meridional, e na constante ameaça de inundações, como a que atingiu Kerala em 2018 e matou centenas de pessoas. As inundações quase não deixam marcas nos Estados Unidos e na Europa, onde os consumidores de notícias foram treinados por décadas a ver tais desastres como trágicos, sem dúvida, mas também como um aspecto inevitável do subdesenvolvimento — e assim tanto "naturais" como distantes.

A chegada dessa escala de sofrimento climático ao Ocidente moderno será uma das maiores e mais terríveis narrativas das décadas vindouras. Nós ocidentais, ao menos, entendemos há muito tempo que a modernidade pavimentara seu caminho passando por cima da natureza, de fábrica em fábrica, de shopping em shopping. Os proponentes da geoengenharia solar querem ser os próximos a tomar o céu, não apenas para estabilizar a temperatura do planeta, mas, possivelmente, para criar "climas projetados", locais, para necessidades muito particulares — poupar um ecossistema de recifes, preservar determinado celeiro regional. É concebível que esses climas possam se tornar consideravelmente menores, restritos a fazendas, estádios de futebol ou resorts no litoral.

Essas intervenções, caso um dia venham a ser possíveis, estão no mínimo a décadas de distância. Mas mesmo projetos rápidos e aparentemente cotidianos deixaram uma marca profundamente diversa na forma do mundo. No século XIX, o ambiente artificial na maioria dos países avançados refletia as prerrogativas da indústria — pense em trilhos de trem espalhados por continentes inteiros para o transporte de carvão. No século XX, esses mesmos ambientes foram construídos para refletir as necessidades do capital — pense na urbanização global acumulando a oferta de mão de obra para uma nova economia de serviços. No século XXI, refletirão as demandas da crise climática: paredões costeiros, plantações de sequestro de carbono e campos de painéis solares do tamanho de estados. As desapropriações feitas em nome da mudança climática não poderão mais ser consideradas abuso do poder público, embora sem dúvida continuarão a inspirar revolta entre cidadãos de mentalidade bairrista— mesmo numa época de crise climática, os progressistas encontrarão maneiras de puxar a brasa para sua sardinha.

Já estamos vivendo em um ambiente desfigurado — de fato, muito desfigurado. Nossa reengenharia do mundo natural foi suficiente para interferir em toda uma era geológica — essa é a principal lição do Antropoceno. A escala dessa transformação permanece espantosa, mesmo para os criados sob ela e que tomaram todos seus arrogantes valores por certeza indiscutível. Vinte e dois por cento da massa terrestre do planeta já foi alterada pelos humanos apenas entre 1992 e 2015. Noventa e seis por cento dos mamíferos mundiais, por peso, são constituídos por humanos e seus animais de criação; apenas 4% são selvagens. Simplesmente acossamos — ou maltratamos ou brutalizamos — todas as demais espécies, provocando seu recuo, a quase extinção, ou pior. E. O. Wilson acha que a era deveria ser chamada de Eremoceno — a era da solidão.

Mas o aquecimento global traz uma mensagem ainda mais preocupante: o meio ambiente não foi de modo algum vencido. Não houve conquista final, nenhum domínio estabelecido. Na verdade, pelo contrário: seja lá o que signifique para os outros animais do planeta, com o aquecimento global reivindicamos involuntariamente a propriedade de um sistema que está além de nossa capacidade de controlar ou domar de forma corriqueira. Mas, mais do que isso: com nossa atividade contínua, apenas deixamos esse sistema ainda mais descontrolado. A natureza é um passado que continua à nossa volta, na verdade nos oprimindo e punindo — essa é a principal lição da mudança climática, que aprendemos num ritmo quase diário. E se o aquecimento global seguir nos rumos atuais, vai moldar tudo o que fazemos no planeta, da agricultura à migração, passando por nossos negócios e saúde mental, transformando nossa relação não só com a natureza, mas também com a política e a história, e se revelando um sistema de conhecimento tão total quanto a "modernidade".

Os cientistas sabem disso há algum tempo. Mas nem sempre falam como se soubessem.

Por décadas, houve poucas coisas com reputação pior do que o "alarmismo" entre os estudiosos da mudança climática. Para uma classe de especialistas preocupada com o fenômeno, isso foi um pouco estranho; normalmente, não escutamos especialistas em saúde pública comentando sobre a necessidade de circunspecção ao descrever os riscos dos carcinogênicos, por exemplo. James Hansen, o primeiro a testemunhar sobre aquecimento global perante o Congresso americano em 1988, chamou o fenômeno de "reticência científica" e em 2007 censurou os colegas por editar seus próprios comentários tão conscienciosamente que deixavam de comunicar a verdadeira gravidade da ameaça. Essa tendência se espalhou como metástase, ironicamente, conforme as notícias das pesquisas ficavam mais desanimadoras, de modo que por um longo tempo todas as principais publicações contavam com um enxame de comentaristas para calibrar a abordagem e o tom dessas pesquisas — rotulando os artigos que pareciam carecer de equilíbrio justo entre más notícias e otimismo como "fatalistas". Alguns foram até ridicularizados como "pornô climático".

Os termos são enganosos, como qualquer bom insulto, mas serviram para circunscrever o escopo das perspectivas "razoáveis" sobre o clima. E é por isso que a reticência científica é mais um motivo para não enxergarmos a ameaça com muita clareza — os especialistas enfatizando que era irresponsável comentar abertamente as possibilidades mais perturbadoras do aquecimento global, como se a informação que detinham não pudesse ser confiada ao mundo ou, pelo menos, não confiavam que o público fosse interpretá-la e reagir a ela adequadamente. Seja lá o que isto signifique: já faz trinta anos desde o depoimento de Hansen e a criação do IPCC, e a preocupação com o clima tem conhecido pequenos picos e pequenos vales, mas em nenhum momento deu um salto. Em termos de reação do público, os resultados são ainda mais desoladores. Nos Estados Unidos, o negacionismo climático dominou um dos dois maiores partidos e essencialmente vetou maiores ações legislativas. No estrangeiro, tivemos uma série de conferências, tratados e acordos amplamente divulgados, mas cada vez mais se parecem com os inúmeros atos de uma peça de kabuki climático; as emissões continuam aumentando, sem trégua.

Mas a reticência científica também é perfeitamente razoável, a seu modo, um rio de advertência retórica com muitos tributários. O primeiro é temperamental: cientistas do clima são cientistas, antes de mais nada, selecionados por seus próprios pares e depois treinados para ser perspicazes. O segundo é experiencial: muitos deles têm enfrentado, particularmente nos Estados Unidos e às vezes por décadas, as forças do negacionismo climático, que transformam qualquer declaração mais contundente ou previsão errada em prova de ilegitimidade ou má-fé; isso obriga os climatologistas à cautela, com razão. Infelizmente, toda essa preocupação em pecar pelo excesso de alarme costuma significar que pecam, tão rotineiramente que virou uma espécie de princípio profissional, pela cautela excessiva — ou seja, na prática, pecam pela complacência.

Também há uma espécie de sabedoria pessoal na cautela científica, por maior retrocesso político que possa parecer ocultar do público as implicações mais apavorantes da pesquisa recente. Como parte de seu trabalho é defender seus pontos de vista, os cientistas têm visto colegas e colaboradores passarem por muitas noites escuras da alma e em geral também estão desesperados com a tormenta iminente da mudança climática e o pouquíssimo empenho do mundo em combatê-la. Por consequência, ficaram preocupados com a possibilidade de *burnout* e de que a narrativa honesta sobre o clima pudesse inclinar tanta gente ao desânimo que o empenho de evitar uma crise acabaria se esgotando. E generalizando a partir dessa experiência, apontaram para o fato de que boa parte da ciência social sugeria que a "esperança" podia ser mais motivadora do que o "medo" — sem admitir que alarme não é o mesmo que fatalismo, que esperança não demanda silêncio em relação a desafios mais assustadores e que o medo também pode motivar. Essa foi a revelação de um artigo na *Nature* em

2017 que examinou toda a literatura acadêmica: a despeito de um forte consenso entre cientistas do clima sobre "esperança" e "medo" e o que pode ser considerado uma narrativa responsável, não há uma única maneira de contar melhor a história da mudança climática, uma única abordagem retórica com mais chances de funcionar com um dado público, e nenhuma é perigosa demais. Qualquer história que pegue é boa.

Em 2018, os cientistas começaram a abraçar o medo, quando o IPCC lançou um relatório dramático e alarmista ilustrando como uma mudança climática resultando de 2ºC de aquecimento era tão pior do que de 1,5ºC: dezenas de milhões de pessoas a mais expostas a ondas de calor, escassez de água e inundações mortíferas. A pesquisa resumida no relatório não era nova, e elevações de temperatura acima de 2ºC nem foram abordadas. Mas embora não tratasse de nenhuma das possibilidades mais assustadoras para o aquecimento, o relatório oferecia uma nova forma de permissão, de sanção, para os cientistas do mundo. A novidade era o recado: *Já podemos entrar em pânico, finalmente*. Chega a ser difícil imaginar, depois disso, qualquer coisa além de uma nova onda de medo, motivada por cientistas finalmente encorajados a gritar como bem entenderem.

Mas a cautela anterior também era compreensível. Os cientistas passaram décadas apresentando dados inequívocos, demonstrando para quem quisesse ver exatamente como será a crise no planeta se nada for feito, e depois presenciaram, ano após ano, nada ser feito. Não surpreende que tenham voltado repetidas vezes à sala de imprensa, quebrando a cabeça para definir a melhor estratégia retórica e o tom adequado da "mensagem". Se estivessem no comando, saberiam ao certo o que fazer, e não haveria necessidade de pânico. Então, por que ninguém os escutava? Só podia ser a retórica. Que outra explicação haveria?

Capitalismo de crise

O rol de vieses cognitivos identificado pela psicologia comportamental e outras disciplinas afins no último meio século é, como um feed de mídia social, aparentemente infinito, e cada um deles distorce e distende nossa percepção da mudança climática — uma ameaça tão iminente e imediata quanto a aproximação de um predador, mas vista sempre por uma redoma de vidro.

Há, para começar, a *ancoragem*, que explica como construímos modelos mentais partindo de muito pouco, apenas um ou dois exemplos iniciais, por menos representativos que sejam — no caso do aquecimento global, o mundo como o conhecemos hoje, que é reconfortantemente temperado. Há também o *efeito de ambiguidade*, que sugere que a maioria das pessoas fica tão incomodada com a incerteza que aceita resultados inferiores numa negociação para evitar lidar com ela. Em tese, com o clima, a incerteza deveria ser um estímulo à ação — grande parte da ambiguidade surge da gama de inputs humanos possíveis, uma motivação muito concreta que preferimos tratar como uma charada, o que é desencorajador.

Há o *pensamento antropocêntrico*, pelo qual construímos nossa visão do universo externo a partir de nossa própria experiência, uma tendência reflexa que alguns ambientalistas um tanto cruéis chamaram de "supremacia humana" e que sem dúvida molda nossa capacidade de perceber as ameaças genuinamente existenciais à espécie — uma falha que levou muitos cientistas a fazer piada: "O planeta vai sobreviver", afirmam; "os humanos é que talvez não".

Há o *viés de automação*, que descreve uma preferência por algoritmos e outros tipos não humanos de tomadas de decisão, e também se aplica à nossa deferência, ao longo de várias gerações, às forças do mercado como se fossem um supervisor infalível, ou ao menos insuperável. No caso do clima, costuma significar a confiança de que os sistemas econômicos livres de regulamentação ou restrição resolveriam os problemas do aquecimento global tão naturalmente quanto decerto haviam resolvido os problemas da poluição, da desigualdade, da justiça e dos conflitos.

Esses vieses foram extraídos do volume *A* da bibliografia — e são apenas uma amostra. Entre os efeitos mais destrutivos a aparecer a seguir na biblioteca da economia comportamental estão os seguintes: o *efeito de espectador*, ou nossa tendência a esperar os outros agir em vez de tomar iniciativa; o *viés de confirmação*, pelo qual procuramos evidência para algo que já acreditamos ser verdadeiro, como a promessa de que a vida humana perdurará, em vez de suportar a dor cognitiva de mudar nossa compreensão do mundo; o *efeito de default*, ou a tendência a preferir a opção apresentada às alternativas, algo que está ligado ao *viés de status quo*, ou preferência pelas coisas como estão, por pior que estejam, e ao *efeito de dotação*, ou o instinto de exigir mais para abrir mão de algo que temos do que o valor real que lhe damos (ou que havíamos gasto para adquiri-lo ou iniciá-lo). Temos uma *ilusão de controle*, informam-nos os economistas comportamentais, e também sofremos de *superconfiança* e *viés de otimismo*. Temos ainda um *viés de pessimismo*, mas não que esse compense — ele nos força a ver os desafios como derrotas predeterminadas e a perceber o alarme, talvez especialmente sobre o clima, como expressão de fatalismo. O contrário de um viés cognitivo, em outras palavras, não é o pensamento lúcido, mas outro viés cognitivo. Nossa visão é distorcida pela catarata do autoengano.

Muitos desses insights podem parecer tão intuitivos e familiares quanto a sabedoria popular, o que em alguns casos são, disfarçados de linguagem acadêmica. A economia comportamental é um movimento intelectual iconoclasta atípico, na medida em que subverte crenças — a saber, no ator humano perfeitamente racional — que provavelmente apenas seus proponentes chegaram de fato a acreditar, e talvez até mesmo apenas quando eram alunos de economia. Mas no todo o campo não é apenas uma revisão da economia existente. É uma contradição absoluta da proposição central de sua disciplina mãe, na verdade de toda a autoimagem racionalista do Ocidente moderno tal como emergiu nas universidades — no que só pode ser uma coincidência — do início do período industrial. Ou seja, um mapa da razão humana como uma gambiarra desajeitada, cegamente autocentrada e autodestrutiva, curiosamente eficaz para algumas coisas e absolutamente incompetente no que diz respeito a outras; comprometida, equivocada e esfarrapada. Como diabos conseguimos pôr um homem na Lua?

Que a mudança climática exija conhecimento especializado, e fé nele, justo num momento em que a confiança pública nos especialistas está despencando, é mais uma de suas ironias históricas. Que a mudança climática diga respeito a cada um desses vieses não é mera curiosidade, coincidência ou anomalia. É uma marca de como ela é ampla e em que medida influencia a vida humana — ou seja, em quase tudo.

Poderíamos começar o volume B por *BIGNESS* [enormidade] — a abrangência da mudança climática é tão grande e sua ameaça tão intensa, que num gesto reflexo desviamos os olhos, como do sol.

A enormidade como desculpa para a complacência soará familiar a qualquer um que tenha escutado um debate estudantil sobre capitalismo. O tamanho do problema, seu caráter total, a aparente falta de alternativas à mão e a sedução de vantagens efêmeras — esses foram os blocos de construção de um argumento subliminar que durou décadas, dirigido às classes médias profissionais do Ocidente rico cada vez mais descontentes, que em outro planeta talvez houvesse constituído a vanguarda intelectual de um movimento contra a financeirização e os mercados desregulamentados. "É mais fácil imaginar o fim do mundo do que imaginar o fim do capitalismo", escreveu o crítico literário Fredric Jameson, atribuindo a frase, modestamente, a "alguém" que "disse certa vez". Esse mesmo alguém poderia dizer, hoje: "Por que escolher?".

No caso da autoridade e da responsabilidade, a escala e a perspectiva muitas vezes nos confundem — podemos ser incapazes de reconhecer qual boneca russa vai dentro de qual, ou na prateleira de quem fica o conjunto todo. Coisas grandes nos fazem sentir pequenos, e um tanto impotentes, mesmo que em teoria estejamos "no comando". Na era moderna, pelo menos, existe a tendência correlata de ver grandes sistemas humanos, como a internet ou a economia industrial, como mais inatacáveis, menos passíveis de intervenção até do que sistemas naturais, como o clima, que literalmente nos cercam. É assim que reformar o capitalismo de modo que não recompense a extração de combustível fóssil pode parecer menos provável do que suspender enxofre no ar para tingir o céu de vermelho e esfriar o planeta em um ou dois graus. Para alguns, até mesmo acabar com os trilhões de dólares em subsídios à indústria do combustível fóssil soa mais difícil do que empregar tecnologias para sugar o carbono do ar na Terra inteira.

Isso é uma espécie de problema de Frankenstein e está ligado ao nosso medo profundo da inteligência artificial: ficamos mais intimidados com os monstros que criamos do que com os que herdamos. Sentados diante de um computador numa sala com ar-condicionado, lendo informes no caderno de ciências do jornal, sentimo-nos ilogicamente no controle dos ecossistemas naturais; acreditamos ser capazes de proteger uma espécie em extinção e de preservar seu hábitat, caso decidamos fazê-lo, e de gerir um suprimento de água abundante, em vez de vê-la desperdiçada antes de chegar às bocas humanas — novamente, caso decidamos. Essa sensação é menor em relação à internet, que parece além de nosso controle, embora a tenhamos projetado e construído, e há bem pouco tempo; menor ainda em relação ao aquecimento global, que agravamos dia a dia, minuto a minuto, com nossas ações. E a imagem superdimensionada do capitalismo de mercado foi uma espécie de obstáculo para seus críticos por pelo menos uma geração, quando veio a parecer, até para os que tinham ciência de suas falhas, talvez grande demais para quebrar.

Não é mais bem assim, hoje, à longa sombra da crise financeira e diante do horizonte que começa a escurecer com o aquecimento global. E contudo, talvez em parte por percebermos como nossa atitude em relação à mudança climática guarda ligação tão nítida com nossa atitude atual e familiar em relação ao capitalismo — dos esquerdistas que querem botar fogo no circo aos tecnocratas ingenuamente otimistas e bitolados, passando pelos conservadores gananciosos, cleptocráticos, com olhos apenas para o crescimento —, tendemos a pensar no clima como de algum modo contido no capitalismo, ou governado por ele. Na verdade, está ameaçado por ele.

* * *

Que o capitalismo ocidental possivelmente deva seu predomínio ao poder dos combustíveis fósseis não é consenso entre os economistas, mas também não se trata apenas de uma teoria cara à esquerda socialista. Era a afirmação central de *The Great Divergence* [A grande divergência], de Kenneth Pomeranz, provavelmente o relato mais respeitado sobre como a Europa, por muito tempo na prática um quintal provinciano dos impérios de China, Índia e Oriente Médio, se destacou tão dramaticamente do resto do mundo no século XIX. À importante pergunta de "Por que a Europa?", o livro oferece uma resposta curta: carvão.

Enquanto relato da história industrial, a narrativa reducionista sugerida pela expressão "capitalismo fóssil" — o que concebemos como a moderna economia seria na verdade um sistema alimentado por combustíveis fósseis — é até certo ponto convincente, mas também incompleta; claro que a rede que nos oferece todo um corredor de iogurtes no supermercado faz mais do que simplesmente queimar petróleo. (Embora talvez menos "mais" do que você pensaria.) Porém, para passar uma imagem de como as duas forças permanecem profundamente emaranhadas e como o destino de uma define o da outra, o termo promete ser um chavão muito útil. E levanta a questão agora meramente retórica para partes da esquerda: o capitalismo conseguirá sobreviver à mudança climática?

A questão é um prisma, emitindo diferentes respostas para diferentes faixas do espectro político, e o ponto onde você se acha nele reflete o que você entende por "capitalismo". O aquecimento global poderia cultivar formas emergentes de ecossocialismo num extremo do espectro e possivelmente produzir um colapso da fé em tudo que não seja o mercado, no outro extremo. O comércio sem dúvida perdurará, talvez até prospere, como de fato fez antes do capitalismo — indivíduos negociando coisas e valores fora de um único sistema totalizante que organize a atividade. O lucro improdutivo e destrutivo também continuará, com os que podem brigando para acumular o máximo de vantagens que conseguirem comprar — o incentivo apenas aumentando em um mundo mais carente de recursos e mais pesaroso com a recente abundância aparente, agora evaporada.

Este último é mais ou menos o modelo que Naomi Klein esboçou memoravelmente em *A doutrina do choque*, onde ela mostra como as forças do capital reagem de forma monolítica ante crises de todo tipo — exigindo mais espaço, poder e autonomia para o capital. O livro não trata principalmente da reação dos interesses financeiros aos desastres climáticos — ele foca mais no colapso político e nas crises geradas pelos próprios tecnocratas. Mas faz de fato um relato bem claro de que tipo de estratégia esperar da elite mundial endinheirada numa época de crises ecológicas devastadoras. Mais recentemente, Klein propôs a ilha de Porto Rico, ainda se recuperando do furacão Maria, como um estudo de caso, mesmo desconsiderando sua posição desafortunada na rota de furacões produzidos pela mudança climática. É uma ilha dotada de energia verde abundante, que não obstante importa todo o petróleo que consome, e um paraíso agrícola, que não obstante importa todo o alimento que consome, e importa ambos de uma potência continental quase colonial que a vê como mero mercado. Essa potência continental de fato cedeu o governo da ilha, incluindo sua companhia energética, a um grupo seleto de acionistas cujo interesse reside no pagamento das obrigações.

É difícil imaginar uma ilustração melhor do império do capital numa época de mudança climática. E isso não é mera retórica. Em 2017, logo após a tempestade, Solomon Hsiang e Trevor Houser calcularam que, sozinho, o Maria podia cortar os rendimentos do cidadão porto-riquenho em 21% ao longo dos próximos quinze anos e que a economia da ilha poderia levar 26 anos para voltar ao nível em que estava pouco antes da tempestade — um nível, Klein nos lembra, já baixo. Isso não desencadeou uma expansão drástica dos gastos sociais ou a extensão de um Plano Marshall para todo o Caribe; na verdade, Donald Trump atirou alguns rolos de papel toalha para os cidadãos de San Juan, depois deixou a população à mercê dos estrangeiros que agora controlavam os cofres públicos, mercê que nunca veio. O eco da crise financeira é inconfundível, como Hsiang e Houser observam, sugerindo que tais crises talvez ofereçam o melhor modelo conceitual para os castigos da mudança climática. "Para Porto Rico", escreveram, "o Maria poderia ter um custo econômico similar ao que a crise financeira asiática de 1997 teve para a Indonésia e a Tailândia e ser duas vezes mais prejudicial do que foi a crise financeira mexicana de 1994."

Até que ponto a doutrina do choque se sustentará durante um novo regime climático, que agride as economias mundiais com clima extremo e desastres naturais numa taxa absolutamente sem precedentes e — bem na pausa cada vez menor entre furacões, inundações, ondas de calor e secas —, também ameaça devastar as produções agrícolas e afetar a produtividade dos trabalhadores? É uma questão em aberto, assim como são todas que têm a ver com a reação humana ao aquecimento global no presente e no futuro. Mas neste caso, também, mesmo ajustes relativamente ínfimos na orientação fundamental do Ocidente para o comércio e o capitalismo financeiro, que produziu o nosso senso coletivo sobre o que é e o que não é imaginável, provavelmente nos chegarão como terremotos.

Uma possibilidade é que a disputa dos poderosos por lucros cada vez mais escassos vai apenas se intensificar, a soberania do capital cada vez mais na defensiva; esse é o efeito que poderíamos extrapolar a partir de uma consideração sobre as últimas décadas. Mas, ao longo dessas décadas, os capitalistas ainda podiam contar com a promessa de um crescimento econômico que beneficia a todos como garoto-propaganda. De fato, a despeito de nossas muitas e divergentes variedades de mercados, essa promessa tem servido como uma espécie de infraestrutura ideológica básica do mundo desde pelo menos 1989 — e não é coincidência que as emissões de carbono tenham explodido após o fim da Guerra Fria.

A mudança climática promete apenas acelerar duas tendências que já minam essa promessa de crescimento: primeiro, produzindo uma estagnação global que vai se revelar, em algumas áreas, uma recessão espetacular e permanente; e segundo, punindo os pobres mais drasticamente do que os ricos, tanto em termos globais quanto em sociedades específicas, levando a uma desigualdade de renda cada vez mais grave, algo já impensável para muita gente. Em um futuro econômico duplamente destroçado por essas forças, o quase monopólio sobre o poder social hoje desfrutado pelos muito ricos provavelmente terá bem mais contas a prestar, para dizer o mínimo.

E como fará isso? Além dos novos apelos inspirados no darwinismo social aos efeitos desiguais como efeitos "justos", um modo de pensar dos 1% com o qual já estamos familiarizados, a força do capital pode ter muito pouca influência. O mercado justifica a desigualdade há gerações alegando a oferta de oportunidades e invocando o mantra do crescimento, que prometia beneficiar todo mundo. Isso provavelmente sempre foi menos crível como verdade do que como propaganda e, como mostraram sem sombra de dúvida a Grande Recessão e a recuperação profundamente desigual que se seguiu, os ganhos de rendimento nos países capitalistas avançados do mundo foram, por várias décadas, quase todos para os mais abastados. Que isso em si representa uma crise do sistema inteiro fica claro não apenas com o populismo raivoso, à esquerda e à direita, que varre a Europa e os Estados Unidos na esteira da crise, mas com o ceticismo e a insegurança dilacerante que irradiam das cidadelas mais altaneiras do livre mercado. Em 2016, o FMI publicou um artigo intitulado "Neoliberalismo: gato por lebre?" — logo o FMI. E Paul Romer, posteriormente economista-chefe do Banco Mundial, propôs que a macroeconomia, a "ciência" do capitalismo, era uma espécie de disciplina fantasiosa, equivalente à teoria das cordas, hoje sem um papel legítimo em descrever o funcionamento preciso da economia real. Em 2018, Romer ganhou o prêmio Nobel. Ele o compartilhou com William Nordhaus, que foi pioneiro no estudo do impacto econômico da mudança climática. Nordhaus, um economista, é a favor do imposto do carbono, contanto que seja baixo — seu preço do carbono "ideal" ainda dá margem a 3,5°C de aquecimento.

No momento, os impactos econômicos da mudança climática são relativamente leves: nos Estados Unidos, em 2017, o custo estimado foi de 306 bilhões de dólares. Os impactos pesados nos aguardam. E se no passado a promessa de crescimento foi justificativa para desigualdade, injustiça e exploração, ela terá muitos outros problemas a sanar no futuro climático próximo: desastres, secas, fomes, guerras, refugiados globais e o caos político que desencadeará. E, como bálsamo, a mudança climática promete quase nenhum crescimento global; em grande parte do mundo, atingida com mais força, na verdade, crescimento negativo.

A crença na resiliência humana frente a tais desastres, se é que ainda existe, é um legado de várias centenas de anos de afluência industrial produzida por nossa exploração dos combustíveis fósseis. Reis medievais não achavam que suas plantações os protegeriam da peste ou da fome e os que viviam à sombra do vulcão Krakatoa ou em Pompeia não achavam despreocupadamente que poderiam sobreviver a uma erupção vulcânica. Mas a revisão para baixo das expectativas para o futuro pode ser ainda mais importante do que a prosperidade diminuída no presente. E se o que entendemos por "capitalismo" não são apenas as forças de mercado em ação, mas a religião do livre-comércio como um sistema social justo e até mesmo perfeito, temos de torcer, no mínimo, para que uma grande reforma esteja a caminho. As previsões das dificuldades econômicas futuras, lembre-se, são volumosas — 551 trilhões de dólares em danos com apenas 3,7ºC de aquecimento, 23% da renda global potencial perdida, sob as condições atuais, até 2100. É um impacto muito mais severo do que a Grande Depressão; seria dez vezes mais profundo que a Grande Recessão mais recente, que continua a nos preocupar. E não seria temporário. É difícil imaginar qualquer sistema sobrevivendo intacto a esse tipo de declínio, não importa quão imponente.

Se o capitalismo sobreviver, quem pagará a conta?
Os tribunais americanos estão atolados numa onda de processos reivindicando indenizações por danos climáticos — uma jogada ousada, considerando que a maioria dos impactos que eles enumeram ainda está por chegar. Os de maior visibilidade são as ações civis contra as companhias petrolíferas, movidas, como parte de uma cruzada, por promotores públicos — queixas de saúde pública, mais ou menos, feitas pelo público ou ao menos em seu nome contra companhias conhecidas por empreender campanhas de desinformação e influência política. Esse é o primeiro vetor da responsabilização climática: contra as corporações que lucraram.

Outro tipo de acusação surgiu em *Juliana versus Estados Unidos*, também conhecido como "Crianças versus Clima", um engenhoso processo de direito à proteção alegando que, ao falhar em tomar medidas contra o aquecimento, o governo federal efetivamente pôs muitas décadas de custo ambiental na conta dos jovens de hoje — uma queixa inspiradora, a seu modo, feita por um grupo de menores de idade em nome de toda sua geração e das seguintes, contra os governos eleitos por seus pais e avós. É o segundo vetor da responsabilização climática: contra as gerações que lucraram.

Mas há também um terceiro vetor, ainda por ser objeto de litígio em qualquer ambiente mais formal que as salas de conferências onde os acordos de Paris foram negociados: contra as nações que lucraram com a queima de combustíveis fósseis, em alguns casos no valor de impérios inteiros. Trata-se de um vetor particularmente delicado, porque são os descendentes dos súditos desses impérios que terão de suportar o trauma climático mais direto — o que já inspirou a indignação política organizada sob a bandeira da "justiça climática".

Como essas reivindicações serão recebidas? Uma gama de cenários é possível, tendo a ver em grande medida com quais escolhas e compromissos os seres humanos farão nas próximas décadas. Impérios de exploração ruíram no passado para dar lugar a pactos relativamente pacíficos, as energias da retaliação abrandadas pelo amortecedor das reparações, da repatriação, da verdade e da reconciliação. E isso poderia emergir como a abordagem dominante para o sofrimento climático — uma rede de apoio cooperativa erguida no espírito de um mea-culpa. Mas ainda houve pouca admissão de que as nações ricas do Ocidente têm uma dívida climática com as nações pobres que mais sofrerão com o aquecimento. E esse sofrimento e a exploração que ele expressa também podem se revelar uma motivação repulsiva demais para a cooperação sincera entre as nações, muitas das quais podem em vez disso desviar os olhos ou se recolher na negação.

Ainda não sabemos com precisão, é claro, quanta dor o aquecimento global vai causar, mas a escala da devastação pode tornar essa dívida enorme, por qualquer medida — maior, concebivelmente, do que qualquer dívida histórica que um país ou indivíduo já teve com outro, na maioria dos casos nunca devidamente saldadas.

Se isso parece um exagero, considere que o Império Britânico foi conjurado da fumaça de combustíveis fósseis e que, hoje, graças a essa fumaça, o pantanal de Bangladesh vai virar mar e as cidades da Índia vão cozinhar no intervalo de uma única geração. No século XX, os Estados Unidos não estabeleceram um domínio político tão explícito, mas o império global que o país presidiu não obstante transformou muitas nações do Oriente Médio em Estados clientes dos oleodutos — nações agora tostadas todo verão pelo calor que se aproxima de níveis inabitáveis em alguns lugares e onde as temperaturas deverão ficar tão quentes na meca mais sagrada da religião que as peregrinações, antes ritual anual de milhões de muçulmanos, serão tão letais quanto um genocídio. Seria preciso uma visão de mundo sumamente idealista para crer que a questão da responsabilidade por esse sofrimento não moldará nossa geopolítica numa época de crise climática, e o fluxo em cascata dessa crise, caso não a estanquemos antes, não oferece grande motivo para idealismos.

Claro, os atuais arranjos políticos, para não mencionar a lei da falência, conspirarão para limitar a responsabilização climática — para as petrolíferas, para os governos, para as nações. Esses arranjos podem enfraquecer e se desmanchar — sob a força da pressão política e até da insurreição —, o que teria talvez o efeito impensado de expulsar do palco todos os vilões mais óbvios e seus protetores, deixando-nos sem um alvo fácil a quem atribuir a culpa ou de quem esperar reparação proporcional. Nesse ponto, a questão da culpa pode se tornar uma munição política especialmente poderosa e indiscriminada — a raiva climática residual.

Se conseguirmos ficar abaixo dos 2ºC ou até 3ºC, a conta maior chegará não em nome da responsabilização, mas na forma de adaptação e mitigação — ou seja, o custo de construir e depois administrar quaisquer sistemas que improvisemos para desfazer o dano que um século de capitalismo industrial imperioso acarretou ao único planeta onde podemos viver.

O custo é alto: uma economia descarbonizada, um sistema de energia perfeitamente renovável, um sistema agrícola reimaginado e, talvez, até um planeta sem carne. Em 2018, o IPCC comparou a transformação necessária à mobilização da Segunda Guerra Mundial, mas em escala global. A cidade de Nova York levou 45 anos para construir três novas estações numa única linha do metrô; a ameaça da mudança climática catastrófica significa que precisamos reconstruir toda a infraestrutura do mundo em tempo consideravelmente menor.

Esse é um motivo para o apelo inegável de panaceias de dose única — essa frase mágica, "emissões negativas". Nenhum método de emissões negativas — abordagens "naturais" envolvendo florestas revitalizadas e novas práticas agrícolas e tecnológicas, que empregariam máquinas para remover o carbono da atmosfera — exige uma transformação por atacado da economia global tal como se apresenta no momento. O que talvez explique por que as emissões negativas, estratégia outrora vista como um último esforço desesperado, caso tudo o mais falhe, recentemente estão sendo incorporadas a todas as metas de ação climática convencionais. De quatrocentos modelos de emissões do IPCC que nos deixam abaixo dos 2ºC, 344 incluem emissões negativas, a maioria em grau considerável. Infelizmente, as emissões negativas também são, a essa altura, quase inteiramente teóricas. Todos os métodos ainda estão por demonstrar que funcionam de verdade na escala necessária, mas a abordagem natural, embora adorada pelos ambientalistas, enfrenta obstáculos bem mais inamovíveis: um pesquisador sugeriu que, para funcionar, seria preciso um terço da terra arável do mundo; outro sugeriu que, dependendo de como o sistema for projetado e empregado, pode acarretar o efeito contrário ao desejado, não subtraindo carbono da atmosfera, mas acrescentando.

A estratégia da captura de carbono, que cobriria o planeta de fábricas anti-industriais saídas de um sonho cyberpunk, parece, por outro lado, mais convidativa. Para começar, já dispomos da tecnologia, embora seja cara. Os aparelhos, Wallace Smith Broecker gosta de dizer, têm a mesma complexidade mecânica de um carro e custam quase o mesmo — cerca de 30 mil dólares cada. Para meramente fazer frente à quantidade de carbono que emitimos no momento na atmosfera seriam necessários 100 milhões de unidades, calcula Broecker. Isso apenas adiaria o problema — a um custo de 30 trilhões de dólares, ou cerca de 40% do PIB global. Reduzir o nível de carbono na atmosfera apenas em algumas partes por milhão — o que nos daria um pouquinho mais de tempo, fazendo frente não só a nossas emissões atuais, mas também a nosso nível provável daqui a alguns anos — exigiria 500 milhões desses aparelhos. Reduzir o nível de carbono em vinte partes por milhão por ano, ele calcula, exigira 1 bilhão de aparelhos. Isso imediatamente nos seguraria abaixo do limiar, até nos concederia mais um tempo de crescimento com carbono — que é um argumento que escutamos contra a ideia vindo de alguns cantos da esquerda ambientalista. Mas custaria, como você talvez já tenha calculado, 300 trilhões de dólares — ou quase quatro vezes o PIB mundial total.

Esses preços devem cair, mas apenas na medida em que as emissões e o carbono atmosférico continuarem a aumentar. Em 2018, um artigo de David Keith demonstrou um método de remover carbono a um custo muito baixo de talvez até 94 dólares por tonelada — o que deixaria o custo de neutralizar nossas 32 gigatoneladas de emissões globais anuais em cerca de 3 trilhões de dólares. Se o número assusta, tenham em mente que as estimativas totais para os subsídios a combustíveis fósseis concedidos anualmente no mundo todo somam a exorbitância de 5 trilhões de dólares. Em 2017, mesmo ano em que os Estados Unidos deixaram o acordo de Paris, o país também aprovou um corte de impostos de 2,3 trilhões de dólares — principalmente para os mais ricos da nação, que exigiram ser socorridos.

Igreja da tecnologia

Se algo nos salvará, há de ser a tecnologia. Mas, para salvar o planeta, precisamos de mais do que tautologias e, particularmente na fraternidade futurista do Vale do Silício, os tecnólogos têm pouco a oferecer além de contos de fada. Na última década, a adoração consumista ungiu esses fundadores e capitalistas de risco como se fossem xamãs mapeando o futuro do mundo em tabuleiros Ouija. Mas claramente poucos deles parecem muito preocupados com a mudança climática. Na verdade, seus investimentos em energia verde (à exceção de Bill Gates) são parcimoniosos e suas contribuições filantrópicas (de novo, a exceção é Bill Gates), mais ainda, e com frequência expressam o ponto de vista, esboçado por Eric Schmidt, de que o problema da mudança climática já está resolvido, no sentido de que uma solução se impôs como inevitável pela velocidade da mudança tecnológica — ou até pela introdução de uma tecnologia capaz de aperfeiçoar a si mesma, chamada inteligência de máquina, ou IA.

Fé cega é um modo de descrever essa visão de mundo, embora muitos no Vale do Silício vejam as máquinas inteligentes com terror cego. Outra maneira de encarar a questão é que os futuristas do mundo passaram a encarar a tecnologia como uma superestrutura na qual todos os demais problemas, e suas soluções, estão contidos. Desse ponto de vista, a única ameaça à tecnologia virá da tecnologia, e talvez seja por isso que tantos no Vale do Silício parecem menos preocupados com a mudança climática desenfreada do que com a inteligência artificial desenfreada: o único poder temível que tendem a levar a sério foi desencadeado por eles próprios. É um estranho estágio evolucionário para uma visão de mundo parida, na contracultura permanente da Bay Area, pela bíblia do hackeamento da natureza escrita por Stewart Brand, *Whole Earth Catalog*. E pode ajudar a explicar por que os executivos de empresas de mídias sociais demoraram tanto para processar a ameaça que a política da vida real impunha a suas plataformas; e talvez também seja por isso que, como sugeriu o escritor de ficção científica Ted Chiang, o medo da inteligência artificial professado pelos senhores supremos do Vale do Silício soe suspeitamente como um autorretrato involuntariamente dilacerante, como pânico com o modo de fazer negócios representado pelos titãs da tecnologia:

> Considere: Quem persegue seus objetivos com foco monomaníaco, cegos para a possibilidade das consequências negativas? Quem adota uma abordagem de terra arrasada para aumentar a participação no mercado? Essa IA hipotética de colher morangos faz o que toda startup de tecnologia gostaria de ser capaz de fazer — crescer a uma taxa exponencial e destruir a competição até atingir um monopólio absoluto. A ideia de superinteligência é tão mal definida que poderíamos imaginá-la assumindo quase qualquer forma com igual justificativa: um gênio benevolente que soluciona todos os problemas do mundo ou um matemático que passa todo o tempo demonstrando teoremas tão abstratos que os

humanos não conseguem sequer compreendê-los. Mas quando o Vale do Silício tenta imaginar a superinteligência, ele a concebe como um vale-tudo do capitalismo.

Às vezes, ter em mente mais do que uma ameaça de extinção ao mesmo tempo pode ser duro. Nick Bostrom, filósofo pioneiro da IA, consegue. Em um artigo influente de 2002 levantando a taxonomia do que chamou de "riscos existenciais", ele delineou 23 deles — riscos "em que um resultado adverso aniquilaria a vida inteligente na Terra ou restringiria seu potencial de forma drástica e permanente".

Bostrom não é nenhum intelectual eremita do juízo final, mas no momento um dos principais pensadores elaborando estratégias para manter na rédea curta ou, em todo caso, conceituar o que considera uma ameaça a nossa espécie vinda da IA sem controle. Mas a mudança climática está incluída em seu cenário de riscos mais amplo. Ele a coloca na subcategoria "Explosões", definida como a possibilidade de que "a vida inteligente de origem terrestre seja extinta num desastre relativamente súbito resultante de um acidente ou de um ato de destruição deliberado". "Explosões" é o subgrupo mais longo; a mudança climática compartilha essa categoria, entre outras coisas, com "Superinteligência mal programada" e "Vivemos em uma simulação e ela é desligada".

Em seu artigo, Bostrom também considera o risco iminente de "esgotamento dos recursos ou destruição ecológica". Essa ameaça entra em sua categoria seguinte, "Esmagamentos", em que descreve um esmagamento como um episódio após o qual "o potencial da humanidade de evoluir para a pós-humanidade é permanentemente frustrado, embora a vida humana continue, de algum modo". Seu risco de esmagamento mais representativo talvez seja a "Parada tecnológica": "as dificuldades puramente tecnológicas para fazer a transição para o mundo pós-humano talvez se revelem tão grandes que nunca chegaremos lá". As duas categorias finais de Bostrom são "Gritos", que define como a possibilidade de que "alguma forma de pós-humanidade é alcançada, mas numa faixa extremamente estreita do possível e desejável", como no caso de "Upload transcendente assume o controle" ou "Superinteligência falha" (por oposição a "Superinteligência mal programada"); e "Gemidos", que define como: "A civilização pós-humana surge, mas evolui numa direção que leva, gradual porém irrevogavelmente, ao desaparecimento completo das coisas que valorizamos ou a um estado em que essas coisas são percebidas como apenas um passo minúsculo do que poderia ter sido atingido".

Como talvez você tenha notado, embora o artigo se proponha a analisar "cenários de extinção humana", nenhuma dessas avaliações de ameaça, com exceção de "Explosões", de fato menciona a "humanidade". Na verdade, elas focam no que Bostrom chama de "pós-humanidade" e outros costumam chamar de "trans-humanismo" — a possibilidade de que a tecnologia nos leve rapidamente a transpor o limiar de um novo estado de existência, tão divergente do que conhecemos hoje que seríamos forçados a considerá-lo uma autêntica ruptura da linha evolucionária. Para alguns, isso representa apenas a visão de nanobôs percorrendo nossa corrente sanguínea, filtrando toxinas e procurando tumores; para outros, é uma visão da vida humana extraída da realidade tangível e baixada inteiramente em computadores. Podemos notar aqui ecos do Antropoceno. Nessa visão, porém, os humanos não enfrentam a devastação ambiental e o problema de como contorná-la; na verdade, simplesmente atingimos uma velocidade de escape tecnológica.

É difícil saber até que ponto levar essas visões a sério, embora sejam quase universais entre a vanguarda futurista da Bay Area, sucessora da Nasa e dos Bell Labs, no século passado, como os arquitetos do nosso futuro imaginado — e que diferem entre si principalmente em suas avaliações sobre quanto tempo vai levar para tudo isso acontecer. Peter Thiel pode se queixar do ritmo da mudança tecnológica, mas sua preocupação talvez seja que ela não ultrapasse a devastação ecológica e política. Ele continua investindo em duvidosos programas de juventude eterna e comprando terras na Nova Zelândia (onde poderia sobreviver ao colapso da civilização). Conta-se que Sam Altman, da Y Combinator, que se distinguiu como uma espécie de filantropo da tecnologia com um pequeno projeto piloto de renda mínima universal e recentemente anunciou um convite para propostas de geoengenharia em que estaria disposto a investir, já pagou a primeira parcela de um programa de upload cerebral para supostamente extrair sua mente deste mundo. Projeto em que também é investidor, naturalmente.

Para Bostrom, é tão claro o propósito da "humanidade" de engendrar uma "pós-humanidade" que ele usa o segundo termo como sinônimo do primeiro. Não se trata de um lapso, mas o segredo de sua fama no Vale do Silício: a crença de que a principal tarefa dos tecnólogos não é engendrar prosperidade e bem-estar para a humanidade, mas construir um portal pelo qual passaremos a outro tipo de existência, quem sabe eterna, um arrebatamento tecnológico em que possivelmente muitos — os bilhões que carecem de acesso a banda larga, para começar — ficariam para trás. Afinal, seria muito difícil descarregar seu cérebro pelo celular quando seu plano é pré-pago.

O mundo que abandonaríamos é este sendo castigado pela mudança climática. E Bostrom não está sozinho, claro, ao identificar esse risco como existencial. Milhares, senão talvez centenas de milhares, de cientistas hoje parecem clamar diariamente, a cada sopro de clima extremo e a cada novo artigo científico, pela atenção do leitor leigo; uma personalidade tão avessa à histeria quanto Barack Obama gostava de usar a expressão "ameaça existencial". E no entanto, talvez seja um sinal do heliotropismo de nossa cultura em relação à tecnologia que, à parte talvez as propostas de colonizar outros planetas, e as visões da tecnologia libertando os humanos da maioria das necessidades biológicas e ambientais, ainda não desenvolvemos nada parecido com uma religião que dê sentido à mudança climática e seja capaz de nos trazer conforto, ou propósito, em face da possível aniquilação.

Claro, trata-se de fantasias religiosas: escapar do corpo e transcender o mundo.

A segunda é quase uma caricatura do pensamento privilegiado, e o fato de que viesse a integrar as aspirações de uma nova casta bilionária provavelmente era quase inevitável. A primeira parece uma resposta estratégica ao pânico climático — assegurar um ecossistema como backup para minimizar um possível colapso —, que é tal e qual descrevem seus defensores.

Porém a solução não é racional. A mudança climática ameaça o próprio alicerce da vida no planeta, mas um meio ambiente degradado de forma drástica, nesse caso, continuará bem mais próximo da habitabilidade do que qualquer coisa que porventura sejamos capazes de construir no solo vermelho e seco de Marte. Mesmo no verão, no equador marciano, as temperaturas noturnas caem para 38ºC abaixo de zero; não existe água na superfície e nenhuma vida vegetal. É possível que, com orçamento suficiente, uma pequena colônia fechada possa ser construída ali, ou em outro planeta; mas os custos seriam tão mais elevados do que para um ecossistema artificial equivalente na Terra, e portanto com uma escala tão mais limitada, que alguém propondo a viagem espacial como solução para o aquecimento global deve estar sofrendo de um delírio climático próprio. Imaginar que uma colônia assim possa oferecer prosperidade material tão abundante quanto a usufruída pelos plutocratas tecnológicos em Atherton é viver ainda mais fundo no narcisismo dessa ilusão — como se contrabandear luxos para Marte fosse tão fácil quanto para o festival Burning Man.

A fé assume forma diferente entre os leigos, incapazes de pagar pela passagem para o espaço. Mas artigos de fé que cabem no bolso são atenciosamente oferecidos: celulares, serviços de streaming, aplicativos de carona e a própria internet, mais ou menos gratuita. Cada um deles reluzindo com a promessa de fuga das dificuldades e dos conflitos de um mundo degradado.

Em "An Account of My Hut" [Um relato da minha cabana], suas memórias sobre a procura de uma casa para morar e a contemplação do apocalipse climático na Bay Area, na temporada de incêndios florestais em 2017, na Califórnia — que também foi a temporada dos furacões Harvey, Irma e Maria —, Christina Nichol relata a conversa com o jovem membro de uma família que trabalha na indústria da tecnologia, para quem ela tentou, sem sucesso, descrever o caráter sem precedentes da mudança climática: "Pra que se preocupar?", ele respondeu.

> A tecnologia vai cuidar de tudo. Se a Terra acabar, a gente vai viver em espaçonaves. Vamos ter impressoras 3-D para produzir nossa comida. Vamos comer carne de laboratório. Uma vaca vai alimentar todo mundo. A gente vai simplesmente rearranjar os átomos para criar água ou oxigênio. Elon Musk.

Elon Musk — não é o nome de um homem, mas uma espécie de estratégia de sobrevivência da espécie. Nichol responde: "Mas eu *não quero* viver numa espaçonave".

> Ele pareceu surpreso de verdade. Em sua linha de trabalho, nunca conhecera alguém que não quisesse viver numa espaçonave.

* * *

Que a tecnologia possa nos libertar, coletivamente, da pressão do trabalho manual e da privação material é um sonho no mínimo tão antigo quanto John Maynard Keynes, que previu que seus netos trabalhariam apenas quinze horas por semana, previsão que nunca se cumpriu, no fim das contas. Em 1987, ano em que ganhou o prêmio Nobel, o economista Robert Solow fez o famoso comentário: "Podemos ver a era do computador em toda parte, menos nas estatísticas de produtividade".

Essa foi a experiência sobretudo da maioria dos que viveram no mundo desenvolvido nas décadas seguintes — a mudança tecnológica acelerada transformando quase todos os aspectos da vida cotidiana e contudo produzindo pouca ou nenhuma melhora tangível por qualquer medida convencional de bem-estar econômico. Provavelmente é uma explicação para o descontentamento político contemporâneo — uma percepção de que o mundo está sendo refeito, mas de um jeito que o deixa, por mais deliciado que você possa estar com Netflix, Amazon, Instagram e Google Maps, mais ou menos no exato ponto onde estava antes.

O mesmo pode ser dito, acredite se quiser, da tão anunciada "revolução" da energia verde, que tem gerado ganhos de produtividade em energia e reduções de custos muito além das previsões até dos otimistas mais ingênuos, e no entanto nem ao menos conseguiu forçar a curva das emissões de carbono para baixo. Estamos, em outras palavras, bilhões de dólares e milhares de avanços dramáticos depois, no mesmo lugar onde começamos quando os hippies afixavam painéis solares a seus domos geodésicos. Isso acontece porque o mercado não respondeu a esses acontecimentos aposentando sem rodeios as fontes de energia sujas e substituindo-as por limpas. Sua resposta foi simplesmente adicionar a nova capacidade ao mesmo sistema.

Nos últimos 25 anos, o custo por unidade de energia renovável caiu tanto que mal dá para medir o preço, hoje, usando as mesmas escalas (desde 2009, por exemplo, os custos da energia solar caíram mais de 80%). Ao longo dos mesmos 25 anos, a proporção do uso de energia global derivada das fontes renováveis não saiu do lugar. Em outras palavras, a energia solar não está comendo o combustível fóssil pelas beiradas, nem lentamente; não passa de um reforço. Para o mercado, representa crescimento; para a civilização humana, um quase suicídio. Hoje, queimamos 80% mais carvão do que há menos de duas décadas, em 2000.

E a energia é, na verdade, o menor dos problemas. Como o futurista Alex Steffen observou incisivamente em uma série de posts no Twitter que lembra uma versão para a crise climática do filme *Potências de dez*, a transição da eletricidade suja para as fontes limpas não é o único desafio. É apenas a fruta no galho mais baixo: "menor do que o desafio de levar eletricidade a quase tudo que utiliza energia", diz Steffen, com o que se refere a qualquer coisa que opere à base dos tão mais sujos motores de combustão interna. Essa tarefa, prossegue, é menor do que o desafio de reduzir a demanda de energia, por sua vez menor do que o desafio de reinventar o modo como bens e serviços são fornecidos — contanto que as redes de abastecimento sejam construídas com infraestrutura suja e os mercados de trabalho por toda parte continuem movidos a energia suja. Há também a necessidade de conseguir zerar as emissões de todas as outras fontes — desmatamento, agricultura, criações de animais, aterros sanitários. E a necessidade de proteger todos os sistemas humanos da depredação iminente dos desastres naturais e do clima extremo. E a necessidade de erguer um sistema de governo global, ou ao menos de cooperação internacional, para coordenar tal projeto. Tudo isso é uma tarefa menor, diz Steffen, "do que o empreendimento cultural monumental de imaginarmos juntos um futuro próspero, dinâmico, sustentável que não só pareça possível, como também faça valer a pena lutar por ele".

Neste último argumento vejo as coisas de forma diferente — imaginação não é a parte difícil, principalmente para os menos informados sobre os desafios do que Steffen. Se pudéssemos aparecer com uma solução à força da imaginação, já teríamos resolvido o problema. Na verdade, *imaginamos* as soluções; mais do que isso, nós as desenvolvemos, ao menos na forma de energia verde. Apenas ainda não descobrimos a vontade política, a força econômica e a flexibilidade cultural para efetivá-las, porque para isso será necessário algo muito maior, e mais concreto, do que a imaginação — nada menos que uma completa revisão dos sistemas mundiais de energia, transporte, infraestrutura, indústria e agricultura. Para não mencionar, digamos, nossas dietas ou nossa fome de bitcoin. A criptomoeda hoje produz tanto CO_2 por ano quanto 1 milhão de voos transatlânticos.

Pensamos na mudança climática como uma coisa lenta, mas ela é desanimadoramente rápida. Pensamos na mudança tecnológica necessária para evitá-la como iminente, mas ela é enganosamente lenta — sobretudo a julgar por nossa pressa. É isso que Bill McKibben quer dizer quando afirma que vencer devagar é o mesmo que perder: "Se não agirmos rápido, e numa escala global, o problema ficará literalmente insolúvel", escreve ele. "As decisões que tomarmos em 2075 não farão diferença."

A inovação, em muitos casos, é a parte fácil. Foi o que o romancista William Gibson quis dizer quando afirmou: "O futuro já chegou, só que ainda não foi distribuído de forma igualitária". Aparelhinhos como o iPhone, o talismã dos tecnólogos, passam uma falsa imagem do ritmo da adaptação. Para ricos americanos, suecos, japoneses, a penetração de mercado pode parecer total, porém, mais de uma década após sua introdução, o dispositivo é utilizado por menos de 10% da população mundial; no caso de todos os smartphones, mesmo os "vagabundos", o número fica em algo entre um quarto e um terço. Defina a tecnologia em termos ainda mais básicos, como "celulares" ou "internet", e teremos uma cronologia para a saturação global de pelo menos décadas — das quais dispomos de duas ou três para eliminar completamente as emissões de carbono no planeta todo. Segundo o IPCC, temos apenas doze anos para cortá-las pela metade. Quanto mais demorarmos, mais difícil será. Se tivéssemos começado a descarbonização global em 2000, quando Al Gore perdeu por muito pouco a eleição presidencial americana, teríamos tido de cortar as emissões em apenas cerca de 3% ao ano para permanecer com segurança abaixo dos 2ºC de aquecimento. Se começarmos hoje, quando as emissões globais continuam a crescer, a taxa necessária é de 10%. Se postergarmos outra década, vai exigir de nós cortar as emissões em 30% todo ano. É por isso que o secretário-geral das Nações Unidas, António Guterres, acredita que resta apenas um ano para mudarmos de rumo e começarmos a reduzir.

A escala da transformação tecnológica exigida apequena qualquer façanha vinda do Vale do Silício — na verdade, apequena toda revolução tecnológica já engendrada na história humana, incluindo a eletricidade, as telecomunicações e até a invenção da agricultura, 10 mil anos atrás. Ela as apequena por definição, porque as contém — cada uma delas precisará ser substituída na raiz, uma vez que todas vivem de carbono, como um respirador artificial.

Refazer cada um desses sistemas de modo que deixem de depender do carbono tem menos a ver com distribuir smartphones ou soltar balões de wi-fi sobre o Quênia ou Porto Rico, como a Google pretende fazer, do que com construir um sistema de rodovias interestadual, uma malha de metrô ou um novo tipo de rede elétrica conectados a um novo arranjo de produtores de energia e a um novo tipo de consumidores de energia. Com efeito, não *tem a ver* com isso; *é* isso. Tudo isso e mais, muito mais: projetos de infraestrutura intensiva em todos os níveis e em cada canto da atividade humana, desde novas frotas de aviões ao novo uso da terra e até a um novo meio de produzir concreto, cuja produção ocupa hoje o segundo lugar como a indústria de uso mais intensivo de carbono no mundo — indústria que passa por uma expansão, a propósito, graças à China, que nos últimos tempos despejou mais concreto em três anos do que o usado pelos Estados Unidos em todo o século XX. Se a indústria do cimento fosse um país, seria o terceiro maior emissor mundial.

Em outras palavras, são projetos de infraestrutura numa escala tão distante da nossa experiência, nos Estados Unidos pelo menos, que quase já não temos esperança de que seus atuais corolários algum dia venham a ser reparados, em vez de aprender a conviver com buracos e serviços atrasados. Para completar, ao contrário da internet ou dos smartphones, as tecnologias exigidas não são aditivas, mas substitutivas, ou deveriam ser, se tivermos o bom senso de retirar as antigas variedades sujas. O que significa que todas as novas alternativas precisam enfrentar a resistência de interesses corporativos arraigados e o viés de status quo dos consumidores relativamente felizes com a vida que levam hoje.

Felizmente, a revolução da energia verde já está, como dizem, "a caminho". Na verdade, de todos os componentes necessários para essa revolução mais ampla do carbono zero, a energia limpa é provavelmente a que foi mais longe. Longe quanto? Em 2003, Ken Caldeira, hoje no Carnegie Institution for Science, descobriu que para evitar a mudança climática catastrófica o mundo precisaria acrescentar diariamente fontes de energia limpas equivalendo à plena capacidade de uma usina nuclear entre 2000 e 2050. Em 2018, a *MIT Technology Review* verificou nosso progresso; faltando três décadas, o mundo estava a caminho de completar a necessária revolução da energia em quatrocentos anos.

O abismo é tão grande que poderia engolir civilizações inteiras, e de fato ameaça fazê-lo. Para dentro dele rastejou aquele sonho da captura de carbono: se não conseguirmos reconstruir a infraestrutura do mundo moderno a tempo de salvá-lo da autodestruição, talvez possamos ao menos ganhar algum tempo sugando do ar parte de seus gases tóxicos. Considerando a escala indômita da abordagem convencional, e considerando como resta pouco tempo para completá-la, as emissões negativas talvez sejam, no presente, uma forma de pensamento mágico em relação ao clima. Também parecem ser nossa última e melhor esperança.

Urdida nesse devaneio de captura de carbono há uma fantasia de absolvição industrial — de que uma sonhada tecnologia pudesse se materializar e purificar o legado ecológico da modernidade, até mesmo eliminar sua pegada por completo.

A estratégia subliminar de vendas dos defensores das energias eólica e solar não é diferente — energia limpa, energia natural, renovável e portanto energia sustentável, inexaurível, até mesmo irredutível, energia antes aproveitada que captada e armazenada, energia abundante, energia livre. Soa um bocado como energia nuclear, pelo menos quando foi originalmente apresentado e recebido. Claro, isso foi nos anos 1950, e já faz décadas desde que a energia nuclear era vista como uma saída para a salvação energética, mais do que, como invariavelmente a vemos hoje, o fantasma do contágio metafísico.

Nem sempre foi assim. Em seu discurso de 1953 nas Nações Unidas, "Átomos pela paz", Dwight Eisenhower delineou os termos de um tratado de armas que era também um acordo moral: como recompensa para qualquer nação que repudiasse a busca de armas nucleares, e como uma espécie de penitência por ter desenvolvido a horrível tecnologia, antes de mais nada, os Estados Unidos ofereceriam ajuda na forma de energia nuclear, que também seria desenvolvida no país.

Para o discurso de um presidente que também era militar, é um lamento extraordinariamente lírico e, ao mesmo tempo, um chamado às armas em tempos de paz — na verdade, evoca à perfeição no leitor moderno a ameaça da mudança climática, para a qual a destruição mutuamente certa continua sendo não apenas a melhor, mas a única analogia na história humana. Após resumir a intensa expansão da capacidade da frota nuclear americana, que nos oito anos desde a guerra ficou 25 vezes mais poderosa e o aterrorizava, e o que significava para os Estados Unidos ter ganhado a Rússia soviética como rival nuclear, Eisenhower continua:

> Parar por aqui seria aceitar, impotente, a probabilidade da civilização destruída, a aniquilação da herança insubstituível da humanidade transmitida a nós de geração em geração, e a condenação da humanidade a recomeçar a antiquíssima luta ascendente da selvageria para a decência, o direito e a justiça. Certamente, nenhum membro da raça humana poderia encontrar a vitória em tal desolação. Quem desejaria ver seu nome ligado à história, com tamanha degradação e destruição humanas? Algumas páginas da história registram o rosto dos "grandes destruidores", mas seu livro completo revela a busca incessante da humanidade por paz e pela capacidade de construir dada por Deus aos homens.

Faz pelo menos uma geração que os americanos tiveram oportunidade de ler "capacidade de construir dada por Deus aos homens" como uma referência à energia nuclear — uma geração desde que o mundo parou de acreditar que a energia nuclear era, em um sentido ambiental, "gratuita", e começou a pensar em termos de guerra nuclear, derretimento, mutação e câncer. O fato de nos lembrarmos dos nomes de desastres em usinas nucleares é um sinal de como estamos ficando marcados por eles: Three Mile Island, Tchernóbil, Fukushima.

Mas as marcas são quase cicatrizes fantasmas, considerando a quantidade de baixas. O número de mortos no incidente em Three Mile Island continua motivo de disputa, já que muitos ativistas acreditam que o real impacto da radiação foi eliminado — talvez uma crença razoável, uma vez que a informação oficial insiste que não houve nenhum impacto adverso à saúde. Mas pesquisas mais respeitáveis sugerem que o derretimento das usinas aumentou o risco de câncer, num raio de quinze quilômetros, em menos de um décimo de 1%. Para Tchernóbil, a contagem oficial é 47 fatalidades, embora alguns estimem uma quantidade maior — chegando até a 4 mil. Para Fukushima, segundo um relatório das Nações Unidas, "nenhuma incidência ampliada de efeitos para a saúde ligados à radiação é esperada entre membros expostos do público ou seus descendentes". Se nenhuma das 100 mil pessoas que moravam na zona de evacuação houvesse ido embora, talvez algumas centenas acabassem morrendo de câncer ligado à radiação.

Qualquer quantidade de mortos é uma tragédia, mas mais de 10 mil pessoas morrem todo dia, no mundo inteiro, da poluição de partículas pequenas produzida pela queima de carbono. Isso sem mencionar o aquecimento e seus impactos. Uma mudança de regras nos padrões de poluição para os produtores de carvão, proposta pela Agência de Proteção Ambiental (EPA) dos Estados Unidos sob Trump em 2018, mataria mais de 1400 americanos anualmente, segundo admitiu a própria EPA, mesmo enquanto se esforçava por fazer a mudança; no mundo, a poluição mata 9 milhões de pessoas por ano.

Convivemos com essa poluição e com essa quantidade de mortos e mal as notamos; as afuniladas torres de concreto das usinas nucleares, recortadas contra o horizonte, por outro lado, são como a proverbial arma de Tchékhov. Hoje, a despeito de uma variedade de projetos voltados à produção de energia nuclear barata, o preço das novas usinas permanece alto o bastante para ser difícil apresentar um argumento convincente de que mais investimento "verde" seja direcionado a elas, em vez de a instalações eólicas e solares. Mas o argumento para desmantelar as usinas existentes é consideravelmente mais fraco, e no entanto é exatamente o que está acontecendo — dos Estados Unidos, onde tanto Three Mile Island como Indian Point estão sendo fechados, à Alemanha, onde tanta energia nuclear foi aposentada recentemente que o país vem aumentando suas emissões de carbono, a despeito de um programa de ponta em energia verde. Por isso, Angela Merkel já foi chamada de "chanceler do clima".

A visão contaminacionista da energia nuclear é uma parábola climática equivocada, brotando não obstante de uma perspectiva ambientalista perspicaz — de que o mundo natural limpo e saudável se torna tóxico com as intrusões e intervenções das indústrias humanas. Mas a principal lição da Igreja da tecnologia vai em outra direção, instruindo-nos de maneiras sutis e não tão sutis a ver o mundo além de nossos celulares como menos real, menos urgente e menos significativo do que os mundos postos à disposição por essas telas, que, diga-se de passagem, são mundos protegidos da devastação climática. Como indagou Andreas Malm: "Quantos estarão se entretendo com jogos de realidade aumentada num planeta 6ºC mais quente?". A poeta e compositora Kate Tempest diz isso de maneira mais desagradável: "Os olhos colados na tela para não ver o planeta morrer".

Presumivelmente, você já pode sentir essa transformação a caminho em sua vida — olhando fotos do bebê numa tela quando seu bebê de verdade está bem na sua frente, lendo sequências de posts triviais no Twitter enquanto seu cônjuge fala. No Vale do Silício, mesmo os críticos da tecnologia tendem a ver o problema como uma forma de vício; mas, como qualquer vício, ele expressa um juízo de valor, embora este traga desconforto ao não viciado — nesse caso, de que achamos o mundo das nossas telas mais recompensador, ou mais seguro, de maneiras tão difíceis de justificar e explicar, que não há de fato outra palavra para isso do que "preferível". É muito maior a probabilidade de essa preferência aumentar do que diminuir, o que pode parecer uma involução cultural, talvez especialmente para os temperamentais adeptos do declinismo. Também é possível que seja um mecanismo de enfrentamento psicológico útil para os vivos, ainda habitando o interior da tradição burguesa de consumo, em um mundo natural dramaticamente degradado. Daqui a uma geração, deus nos livre, o vício em tecnologia pode até parecer "adaptativo".

Política do consumo

Pouco antes do amanhecer, em 14 de abril de 2018, um sábado, um homem de 61 anos entrou em Prospect Park, no Brooklyn, encharcou-se com gasolina e pôs fogo em si mesmo. Ao lado do corpo, perto de um círculo chamuscado no gramado, havia um bilhete escrito à mão: "Meu nome é David Buckel e cometi suicídio com fogo como forma de protesto", dizia. "Peço desculpas pela bagunça." Uma bagunça não muito grande; ele revolvera o solo em torno para impedir que o fogo se espalhasse.

Numa carta mais longa, datilografada, que mandou também para os jornais da cidade, Buckel se explicava. "A maioria dos humanos no planeta hoje respira ar insalubre por causa dos combustíveis fósseis, e muitos morrem cedo como consequência — minha morte precoce com combustível fóssil reflete o que fazemos conosco [...]. A poluição está devastando o planeta", escreveu. "Há cada vez menos esperanças para o presente, e o que estamos fazendo não basta para garantir nosso futuro."

O povo americano conhece o suicídio por autoimolação desde a era da Guerra do Vietnã, quando Thích Quảng Đức, um monge budista dando novo propósito a uma tradição espiritual de autopurificação em um protesto contemporâneo, ateou fogo a si mesmo em Saigon. Alguns anos mais tarde, Norman Morrison, um quacre de 31 anos de idade, inspirou-se a fazer o mesmo, diante do Pentágono, com a filha de um ano a seu lado. Uma semana depois, Roger Allen LaPorte, de vinte anos, ex-seminarista e integrante do movimento Catholic Worker, pôs fogo no próprio corpo diante do prédio das Nações Unidas. Não gostamos de pensar a respeito, mas a tradição segue firme e forte. Nos Estados Unidos, houve seis protestos por autoimolação desde 2014; na China, o gesto é ainda mais comum, particularmente entre opositores da política em relação ao Tibete, somando doze mortes só nos últimos três meses de 2011 e vinte nos três primeiros meses de 2012. E não nos esqueçamos que a autoimolação de um vendedor de frutas na Tunísia deflagrou a Primavera Árabe.

Buckel começou tarde no ativismo ambiental. Passara a maior parte da carreira como advogado proeminente dos direitos gays, e os bilhetes de suicídio que deixou expressavam duas convicções cristalinas: que o mundo natural adoecera por causa da atividade industrial e que havia muito mais a ser feito para deter — e em termos ideais reverter — os estragos do que o visitante habitual de Prospect Park podia se dar conta. Nos dias que se seguiram ao suicídio, o que atraiu maior atenção foi a primeira — sua morte tratada como um alarme, ou um termômetro, assinalando uma mudança amorfa, talvez na saúde do planeta, mas sem dúvida na percepção dos moradores do Brooklyn. O segundo insight é mais desafiador — de que a crise climática exige comprometimento político muito além do envolvimento fácil de declarações de empatia, tribalismo partidário cômodo e consumo ético.

É comum acusar os ambientalistas liberais de levar um modo de vida hipócrita — eles comem carne, andam de avião e votam nos liberais sem nunca ter comprado um Tesla. Mas entre a esquerda antenada, a acusação inversa também costuma ser verdade: o curso de nossas dietas, amizades, até consumo de cultura pop, é norteado pela estrela da política, mas raramente fazemos barulho político significativo a respeito de causas que vão contra nosso interesse próprio ou contra a imagem que cultivamos de nós mesmos como seres especiais — na verdade, iluminados. E assim, nos anos por vir, o desinvestimento provavelmente será apenas a primeira salva de artilharia numa corrida armamentista moral entre universidades, municipalidades e nações. As cidades vão competir para serem as primeiras a banir carros, pintar os telhados de branco, produzir toda a agricultura consumida por seus moradores em "fazendas verticais" que não exigem transporte da colheita em caminhões, trens ou aviões. Mas a mentalidade bairrista liberal também continuará andando de cabeça erguida, como foi em 2018, quando os eleitores americanos do estado profundamente democrata de Washington rejeitaram um imposto do carbono nas urnas e, nos piores protestos na França desde a quase revolução de 1968, revoltaram-se contra a proposta de um imposto sobre a gasolina. Talvez em nenhuma questão mais do que o clima essa postura liberal de iluminação dos bem de vida seja um gesto defensivo: quase independentemente de sua orientação política ou opções de consumo, quanto mais rico você for, maior sua pegada de carbono.

Mas quando críticos de Al Gore comparam seu uso da eletricidade ao do cidadão ugandês médio, em última instância não estão chamando a atenção para o consumo pessoal ostensivo e hipócrita, por mais que tentem desacreditá-lo. Na verdade, estão pondo em relevo a estrutura de uma ordem política e econômica que não só permite a disparidade como também a alimenta e lucra com ela — é o que Thomas Piketty chama de "aparato da justificativa". E justifica muita coisa. Se os emissores mundiais mais óbvios, os 10% do topo, reduzissem suas emissões apenas à média da União Europeia, as emissões globais totais cairiam em 35%. Não vamos chegar lá com as escolhas dietéticas individuais, mas com mudanças nas políticas públicas. Em uma era de política pessoal, a hipocrisia pode parecer um pecado capital; mas também pode articular uma aspiração pública. Em outras palavras, consumir produtos orgânicos é ótimo, mas se o seu objetivo é salvar o clima, seu voto é bem mais importante. A política é um multiplicador moral. E a percepção da enfermidade terrena, se não for seguida pelo comprometimento político, só nos traz "bem-estar".

    Pode ser difícil levar o bem-estar a sério como movimento, em princípio, e é por isso que o assunto tem sido objeto de tanta ridicularização nos últimos anos — SoulCycle, Goop, Moon Juice. Mas por mais manipulado por consultores de marketing que seja, e por mais duvidosos que sejam seus benefícios à saúde, o movimento de bem-estar também dá nome e forma claros a uma percepção cada vez maior até, ou sobretudo, entre os ricos o bastante para se isolar dos primeiros ataques da mudança climática: a de que o mundo contemporâneo é tóxico, e que para durar ou prosperar nele se farão necessárias medidas extraordinárias de autorregulação e autopurificação.

    O que se costuma chamar de "nova Nova Era" brota de intuição similar — de que meditação, viagens de ayahuasca, cristais, o festival Burning Man, microdoses de LSD são caminhos para um mundo que acena como mais puro, mais limpo, mais sustentável e talvez, acima de tudo, menos dividido. Essa arena de pureza provavelmente vai se expandir, talvez muito, à medida que o clima continua guinando rumo à visível degradação — e que os consumidores reagem tentando se separar como puderem do lodo do planeta. Não será surpresa encontrarmos, nos corredores dos supermercados daqui a um ano, fileiras de rótulos indicando "orgânico" e "criação natural", alguns produtos descritos como "livres de carbono". Os alimentos geneticamente modificados não são sinal de um planeta doente, mas uma possível solução parcial para a crise iminente da agricultura; a energia nuclear representa o mesmo para a energia. Mas as duas coisas já se tornaram quase tão preocupantes quanto carcinogênicos para os adeptos da pureza, que são em número cada vez maior e dão voz a uma ansiedade ecológica cada vez maior.

Essa ansiedade é coerente, até racional, numa época em que tem se revelado que muitos produtos industrializados americanos feitos com aveia, incluindo flocos e cereais matinais, contêm o pesticida Roundup, que já foi associado ao câncer, e em que o Serviço Meteorológico Nacional emite elaboradas diretrizes sobre quais máscaras cirúrgicas são realmente úteis para proteger da fumaça dos incêndios que engolfam quase toda a América do Norte. Nada mais intuitivo, em outras palavras, que impulsos de pureza estejam em crescimento em nossa cultura, destinados a se espalhar para o interior desde a periferia cultural, conforme a ansiedade ecológica apocalíptica também se expande.

Mas consumo consciente e bem-estar são ambos pretextos, derivados da promessa básica do neoliberalismo: de que as escolhas do consumidor podem substituir a ação política, associando identidade a virtude política; de que o objetivo final mútuo das forças de mercado e das forças políticas deveria ser a aposentadoria efetiva das políticas contenciosas trazidas pelo consenso do mercado, algo que substituiria a disputa ideológica; e que, nesse ínterim, entre as gôndolas do supermercado ou as prateleiras das lojas de departamentos, podemos fazer bem ao mundo simplesmente comprando certo.

O termo "neoliberalismo" virou palavrão, na esquerda, apenas depois da Grande Recessão. Antes disso, na maior parte do tempo, era mera descrição: do poder crescente dos mercados, particularmente os financeiros, sobre as democracias liberais do Ocidente ao longo da segunda metade do século xx; e do consenso centrista fortalecido nos países comprometidos com a disseminação desse poder, na forma de privatização, desregulação, políticas tributárias favoráveis às corporações e promoção do livre-comércio.

Esse programa foi vendido, por cinquenta anos, com promessas de crescimento — e crescimento não apenas para alguns. Nesse sentido, foi uma espécie de filosofia política total, estendendo uma lona ideológica única, simples e tão ampla que envolveu a Terra como um enorme manto de gases de efeito estufa.

Foi total também de outros modos, incapaz de se ajustar para discriminar significativamente entre experiências tão divergentes quanto a Inglaterra pós-crise e Porto Rico pós-furacão Maria, ou admitir os próprios defeitos, paradoxos e pontos cegos, propondo em vez disso apenas mais neoliberalismo. É assim que as forças que desencadearam a mudança climática — a saber, "a sabedoria do mercado sem regulação" — foram não obstante apresentadas como as que salvariam o planeta de sua devastação. É dessa forma que o "filantrocapitalismo", que busca aliar o lucro aos benefícios humanos, está substituindo a propaganda enganosa da filantropia moral entre os muito ricos; como os vencedores da economia do tudo-ou-nada usam a filantropia para sustentar o próprio status; como o "altruísmo eficaz", que mede até a caridade sem fins lucrativos pelo padrão do retorno financeiro, transformou a cultura da caridade para bem além da classe dos bilionários; e como a "economia moral", uma cunha retórica que outrora expressava uma crítica radical do capitalismo, virou a marca registrada de capitalistas do bem, como Bill Gates. Também é assim, no outro extremo da cadeia alimentar, que os cidadãos penalizados são conclamados a ser empreendedores, na verdade, a demonstrar seu valor como cidadãos com o trabalho duro do empreendedorismo, num sistema social extenuante definido acima de tudo pela competição implacável.

Essa é a crítica da esquerda, pelo menos — e está, a seu modo, indiscutivelmente correta. Mas neutralizando o conflito e a competição pelo livre mercado, o neoliberalismo também ofertou ao palco mundial um novo modelo de fazer negócio, por assim dizer — modelo que não emergiu da rivalidade incessante entre as nações-Estado, tampouco levou a ela.

Não confundamos correlação com causação, principalmente após tanto tumulto sobrevir à Segunda Guerra Mundial que é difícil isolar a causa única do que quer que seja. Mas a ordem cooperativa internacional que imperou a partir de então, estabelecendo ou pelo menos emergindo em paralelo com a paz relativa e a prosperidade abundante, coincide historicamente de forma muito precisa com o reinado da globalização e o império do capital financeiro que hoje agrupamos no neoliberalismo. E se fôssemos inclinados a confundir correlação com causação, há uma teoria bastante intuitiva e plausível que as conecta. Os mercados podem ser problemáticos, por assim dizer, mas também valorizam a paz e a estabilidade e, *ceteris paribus*, o crescimento econômico confiável. Na forma desse crescimento, o neoliberalismo prometeu uma recompensa para a cooperação, efetivamente transformando, pelo menos na teoria, competições de soma zero em colaborações de soma positiva.

O neoliberalismo nunca cumpriu o acordo, como enfim revelou a crise financeira. O que deixou a bandeira retórica de uma sociedade afluente em expansão e enriquecimento contínuos — e a economia política orientada para esses fins — consideravelmente esfarrapada. Os que continuam a segurá-la no alto estão muito mais mal das pernas do que parecia razoável imaginar há apenas uma ou duas décadas, como atletas repentinamente fora de forma. O aquecimento global promete mais um golpe, possivelmente letal. Se Bangladesh inunda e a Rússia lucra, o resultado não será bom para a causa do neoliberalismo — e, podemos argumentar, pior ainda para a causa do internacionalismo liberal, que sempre foi seu ajudante de ordens.

Que tipo de política deverá nascer depois que a promessa do crescimento morrer? Todo um panteão de possibilidades se apresenta diante de nós, inclusive de que novos acordos comerciais sejam construídos na infraestrutura moral da mudança climática, com o comércio passando a depender de cortes de emissões e com sanções como punição por comportamento carbônico estouvado; ou de que um novo regime legal global surja, suplementando ou talvez até suplantando o princípio central dos direitos humanos que impera mundialmente, pelo menos na teoria, desde o fim da Segunda Guerra Mundial. Mas o neoliberalismo nos foi vendido como uma proposta de cooperação de soma positiva de todos os tipos, e o termo em si sugere o regime de seu sucessor natural: a política de soma zero. Hoje, não precisamos sequer perscrutar o futuro, ou achar que ele será desfigurado pela mudança climática, para saber como seria. Na forma do tribalismo doméstico, do nacionalismo no estrangeiro e do terrorismo conflagrado com a brasa dos Estados falidos, esse futuro, ou uma amostra preliminar dele, já está aqui. Agora, é só esperar pelas tempestades.

Se o neoliberalismo é o deus que fracassou na mudança climática, que jovens deuses terá semeado? Essa é a questão levantada por Geoff Mann e Joel Wainwright em *Climate Leviathan: A Political Theory of Our Planetary Future* [Leviatã Climático: Uma teoria política de nosso futuro planetário], em que fazem uma releitura de Thomas Hobbes para delinear o que percebem como a forma política mais provável a evoluir da crise do aquecimento e dos males de seus impactos.

Em seu *Leviatã*, Hobbes narrou a falsa história do consenso político para ilustrar o que via como o acordo fundamental do poder estatal: o povo abre mão de sua liberdade em troca da proteção oferecida por um rei. O aquecimento global sugere um mesmo acordo para os candidatos a ditador: em um mundo com novos perigos, os cidadãos trocarão as liberdades por segurança, estabilidade e algum seguro contra as perdas climáticas, dando origem, afirmam Mann e Wainwright, a uma nova forma de soberania para travar batalhas contra a nova ameaça do mundo natural. Essa nova soberania não será nacional, mas planetária — o único poder capaz de responder a uma ameaça mundial.

Mann e Wainwright são esquerdistas, e seu livro é em parte um chamado às armas, mas o soberano planetário ao qual o mundo se voltará mais provavelmente, dizem eles com pesar, é o que nos vendeu a mudança climática, para começo de conversa — ou seja, o neoliberalismo. Com efeito, um neoliberalismo além do neoliberalismo, um verdadeiro Estado mundial preocupado quase exclusivamente com o fluxo do capital — preocupação que dificilmente faz dele um dos mais aptos a lidar com os danos e degradações da mudança climática, mas sem que sua posição de autoridade pague preço algum por isso. Esse é o "Leviatã Climático" do título, embora os autores não acreditem que seu sucesso seja inevitável. De fato, eles enxergam também três variações possíveis. Juntas, as quatro categorias compõem uma matriz de futuro climático, traçada ao longo dos eixos da fé relativa no capitalismo (por um lado) e o grau de apoio à soberania do Estado-nação (por outro).

"Leviatã Climático" é o quadrante definido por uma relação positiva com o capitalismo e uma perspectiva negativa quanto à soberania nacional. Algo como a presente situação resulta no que chamam de um "Behemoth Climático", definido pelo apoio mútuo ao capitalismo e ao Estado-nação: o capitalismo atropela as fronteiras mundiais para enfrentar a crise planetária e ao mesmo tempo defende seus interesses.

O seguinte é chamado de "Mao Climático", um sistema definido por líderes supostamente benévolos, mas autoritários e anticapitalistas, exercendo sua autoridade dentro das fronteiras das nações como existem hoje.

O último quadrante é o inferior direito — um sistema internacional disposto negativamente tanto em relação ao capitalismo como à soberania dos Estados-nação. Esse sistema se definiria como garantidor da estabilidade e da segurança — assegurando ao menos uma distribuição de recursos em nível de subsistência, protegendo contra as devastações dos eventos climáticos extremos e policiando as inevitáveis irrupções de conflitos por causa das commodities de comida, água e terra, agora ainda mais preciosas. Ele também acabaria com as fronteiras entre as nações, admitindo apenas sua própria soberania e poder. Eles chamam essa possibilidade de "X Climático" e depositam muita fé nela: uma aliança global operando em nome de uma humanidade comum, mais do que dos interesses do capital ou das nações. Mas há também uma versão mais sombria — podemos terminar com um déspota planetário ao estilo mafioso e um governo global não calcado no modelo caritativo, mas funcionando como um descarado esquema de extorsão.

Na teoria, ao menos. É justo dizer que já temos no mínimo dois líderes "Mao Climáticos" em cena, ambos avatares imperfeitos do arquétipo: Xi Jinping e Vladimir Putin, menos anticapitalistas do que capitalistas de Estado. Eles também sustentam pontos de vista bem diferentes sobre o futuro climático e sobre como lidar com ele, o que sugere mais uma variável, além da forma de governo: a ideologia climática. É assim que Angela Merkel e Donald Trump, ambos operando dentro do sistema "Behemoth Climático", podem não obstante parecer estar a mundos de distância — embora o passo de tartaruga em relação ao uso do carvão na Alemanha sugira que não estejam a sistemas solares de distância.

Com a China e a Rússia, o contraste ideológico é mais claro. Putin, comandante de um petro-Estado que também calha de ser, haja vista sua geografia, uma das poucas nações na Terra que possivelmente se beneficiará do aquecimento contínuo, não vê benefício algum em restringir as emissões de carbono ou deixar a economia mais verde — seja russa ou mundial. Xi, hoje líder perpétuo da superpotência global em ascensão, parece sentir obrigações mútuas com a prosperidade crescente do planeta e com a saúde e segurança de seu povo — que, vale lembrar, é numeroso.

Graças a Trump, a China se tornou um líder muito mais enfático — ou pelo menos mais estridente — em energia verde. Mas os incentivos não necessariamente sugerem que fará jus a sua retórica. Em 2018, foi publicado um estudo esclarecedor que comparava a probabilidade de um país sofrer com os impactos econômicos da mudança climática a seu grau de responsabilidade no aquecimento global, medido em emissões de carbono. O destino da Índia exemplificava a lógica moral da mudança climática em seu aspecto mais grotesco: com a expectativa de ser, de longe, o país mais duramente atingido no mundo, sofrendo quase duas vezes mais que o segundo colocado, a parcela indiana de sofrimento climático foi quatro vezes maior do que sua parcela de culpa climática. A China está na situação oposta: sua parcela de culpa é quatro vezes maior do que sua parcela de sofrimento. O que, infelizmente, significa que o país pode ficar tentado a tirar o pé de sua revolução energética. Os Estados Unidos, revelou o estudo, representavam um caso de inexplicável equilíbrio cármico: as expectativas de sofrimento climático equiparam-se quase perfeitamente a sua parcela de emissões de carbono global. Não que as parcelas sejam pequenas; na verdade, de todas as nações do mundo, prevê-se que os Estados Unidos serão o segundo mais atingido.

Por décadas a ascensão da China foi uma profecia ansiosa invocada tão regular e prematuramente que os ocidentais, sobretudo os americanos, podem ser perdoados por acreditar que não passava de alarme falso — uma expressão da insegurança ocidental, antes uma premonição do colapso do que uma previsão bem fundamentada de qual nova potência poderia surgir, e quando. Mas na questão da mudança climática, a China está praticamente com todas as cartas na mão. Na medida em que o mundo como um todo necessita de um clima estável para perdurar ou prosperar, seu destino será determinado muito mais pela trajetória do carbono nos países em desenvolvimento do que pelos rumos de Estados Unidos e Europa, onde as emissões já estabilizaram e provavelmente começarão em breve a declinar — embora quão dramático o declínio, e quão breve, seja uma questão ainda sem resposta. E embora o que chamamos de "terceirização de carbono" signifique que uma ampla fatia das emissões chinesas se deve à fabricação de bens de consumo para americanos e europeus. Essas gigatoneladas de carbono são responsabilidade de quem? A questão pode não continuar por muito mais tempo meramente retórica, se os acordos de Paris renderem uma estrutura de gestão rigorosa do carbono global, como pretendiam fazer, e acrescentarem, ao longo do caminho, um mecanismo de sanção apropriado, seja militar ou outro.

Como e com que rapidez a China faz sua transição de economia industrial para pós-industrial, como e com que rapidez ela transforma em verde a indústria remanescente, como e com que rapidez remodela as práticas agrícolas e a dieta, como e com que rapidez orienta as preferências de consumidor de suas classes média e alta em crescimento acelerado no sentido contrário da intensificação do carbono — não são apenas essas coisas que irão determinar a forma climática do século XXI. Os rumos adotados na Índia e no resto da Ásia Meridional, na Nigéria e no resto da África subsaariana fazem muita diferença. Mas a China, no momento, é a maior dessas nações, e de longe a mais rica e poderosa. Por meio de sua Iniciativa do Cinturão e Rota, o país já se posicionou como um fornecedor importante, em alguns casos o principal fornecedor, da infraestrutura de indústria, energia e transporte em grande parte do resto do mundo em desenvolvimento. E é relativamente fácil imaginar, no fim de um século chinês, um consenso global intuitivo se solidificando — de que o país com a maior economia do mundo (logo o maior responsável pela produção de energia do planeta) e com mais pessoas (logo o maior responsável pela saúde pública e pelo bem-estar da humanidade) deveria ter algo além de uma autoridade estritamente nacional sobre as políticas climáticas do resto da "comunidade de nações", que se conformaria a ela.

Todos esses cenários, mesmo os mais desanimadores, pressupõem algum novo equilíbrio político. Há também, é claro, a possibilidade de desequilíbrio — ou o que de hábito chamaríamos de "desordem" e "conflito". Essa é a análise proposta por Harald Welzer em *Climate Wars* [Guerras climáticas], que prevê um "renascimento" do conflito violento nas décadas por vir. Seu evocativo subtítulo é *Por quais motivos as pessoas serão mortas no século XXI*.

Nas esferas locais o colapso político já é um efeito bastante comum da crise climática — chamado simplesmente de "guerra civil". E tendemos a analisá-lo em termos ideológicos — como fizemos em Darfur, na Síria, no Iêmen. Colapsos desse tipo tendem a permanecer tecnicamente "locais", e não verdadeiramente "globais", embora em tempos de crise climática seria ainda mais fácil para eles se espalhar para além das antigas fronteiras do que foi no passado recente. Em outras palavras, um mundo completamente *Mad Max* não assoma no horizonte, uma vez que nem a mudança climática catastrófica será capaz de minar todo o poder político — na verdade, ela vai produzir alguns vencedores, relativamente falando. Alguns deles com exércitos de tamanho considerável e Estados policiais em rápida expansão — a China hoje localiza criminosos em shows de música pop com softwares de reconhecimento facial e emprega drones de espionagem doméstica que são indistinguíveis de pássaros. Não é um aspirante a império disposto a tolerar terras sem lei dentro de sua esfera.

Regiões *Mad Max* em outros cantos é assunto diferente. De certo modo, já estão por aqui, em partes da Somália, do Iraque ou do Sudão do Sul em momentos diversos na última década, incluindo aqueles em que a geopolítica do planeta parecia, vista de Los Angeles ou Londres, estável. A ideia de "ordem mundial" sempre foi uma espécie de ficção, ou ao menos aspiração, mesmo conforme as forças conjuntas do internacionalismo liberal, da globalização e da hegemonia americana nos conduziam gradativamente em sua direção no último século. Muito provavelmente, ao longo do próximo século, a mudança climática reverterá esse curso.

História depois do progresso

Que a história seja uma narrativa que se move numa única direção é um dos credos mais inabaláveis do Ocidente moderno — tendo sobrevivido, muitas vezes apenas com ligeiras modificações, aos contra-argumentos representados por séculos de genocídios e gulags, fomes, epidemias e conflitos mundiais, produzindo taxas de mortalidade na casa das dezenas de milhões. O poder dessa narrativa domina de tal forma a imaginação política dos povos que injustiças e desigualdades grotescas, raciais ou não, são com frequência invocadas não como motivo para pôr em dúvida o arco da história, mas como um lembrete de sua forma — em outras palavras, talvez não devêssemos ficar tão incomodados com esses problemas, uma vez que a história "se move na direção certa" e as forças do progresso estão, para recorrer a uma metáfora heterogênea, "do lado certo da história". De qual lado está a mudança climática?

Do seu próprio lado — ou ao sabor das próprias ondas. Nada de bom no mundo ficará mais abundante, ou se espalhará ainda mais, com o aquecimento global. A lista de coisas ruins que irão se proliferar é inumerável. E, nessa era de crise ecológica que se inicia, já podemos ler toda uma literatura recente profundamente cética — propondo não só que a história pode andar de ré, mas também que todo projeto de povoamento humano e civilização que conhecemos por "história" e que nos trouxe a mudança climática foi na verdade uma corrente de jato invertida. À medida que os horrores climáticos se acumularem, essa perspectiva antiprogresso com certeza vai prosperar.

Algumas Cassandras já estão de plantão. Em *Sapiens: Uma breve história da humanidade,* seu relato do ponto de vista de um alienígena sobre a ascensão da civilização humana, o historiador Yuval Noah Harari sugere que ela pode ser mais bem compreendida como uma sucessão de mitos, a começar pelo de que a invenção da agricultura, no que ficou conhecida como a Revolução Neolítica, constituiu um progresso ("Não domesticamos o trigo. Ele nos domesticou", sentencia Harari). Em *Against the Grain,* o cientista político e antropólogo da anarquia James C. Scott oferece uma crítica mais incisiva do mesmo período: o cultivo do trigo, defende, é responsável pela chegada do que hoje entendemos por poder de Estado e, com ele, da burocracia, da opressão e da desigualdade. Essas já não são versões alternativas do que você provavelmente viu no ensino médio sobre a revolução agrícola, que segundo aprendemos marcou o real começo da história. Os humanos modernos existem há cerca de 200 mil anos, mas a agricultura, há apenas cerca de 12 mil anos — uma inovação que pôs fim à caça e a coleta, ensejando o surgimento de cidades e estruturas políticas e, com elas, o que entendemos hoje por "civilização". Mas até Jared Diamond — cujo *Armas, germes e aço* traça um panorama ecológico e geográfico da ascensão do Ocidente industrial, e cujo *Colapso* é uma espécie de texto precursor da onda recente de reconsiderações — chama a Revolução Neolítica de "o maior equívoco na história da raça humana".

O raciocínio nem mesmo se baseia em nada que veio a seguir: a industrialização e os combustíveis fósseis ou a destruição que eles ameaçam causar ao planeta e à frágil civilização brevemente erguida em sua traiçoeira superfície. O argumento contra a civilização, afirma essa nova classe de céticos, na verdade se presta muito mais à agricultura: a vida sedentária proporcionada pela agricultura acabou levando a povoamentos mais densos, mas as populações permaneceram sem se expandir por milênios depois disso: o crescimento potencial graças à agricultura foi contrabalançado por novos níveis de doença e guerra. Esse não foi um breve e doloroso interlúdio, ao longo do qual os humanos passaram a um novo tempo de abundância, mas sim uma história de discórdia que prosseguiu por muito tempo — de fato, até hoje. Continuamos em grande parte do mundo mais baixos, mais doentes e morrendo mais cedo do que nossos ancestrais caçadores-coletores, que além disso eram, a propósito, zeladores muito melhores desse planeta onde todos vivemos. E cuidaram dele por muito mais tempo — quase a totalidade daqueles 200 mil anos. Essa era épica, outrora menosprezada como "pré-história", responde por cerca de 95% da história humana. Durante quase metade do tempo, os humanos cruzaram o planeta sem deixar marca significativa. O que faz a história da feitura de marcas — toda a história da civilização, toda a história que entendemos por história — parecer menos um crescendo inevitável do que uma anomalia ou hiato. E faz da industrialização e do crescimento econômico, as duas forças que de fato deram ao mundo moderno a sensação vertiginosa de progresso material, um hiato dentro de um hiato. Um hiato dentro de um hiato que nos deixou à beira da catástrofe climática sem fim.

James Scott aborda o assunto como um antiestadista radical, próximo ao fim de uma longa carreira produzindo obras genuinamente cintilantes de dissidência acadêmica, com títulos como *The Art of Not Being Governed* [A arte de não ser governado], *Domina-*

tion and the Arts of Resistance [Dominação e as artes da resistência] e *Two Cheers for Anarchism* [Dois vivas para o anarquismo]. A abordagem de Harari é mais estranha, mas também mais reveladora — uma reconsideração radical de nossa fé coletiva no progresso humano, publicada e devorada em meio a uma crise ecológica produzida por nós mesmos. Harari conta de forma comovente como a decisão de sair do armário moldou seu ceticismo sobre metanarrativas humanas tão onipresentes quanto a heterossexualidade e o progresso; e, embora sua especialização seja história militar, ele conquistou a projeção popular, sendo elogiado por Bill Gates, Barack Obama e Mark Zuckerberg como uma espécie de denunciador de mitos. A explicação central é a seguinte: a sociedade sempre foi ligada por ficções coletivas, não menos hoje do que em eras anteriores, e valores como progresso e racionalidade tomam hoje o lugar outrora assumido pela religião e a superstição. Harari é historiador, mas sua visão de mundo enxerta a pretensão de ciência no ceticismo filosófico de pensadores de contracorrente tão diversos quanto David Hume e John Gray. Poderíamos também enumerar toda a linha de teóricos franceses, de Lyotard a Foucault e além.

"Essa narrativa histórica que imperou em nosso mundo nas últimas décadas é o que poderíamos chamar de Conto Liberal", escreveu Harari em 2016, um mês antes da eleição de Donald Trump, em um ensaio que tanto previa a eleição de Trump como delineava o que isso significaria para a fé coletiva no establishment. "Foi um conto simples e atraente, mas agora está desmoronando, e até o momento nenhum outro apareceu para preencher o vácuo."

Se eliminamos a percepção de progresso da história, o que resta?
De onde estamos, é difícil, quando não impossível, ver com clareza o que emergirá das nuvens de incerteza em torno do aque-

cimento global — que formas permitimos à mudança climática assumir, e menos ainda o que essas formas farão conosco. Mas não será necessário um aquecimento nos parâmetros do pior cenário para trazer devastações drásticas o bastante para mexer com a sensação casual de que, conforme o tempo avança, a vida inelutavelmente melhora. É provável que essas devastações comecem rápido: novos litorais, afastados das cidades submersas; milhões de refugiados afluindo de sociedades desestabilizadas para sociedades vizinhas já sofrendo com o esgotamento de recursos; as últimas centenas de anos, que muitos no Ocidente viam como uma simples linha de progresso e crescente prosperidade, traduziram-se em lugar disso num prelúdio ao sofrimento climático coletivo. Como exatamente entendemos a forma da história em um tempo de mudança climática será moldado pelo quanto fazemos para evitar essa mudança e pelo quanto permitimos que ela remodele tudo em nossa vida. Enquanto isso, as possibilidades se esparramam de forma tão extravagante quanto as cores de um círculo cromático.

Ainda não sabemos muito sobre como os humanos, antes do surgimento da agricultura, dos Estados e da "civilização", viam o curso da história — embora fosse um dos passatempos favoritos dos primeiros filósofos imaginar a vida interior dos povos pré-civilizados, desde "sórdida, bruta e breve" a idílica, despreocupada, livre.

Outra perspectiva, que oferece mais um modelo da história, é a cíclica: derivada do calendário agrícola, da teoria grega estoica da *ekpyrosis* e do "ciclo dinástico" chinês, e apropriada para a era moderna por pensadores aparentemente tão teleológicos quanto Friedrich Nietzsche, que fez dos ciclos do tempo uma parábola moral, com seu "eterno retorno"; Albert Einstein, que considerou a possibilidade de um modelo "cíclico" do universo; Arthur Schlesinger, que viu a história americana como períodos alternados de "propósito público" e "interesse privado"; e Paul

Michael Kennedy, em sua circunspecta lição de história para o fim da Guerra Fria, *Ascensão e queda das grandes potências*. Talvez os americanos hoje vejam a história como progressiva apenas porque cresceram na época de seu império, mais ou menos tomando emprestada a perspectiva britânica da época de seu próprio império.

Mas não é provável que a mudança climática produza um retorno nítido ou completo a uma visão cíclica da história, pelo menos no sentido pré-moderno — em parte porque nada é absolutamente nítido na era introduzida pelo aquecimento. O resultado mais provável é uma perspectiva muito mais bagunçada, com a teleologia rebaixada de sua posição como teoria organizadora, unificadora, e, em seu lugar, narrativas contraditórias do progresso se propagando desenfreadas, como animais soltos de uma jaula e movendo-se em todas as direções ao mesmo tempo. Mas se o planeta atingir 3ºC, 4ºC ou 5ºC de aquecimento, o mundo será convulsionado por sofrimento humano numa tal escala — muitos milhões de refugiados, aumento de 50% nas guerras, secas e fomes e o crescimento econômico impossibilitado em grande parte do planeta — que seus cidadãos terão dificuldade em enxergar o passado recente como o curso de um progresso ou mesmo uma fase em um ciclo, ou na verdade qualquer outra coisa que não uma genuína e substancial reversão.

A possibilidade de que nossos netos possam viver para sempre entre as ruínas de um mundo mais rico e mais pacífico parece quase inconcebível do ponto de vista presente, tal é o modo como continuamos sujeitados à propaganda do progresso humano e do aperfeiçoamento geracional. Mas é claro que isso foi um aspecto relativamente comum da história humana antes do advento da industrialização. Foi a experiência dos egípcios após a invasão dos povos do mar e dos incas após Pizarro; a experiência dos mesopotâmicos após o Império Acadiano e dos chineses após a dinastia Tang. Foi — de forma tão notória que virou uma caricatura, a qual depois gerou décadas de crítica retórica — a experiência dos europeus após a queda de Roma. Mas, nesse caso, a idade das trevas chegaria a uma geração da luz — perto o bastante para se tocarem e partilharem histórias, bem como culpa.

É nesse sentido que a mudança climática é descrita como uma vingança do tempo. "O clima artificial nunca é produzido no presente", escreve Andreas Malm em *The Progress of this Storm* [O progresso desta tempestade], seu influente esboço de teoria política para a era da mudança climática. "O aquecimento global é resultado de ações no passado."

Essa é uma formulação exemplar e ilustra vividamente tanto a escala como o escopo do problema, que surge como produto de muitos e longos séculos de queima de carbono que também produziram a maior parte do que consideramos hoje os confortos da vida moderna. Nesse sentido, a mudança climática faz de todos nós prisioneiros da Revolução Industrial, sugerindo um modelo carcerário da história — o progresso detido pelas consequências do comportamento de outrora. Mas, embora a crise climática tenha sido engendrada no passado, foi sobretudo no passado recente; e em que medida isso transforma o mundo de nossos netos está sendo decidido não na Manchester do século XIX, mas hoje e nas décadas por vir.

A mudança climática também vai nos lançar precipitadamente, desorientados, em um futuro desconhecido — tão adiante, se seguir desgovernada, e em um futuro tão distante que mal podemos imaginar a escala. Esse não é o "choque tecnológico" que os vitorianos vivenciaram ao se deparar pela primeira vez com o ritmo acelerado do progresso e sentirem-se subjugados pela quantidade de mudanças numa única geração — embora também estejamos ficando familiarizados com esse tipo de mudança. Está mais para a veneração sentida por aqueles naturalistas contemplando a grandiosidade histórica da Terra, mais antiga que a antiguidade, e chamando-a de tempo profundo.

Mas a mudança climática inverte a perspectiva — proporcionando-nos não um tempo profundo de permanência, mas um tempo profundo de mudança em cascata, desnorteante, tão profundo que zomba de qualquer pretensão de permanência no planeta. Lugares como Miami Beach, construída há apenas algumas décadas, vão desaparecer, assim como inúmeras instalações militares erguidas pelo mundo afora desde a Segunda Guerra Mundial para defender e assegurar a riqueza que lhes deu origem. Cidades bem mais antigas, como Amsterdam, também sofrem ameaça de inundação, com uma infraestrutura extraordinária sendo necessária já hoje para manter a cidade acima da água, uma infraestrutura indisponível para defender os templos e aldeias de Bangladesh. Terras aráveis que produziram as mesmas linhagens de grãos ou uvas por séculos se adaptarão, se derem sorte, a culturas completamente novas; na Sicília, celeiro do mundo antigo, os fazendeiros já começam a se dedicar a frutas tropicais. O gelo ártico que se formou ao longo de milhões de anos será liberado como água, literalmente mudando a face do planeta e remodelando as rotas mercantes responsáveis pela própria ideia de globalização. E migrações em massa separarão comunidades de milhões de pessoas — até mesmo dezenas de milhões — de seus lares ancestrais, que desaparecerão para sempre.

Por quanto tempo os ecossistemas da Terra serão lançados na transformação e no caos por conta da mudança climática antropogênica também depende de quanta mudança mais decidiremos causar — e talvez do quanto seremos capazes de desfazer. Mas o aquecimento no nível necessário para derreter completamente mantos de gelo e geleiras e elevar o nível do mar em mais de uma centena de metros promete dar início a mudanças devastadoras, radicalmente transformativas, numa escala de tempo medida não em décadas, séculos ou mesmo milênios, mas em milhões de anos. Nessa cronologia, toda a duração da civilização humana se traduz, para efeitos práticos, num acréscimo a posteriori; e a duração muito maior da mudança climática se torna a eternidade.

Ética no fim do mundo

As cidades gêmeas de San Ignacio e Santa Elena, em Belize, ficam a oitenta quilômetros do litoral e quase oitenta metros acima do nível do mar, mas o climatologista alarmista Guy McPherson não se mudou para lá — para uma fazenda na selva que cerca as cidades — por medo da água. Outras coisas vão chegar primeiro, diz; ele já não alimenta esperanças de sobreviver à mudança climática e acredita que o resto de nós deveria fazer o mesmo. Os humanos estarão extintos em dez anos, diz ele pelo Skype; quando pergunto a sua companheira, Pauline, se pensa a mesma coisa, ela ri. "Eu diria dez meses." Isso foi há dois anos.

McPherson começou sua carreira como biólogo conservacionista na Universidade do Arizona, onde, conforme menciona várias vezes, foi efetivado aos 29 anos; e onde, conforme também menciona várias vezes, era vigiado pelo que chama de "Estado Profundo", desde 1996; e também onde, em 2009, foi obrigado a deixar seu departamento por causa de um novo chefe. Ele já trabalhava em uma propriedade rural no Novo México — com a esposa, de quem se separou — e se mudou em 2016 para a selva na

América Central, para morar com Pauline e praticar poliamor em outra propriedade chamada Stardust Sanctuary Farm.

Na última década, principalmente pelo YouTube, McPherson conquistou o que Bill McKibben chama, num eufemismo, de "seguidores". Hoje em dia, McPherson viaja bastante, dando palestras sobre a "extinção humana a curto prazo", termo que se orgulha de ter cunhado e que abrevia como NTHE [*near-term human extinction*]; mas cada vez mais tem se dedicado a promover oficinas sobre o que fazer com a informação de que o mundo está acabando. As oficinas são chamadas Só o Amor Permanece e oferecem o equivalente a uma espécie de milenarismo pós-teológico, lições familiares legadas pela velha Nova Era. A metalição é que deveríamos extrair tanto sentido da consciência da morte iminente da espécie quanto, segundo o Dalai Lama, extraímos da consciência de que nossa morte pessoal é iminente — isto é, compaixão, reverência e, acima de tudo, amor. Esses valores não são má escolha para a construção de um modelo ético e, com algum esforço, quase dá para vislumbrar um ideal cívico erigido com base neles. Mas para os que veem o planeta à beira de um precipício de crises e de atribulações bíblicas, eles também justificam recuar da política — na verdade, do clima, o quanto possível — em nome de um quietismo hedonista ambíguo.

Em outras palavras, até o último fio do bigode, McPherson parece a familiar figura à margem da sociedade — um tipo suspeito. Mas por quê? Definimos por tanto tempo, por décadas se não séculos, vaticínios sobre o colapso da civilização ou o fim do mundo como prova de insanidade, e as comunidades que brotaram em torno disso como "cultos", que hoje somos incapazes de levar a sério sinais de alerta — especialmente quando os que soam o alarme também "desistiram". Não há nada que o mundo moderno abomine mais do que um derrotista, mas esse preconceito provavelmente não sobreviverá à progressão do aquecimento. Se a crise climática se desenrolar como previsto, nossos tabus contra os profetas da desgraça cairão por terra, à medida que novos cultos emergem e o pensamento cultista se infiltra em setores da cultura oficial. Como o mundo provavelmente não vai acabar e a civilização é quiçá mais resiliente do que crê McPherson, a degradação inequívoca do planeta inspirará muitos outros profetas como ele, cujos avisos sobre o apocalipse ambiental iminente parecerão razoáveis para muitas pessoas razoáveis.

Isso acontece em parte porque eles têm certa dose de razão, mesmo hoje. Se você deseja um resumo das más notícias sobre o clima, pode começar com o feito por McPherson em seu site, Nature Bats Last [A natureza tem a última tacada] (no momento, com a informação: "Atualização mais recente, provavelmente a última vez, em 2 de agosto de 2016"). Impresso, são 68 páginas de parágrafos densos. No material todo há caracterizações equivocadas de pesquisas sérias e links para posts de blogs históricos e sem credenciais apresentados como referências de ciência sólida. Há simples erros de interpretação de coisas como os ciclos de retroalimentação climáticos, que podem se somar de forma preocupante, mas não são "multiplicativos", como McPherson afirma; acusações contra grupos climáticos meramente moderados de terem o rabo preso politicamente; e, de forma desordenada, o endosso de algumas observações que se revelaram furadas (ele está preocupadíssimo, por exemplo, com aqueles "arrotos da morte" de metano serem liberados todos ao mesmo tempo, possibilidade que os especialistas rejeitaram há cerca de cinco anos). Mas mesmo nesse clube de leitura dos alarmistas há ciência real suficiente para provocar alarme real: um bom resumo do efeito albedo, um conjunto útil de leituras rigorosas dos mantos árticos, essas folhas de chá do desastre climático.

Em todo o documento, o estilo intelectual é paranoico — a massa impressionante de dados às vezes substitui, às vezes ofusca, o esqueleto da lógica causal que deveria conferir à massa de informação uma estrutura analítica. Esse tipo de raciocínio prospera na internet, alimentando-se de nossa idade de ouro das teorias da conspiração, uma besta insaciável que mal começou a se banquetear com o clima. Talvez você já conheça a forma que esse pensamento assume no extremo de negação climática do espectro político. Mas ele também deixou sua marca na periferia do ambientalismo, assim como foi com John B. McLemore, o carismático declinista ambiental, gay não assumido e sulista renegado cujo suicídio, motivado por pânico planetário, foi documentado no podcast *S-Town*. "Às vezes chamo de conhecimento tóxico", Richard Heinberg, do Post Carbon Institute, onde McLemore era comentarista, afirmou. "Depois que você *aprende* sobre superpopulação, metas de aquecimento não cumpridas, esgotamento de recursos, mudança climática e a dinâmica do colapso social, não dá mais pra *desaprender*, e tudo que você pensa em seguida é contaminado por isso."

McPherson não tem muita clareza sobre como exatamente todos esses problemas levarão à extinção — ele supõe que algo como uma crise de alimentos ou o colapso financeiro destruirá a civilização primeiro e, no fim, com ela, a humanidade. É preciso uma imaginação apocalíptica para visualizar isso acontecendo daqui a apenas uma década, sem dúvida. Mas, considerando as tendências básicas, cabe também perguntar por que o restante de nós não está imaginando as coisas de forma mais apocalíptica.

Sem dúvida é o que faremos, e em breve. Já podemos ver os primeiros brotos de um grande florescimento de esoterismos climáticos em figuras como McLemore e McPherson — ou "homens", já que quase todos são — e, mais além, toda uma safra de escritores e pensadores que parecem, em sua antecipação dos desastres iminentes, quase saudar as forças do apocalipse.

Em alguns casos, estão literalmente torcendo. Alguns, como McLemore, são o Travis Bickle da crise climática, à espera do aguaceiro que vai lavar a escória do mundo. Mas existem também as Polianas do aquecimento global, como o ecologista Chris D. Thomas, que defende que, na verdade, nesse vácuo em tempo real da sexta extinção em massa, "a natureza prospera" — inventando novas espécies, esculpindo novos nichos ecológicos. Alguns tecnólogos e seus fãs vão além, sugerindo que devemos descartar nosso viés em relação ao presente — mesmo no sentido geológico atenuado do termo "presente" — e adotar em vez disso um otimismo climático quase taoista, envolto em camadas de um molde futurista. Como a jornalista sueca Torill Kornfeld se pergunta em *The Re-Origin of Species* [A reorigem das espécies], seu livro sobre a corrida por "desextinguir" criaturas como dinossauros e mamutes lanudos: "Por que a natureza como é hoje deveria ter algum valor maior do que o mundo natural de 10 mil anos atrás ou do que as espécies que existirão daqui a 10 mil anos?".

Mas para a maioria que vislumbra uma crise climática em andamento e intui uma metamorfose mais completa do mundo por vir, a visão é desanimadora, com frequência composta de peças juntadas do perene imaginário escatológico herdado de textos apocalípticos como o Livro do Apocalipse, a inescapável fonte bibliográfica da ansiedade ocidental com o fim do mundo. De fato, esses delírios, que Yeats mais ou menos traduziu para um público secular em "The Second Coming" [A segunda vinda], predominaram de tal forma na paisagem imagética ocidental — tornando-se algo como o papel de parede gnóstico de nossa vida interior burguesa — que muitas vezes esquecemos que foram escritos originalmente como profecias em tempo real, visões do que estava por vir e do que seria do mundo, dentro de uma geração.

O mais destacado desses novos gnósticos do clima talvez seja o escritor britânico Paul Kingsnorth, cofundador, face pública e poeta laureado do Dark Mountain Project, uma comunidade informal de renúncia composta por ambientalistas descontentes cujo nome é uma referência ao escritor americano Robinson Jeffers, em particular seu poema de 1935, "Rearmamento", que termina da seguinte forma:

> *Eu queimaria minha mão direita em fogo lento*
> *Para mudar o futuro... tolamente, é o que faria. A beleza do homem*
> *Moderno não está nas pessoas, mas no*
> *Ritmo desastroso, nas pesadas e móbeis massas, na dança das*
> *Massas seguindo sonhos montanha negra abaixo.*

Jeffers foi, por um tempo, uma celebridade literária nos Estados Unidos — famoso também por um caso amoroso noticiado no *Los Angeles Times* e por edificações de granito no litoral da Califórnia chamadas Tor House e Hawk Tower, que construiu com as próprias mãos. Mas é conhecido hoje principalmente como um profeta do repúdio à civilização e pela filosofia que chamou sem rodeios de "inumanismo": em suma, a convicção de que os humanos estavam preocupados demais com a sua condição e o seu lugar no mundo, e não com a majestade natural do cosmos inumano em que por acaso se encontravam. O mundo moderno, acreditava ele, piorava o problema.

Edward Abbey adorava a obra de Jeffers, e Charles Bukowski o considerava seu poeta favorito. Os grandes fotógrafos americanos do mundo natural — Anselm Adams, Edward Weston — também foram influenciados por ele; e em *Uma era secular*, o filósofo Charles Taylor identificou Jeffers, junto com Nietzsche e Cormac McCarthy, como uma figura importante do que chamou de "anti-humanismo imanente". Em sua obra mais atacada, "The

Double Axe" [O machado duplo], Jeffers expôs esse ponto de vista pela boca de um único personagem, "O Inumanista", que descreveu "uma mudança da ênfase e importância no homem para o não homem; a rejeição do solipsismo humano e o reconhecimento da magnificência transumana". Seria uma revolução de perspectiva genuína, ele escreveu, que "sugere o distanciamento razoável como regra de conduta, em vez de amor, ódio e inveja".

Esse distanciamento forma o princípio central do Dark Mountain — embora melhor seria dizer "impulso". Provavelmente, vai inspirar muitos outros grupos de renegados ambientais ao longo das próximas décadas, se o aquecimento global tornar o espetáculo geral da vida na Terra cada vez mais insuportável para alguns, mesmo que pela mídia. "Os que testemunham em primeira mão o colapso social extremo raramente descrevem alguma revelação profunda sobre as verdades da existência humana", começa o manifesto do grupo. "O que mencionam, se alguém lhes pergunta, é sua surpresa ao constatar como é fácil morrer. O padrão da vida ordinária, em que tanta coisa continua a mesma de um dia para o outro, disfarça a fragilidade de seu tecido."

Nesse manifesto, escrito por Kingsnorth e Dougald Hine e publicado em 2009, o grupo identifica Joseph Conrad como seu padrinho intelectual, em especial pela maneira como caçoou das ilusões autocentradas da civilização europeia em seu auge industrial-colonial. Eles citam Bertrand Russell recapitulando Conrad, afirmando que o autor de *Coração das trevas* e *Lord Jim* "pensava na vida humana civilizada e moralmente tolerável como uma caminhada perigosa numa crosta fina de lava mal resfriada, que a qualquer momento poderia romper e engolir o incauto em suas profundezas ardentes". Seria uma imagem vívida para brandir em qualquer era, mas especialmente numa época que se aproximasse de um colapso ecológico. "Acreditamos que as raízes dessas crises residem nas histórias que contamos a nós mesmos", escreveram

Kingsnorth e Hine — a saber, "o mito do progresso, o mito da centralidade humana e o mito de nossa separação da 'natureza'". Todos eles, acrescentam, "são ainda mais perigosos pelo fato de esquecermos que são mitos".

Na verdade, é quase difícil pensar em algo que não será alterado simplesmente pela percepção da mudança iminente, indo da maneira como os casais contemplam a possibilidade de filhos até a estrutura de incentivo político. E não precisamos chegar a ponto da extinção humana ou do colapso da civilização para que o niilismo e a mania de juízo final prosperem — basta se distanciar o suficiente do que nos é familiar para uma massa crítica de profetas carismáticos enxergar o colapso à vista. Pode ser reconfortante achar que a massa crítica é muito grande e que as sociedades não serão viradas de cabeça para baixo pelo niilismo, a menos que o niilismo se torne a visão convencional do cidadão médio. Mas o juízo final também vem comendo pelas beiradas, corroendo a infraestrutura das coisas como cupins.

Em 2012, Kingsnorth publicou um novo manifesto, ou pseudomanifesto, na revista *Orion*, chamado "Dark Ecology". Nesse meio-tempo, ficou cada vez menos esperançoso. "Ecologia Negra" abre com epígrafes de Leonard Cohen e D. H. Lawrence — "Pegue a única árvore que restou/ Enfie no buraco em sua cultura" e "Retire-se para o deserto e lute", respectivamente — e pega embalo de fato na segunda seção, que abre da seguinte forma: "Andei lendo recentemente os escritos coligidos de Theodore Kaczynski. Temo que possam mudar minha vida".

Ao todo, o ensaio, que inspirou uma enorme reação dos leitores da *Orion*, é uma espécie de argumento em defesa de Kaczynski, o panfletário contra Kaczynski, o terrorista — que Kingsnorth descreve não como niilista, nem sequer pessimista, mas um observador incisivo cujo problema era o excesso de otimismo, um homem empenhado na ideia de que a sociedade podia ser mudada. Kingsnorth está mais para um verdadeiro estoico. "E assim me pergunto: o que, nesse momento da história, não seria uma perda de tempo?"

Ele oferece cinco respostas hesitantes. Os números 2 a 4 são variações de novos temas transcendentalistas: "preservar a vida não humana", "sujar as mãos" e "insistir que a natureza tem valor além da utilidade". As de número 1 e 5 são as mais radicais e compõem um par: "recuar" e "construir refúgios". A última é o imperativo mais positivo, no sentido de sermos construtivos, ou que passa por algo construtivo em tempos de colapso: "Você consegue pensar, ou agir, como o bibliotecário de um mosteiro na Idade das Trevas, guardando velhos livros enquanto os impérios lá fora nascem e morrem?".

"Recuar" é a metade mais sombria da mesma advertência:

> Se fizer isso, um monte de gente vai chamá-lo de "derrotista", de "maluco do juízo final" ou afirmar que você está "esgotado". Vão lhe dizer que tem a obrigação de trabalhar pela justiça climática ou pela paz mundial ou pelo fim do mal em toda parte, e que "lutar" é sempre melhor do que "desistir". Ignore essas pessoas e participe de uma tradição prática e espiritual muito antiga: recuar da batalha. Recue não com cinismo, mas com a mente inquisitiva. Recue de modo que possa se permitir ficar em silêncio e sentir, intuir, conceber o que é certo para você e do que a natureza pode precisar. Recuar pela recusa em ajudar a máquina a avançar — uma recusa em engatar um pouco mais seu mecanismo — é uma posição profundamente moral. Recue porque a ação nem sempre é mais eficaz do que a inação. Recue para examinar sua visão de mundo: a cosmologia, o paradigma, as suposições, a direção da viagem. Toda mudança real começa com o recuo.

É um éthos, ao menos. E com pedigree. O que a uma primeira leitura pode parecer uma reação radical a um novo momento de crise é na verdade uma retomada da longa e múltipla tradição ascética, que vai do jovem Buda aos santos estilitas e além. Mas, ao contrário da versão convencional, em que o impulso ascético afasta o indivíduo dos prazeres mundanos e o aproxima do significado espiritual do sofrimento, o recuo de Kingsnorth, como o de McPherson, é o recuo de um mundo convulsionado pelo sofrimento espiritual, em direção a uma vida de pequenos consolos terrenos. Nesse sentido, é uma performance em escala grandiosa do reflexo profilático mais geral compartilhado por nós, quase todos, em relação ao sofrimento — ou seja: aversão, simplesmente. E com que finalidade? Não é possível que eu sinta a angústia dos outros e a urgência da ação apenas por intermédio do "mito" da civilização — é?

O Dark Mountain está à margem. Guy McPherson está à margem. John B. McLemore, idem. Mas uma das ameaças da catástrofe climática é que suas linhagens de niilismo ecológico talvez encontrem eco na massa do juízo convencional — e que suas premonições possam lhe parecer familiares é sinal de que parte dessa ansiedade e desespero já começa a penetrar no modo como tantos outros pensam sobre o futuro do mundo. Na internet, a crise climática deu origem ao que é chamado de "ecofascismo" — um movimento "absolutamente necessário", que também flerta com a supremacia branca e prioriza as necessidades climáticas de um grupo particular. Na esquerda, há uma admiração crescente pelo autoritarismo climático de Xi Jinping.

Nos Estados Unidos, o impulso individualista que leva ao separatismo ambiental costuma ser domínio quase exclusivo dos extremistas de direita — Cliven Bundy e sua família, por exemplo, e todos os colonos arrogantes que o país mitificou de forma simplista nos séculos após os assentamentos e as guerras por terra. Talvez como reação, o ambientalismo liberal cresceu principalmente numa direção mais prática, tendendo a um engajamento maior, e não o contrário. Ou pode ser que simplesmente reflita as demandas particulares dessa causa: formar uma comunidade de renúncia e correr o risco de ver aqueles a quem você renunciou fazendo justamente o que você mais temia e desencadeando mudanças no planeta das quais você não tem como escapar.

Mas esse pragmatismo traz suas próprias curiosidades — por exemplo, que muitos, mesmo entre os que se definem como tecnocratas práticos da crença de centro-esquerda ambientalista, acreditam que para evitar a mudança climática catastrófica é necessário uma mobilização global na escala da Segunda Guerra Mundial. Eles têm razão — é uma avaliação perfeitamente sóbria sobre o tamanho do problema, que um grupo nada afeito ao alarmismo como o IPCC endossou em 2018. Mas é também uma ambição tão incompatível com o imediatismo da política em quase todos os cantos do mundo que é difícil não recear o que vai ocorrer quando essa mobilização não acontecer — para o planeta, mas também para os comprometimentos políticos dos mais engajados no problema. Os que clamam por uma mobilização em massa já, recordam — eles podem ser considerados tecnocratas ambientais. À sua esquerda estão os que não enxergam nenhuma solução além da revolução política. E mesmo esses ativistas são acuados, hoje, pelos textos de alarmismo climático, do qual você talvez sinta que até o livro em suas mãos é um exemplo. Nada mais justo que pense assim, porque estou mesmo alarmado.

Não estou sozinho. E de que forma o alarme generalizado moldará nossos impulsos éticos em relação aos outros, e a política que emerge desses impulsos, está entre as questões mais profundas que o clima apresenta à população do planeta. Podemos compreender, sob esse prisma, por que os ativistas californianos ficaram tão frustrados com seu governador, Jerry Brown, mesmo ele tendo criado um programa climático de ambição insuperável, quando deixava o cargo — porque ele não agiu com agressividade bastante para aposentar a capacidade de combustíveis fósseis existente. Também ajuda a explicar a frustração com outros líderes, de Justin Trudeau, que se apropriou do manto retórico da ação climática, mas também aprovou diversos oleodutos canadenses, a Angela Merkel, que presidiu uma expansão empolgante da capacidade energética verde da Alemanha, mas também aposentou sua energia nuclear tão rapidamente que parte da capacidade não utilizada foi aproveitada pelas usinas sujas existentes. Para o cidadão médio de cada um desses países, a crítica pode parecer extrema, mas surge de um cálculo muito lúcido: o mundo dispõe, na melhor das hipóteses, de cerca de três décadas para se descarbonizar por completo antes que os horrores climáticos realmente devastadores comecem. Não existem soluções parciais para uma crise tão imensa.

Nesse meio-tempo, o pânico ambiental, assim como o desespero, continua a crescer. Nos últimos anos, conforme um clima sem precedentes e a pesquisa incessante recrutaram mais vozes para o exército do pânico ambiental, uma árida competição terminológica surgiu entre especialistas, com o objetivo de cunhar uma nova linguagem esclarecedora — à maneira do "conhecimento tóxico" de Richard Heinberg ou do "trágico malthusiano" de Kris Bartkus — para dar forma epistemológica à reação desmoralizante, ou desmoralizada, do resto do mundo. À esperada indiferença ambiental do consumidor moderno, a filósofa e ativista Wendy Lynne Lee deu o nome de "econiilismo". O "niilismo climático" de Stuart Parker dói menos no ouvido. Bruno Latour, insubordinado por natureza, chama a ameaça do meio ambiente em fúria agravada pela indiferença política de "regime climático".

Também temos o "fatalismo climático" e o "ecocídio" e o que Sam Kriss e Ellie Mae O'Hagan, fazendo a crítica psicanalítica do insistente otimismo para consumo público dos defensores da causa ambiental, chamaram de "futilitarismo humano":

> Acontece que o problema não é a superabundância de humanos, mas uma escassez de humanidade. A mudança climática e o Antropoceno são o triunfo de uma espécie zumbi, um arrastado e estúpido avanço rumo à extinção, mas isso é apenas uma imitação distorcida do que realmente somos. É por isso que a depressão política é importante: mortos-vivos não se entristecem e com certeza não se sentem desamparados; simplesmente existem. A depressão política é, na raiz, a experiência de uma criatura impedida de ser ela mesma; a despeito de toda sua destrutividade, a despeito de toda sua debilidade, é um brado de protesto. Sim, os depressivos políticos sentem que não sabem ser humanos; sepultado sob o desespero e a insegurança, há algo importante. Se a humanidade é a capacidade de agir significativamente em nosso meio, então não somos, ou ainda não somos, humanos.

O romancista Richard Powers aponta para um diferente tipo de desespero, a "solidão da espécie", que identifica não como a impressão deixada em nós pela degradação ambiental, mas o que nos inspira, vendo a marca que estamos deixando, a continuar seguindo adiante: "a sensação de que estamos aqui sozinhos e de que não pode haver ato significativo a não ser para nos satisfazer". Como que inaugurando uma ala mais acomodacionista do Dark Mountain, ele sugere um afastamento do antropocentrismo que não é bem um recuo da civilização moderna: "Temos de nos descegar para o excepcionalismo humano. Eis o verdadeiro desafio. A menos que a saúde das florestas seja nossa saúde, nunca chegaremos a ir além do apetite como fonte de motivação do mundo. O desafio excitante", ele diz, é deixar as pessoas "conscientes do mundo vegetal".

Em sua grandeza de aspirações, todos esses termos sugerem a possibilidade holística de uma nova filosofia e uma nova ética, trazidas à existência por um novo mundo. Uma pilha de livros populares recentes visa fazer o mesmo com seus títulos tão lamentosos que poderíamos ver suas lombadas como as contas de um rosário. O exemplo mais austero deve ser *Learning to Die in the Anthropocene* [Aprendendo a morrer no Antropoceno], de Roy Scranton. Nele, o autor, um veterano da Guerra do Iraque, escreve: "O maior desafio que enfrentamos é filosófico: compreender que esta civilização já morreu". Seu livro de ensaios subsequente é *We're Doomed. Now What?* [Estamos condenados. E agora?].

Todas essas obras pressagiam uma guinada apocalíptica, seja literal, cultural, política ou ética. Mas outra guinada também é possível, até provável, e talvez ainda mais trágica, em sua óbvia plausibilidade: que a preponderância de nossos reflexos em face da altercação humana vai na direção oposta, rumo à aclimatização.

Eis o torque estridente abafado pela expressão aparentemente insípida da "apatia climática", que de outro modo pode soar meramente descritiva: que mediante o apelo ao nativismo, ou pela lógica das realidades orçamentárias, ou nos contorcionismos perversos do "merecimento", que reduzem nossos círculos de empatia, ou simplesmente fazendo vista grossa quando conveniente, encontraremos maneiras de engendrar uma nova indiferença. Perscrutando o futuro a partir do promontório do presente, com o planeta aquecido em 1°C, o mundo a 2°C de aquecimento parece saído de um pesadelo — e o mundo a 3°C, 4°C, 5°C, ainda mais grotesco. Mas talvez uma maneira de conseguirmos nos orientar por esse caminho sem cair no desespero coletivo seja normalizar perversamente o sofrimento climático no mesmo ritmo que o aceleramos, uma vez que presenciamos tanta dor humana ao longo dos séculos que estamos sempre buscando conciliar o que está logo adiante de nós, depreciando o que ficou para trás e esquecendo — despreocupadamente — tudo que já dissemos sobre o caráter moral absolutamente inaceitável das condições do mundo que vivenciamos no momento presente.

IV. O PRINCÍPIO ANTRÓPICO

E se estivermos errados? Ironicamente, décadas de negação e desinformação climáticas fizeram do aquecimento global não uma mera crise ecológica, mas uma altíssima aposta na legitimidade e validade da ciência e do próprio método científico. É uma aposta que a ciência só pode ganhar perdendo. E nesse teste do clima, o tamanho da amostra é apenas um indivíduo.

Ninguém quer ver o desastre chegando, mas quem o procura, vê. A ciência do clima chegou a essa conclusão assustadora não por acaso e não com satisfação, mas descartando sistematicamente toda explicação alternativa para o aquecimento observado — ainda que esse aquecimento observado seja mais ou menos o que seria de esperar dada apenas a compreensão rudimentar do efeito estufa sugerida por John Tyndall e Eunice Foote na década de 1850, quando a América atingia seu primeiro pico industrial. O que nos resta é um conjunto de previsões que podem parecer refutáveis — sobre temperaturas globais, elevação do nível do mar e até frequência de furacões e volume dos incêndios florestais. Mas, feitas as contas, a questão do quanto as coisas irão piorar não é de fato um teste para a ciência; é uma aposta na diligência humana. Quanto faremos para protelar o desastre, e com que rapidez?

São as únicas questões que importam. Claro que ainda existem ciclos de retroalimentação que não compreendemos e processos de aquecimento dinâmicos que os cientistas ainda não identificaram com precisão. Porém, na medida em que vivemos hoje sob nuvens de incerteza quanto à mudança climática, essas nuvens são projeções não da ignorância coletiva sobre o mundo natural, mas da cegueira em relação ao mundo humano, e podem ser dispersadas pela ação do homem. É isso que significa viver além do "fim da natureza" — é a ação humana que vai determinar o clima do futuro, não sistemas que estão além do nosso controle. E é por esse motivo, a despeito da inequívoca clareza da ciência preditiva, que todos os esboços de cenários climáticos que aparecem neste livro são acompanhados de ressalvas: *possivelmente*, *talvez*, *provavelmente* etc. O retrato de sofrimento que se apresenta é, assim espero, aterrorizante. Também é inteiramente opcional. Se permitirmos ao aquecimento global continuar e nos castigar com toda a ferocidade com que o alimentamos, será porque optamos por esse castigo — indo coletivamente a caminho do suicídio. Se o evitarmos, será porque optamos por tomar um rumo diferente e resistir.

Essas são as lições desconcertantes e contraditórias do aquecimento global, que aconselha tanto humildade como grandeza humana, ambas extraídas de uma mesma percepção do perigo. O sistema climático que deu origem à espécie humana, e a tudo que entendemos por civilização, é tão frágil que foi levado à beira da total instabilidade por uma única geração de atividade humana. Mas essa instabilidade também é uma medida do poder humano que a engendrou, quase por acidente, e que agora deve refrear os danos, em um tempo igualmente breve. Se os humanos são os responsáveis pelo problema, devem ser capazes de desfazê-lo. Temos um nome idiomático para os que detêm o destino do mundo em suas mãos, como nós: deuses. Mas, por ora, ao menos, a maioria de nós parece mais inclinada a fugir dessa responsabilidade do que assumi-la — ou até admitir que a vemos, embora esteja tão diante de nós quanto o volante do carro.

Em vez disso, entregamos a tarefa às gerações futuras, aos sonhos de tecnologias mágicas, aos políticos indiferentes que travam uma espécie de batalha protelada e lucrativa. É por isso que este livro também está tão carregado de "nós", por mais soberbos que soem. O fato de que a mudança climática abarca a tudo e a todos significa que estamos todos em seu caminho e que devemos todos compartilhar a responsabilidade, para não compartilhar o sofrimento — ao menos não uma parte tão imensa e sufocante dele.

Não sabemos a exata forma que esse sofrimento assumiria, não podemos prever com certeza exatamente quantos acres de floresta serão queimados todo ano no próximo século, liberando no ar séculos de carbono armazenado; ou como inúmeros furacões vão arrasar cada ilha do Caribe; ou onde as megassecas provavelmente produzirão fomes em massa primeiro; ou qual será a primeira grande epidemia a ser produzida pelo aquecimento global. Mas sabemos o suficiente para ver, mesmo hoje, que o novo mundo em que estamos pisando será tão alheio ao nosso que poderia ser um planeta inteiramente diverso.

Em 1950, na hora do almoço em Los Alamos, o físico italiano Enrico Fermi, um dos arquitetos da bomba atômica, viu-se envolvido numa conversa sobre óvnis com Edward Teller, Emil Konopinski e Herbert York — tão envolvido que seu pensamento foi longe e, quando voltou, muito depois de o assunto ter morrido, perguntou: "Mas cadê todo mundo?". A história hoje entrou para o folclore da ciência, a interjeição conhecida como paradoxo de

Fermi: se o universo é tão grande, por que não encontramos sinais de outra forma de vida inteligente nele?

A resposta pode ser tão simples quanto o clima. Em nenhum lugar do universo conhecido há um único planeta como este para produzir o tipo de vida que conhecemos, como filhos únicos de Fermi. O aquecimento global torna a proposição ainda mais precária. Por toda a janela histórica em que a vida humana evoluiu, quase todo o planeta permaneceu, do ponto de vista do clima, bastante confortável para nós; foi assim que conseguimos chegar aqui. Mas nem sempre foi assim, nem mesmo na Terra, onde já não estamos confortáveis, e ficamos cada vez menos. Nenhum humano viveu em um planeta tão quente e vai ficar ainda mais quente. Falando sobre esse futuro próximo, diversos cientistas do clima com quem conversei propuseram o aquecimento global como uma solução para o problema de Fermi. A duração de vida natural de uma civilização pode ser de apenas alguns milhares de anos, e a duração de vida de uma civilização industrial, compreensivelmente, de apenas algumas centenas de anos. Em um universo com muitos bilhões de anos de idade, com sistemas estelares separados tanto no tempo como no espaço, as civilizações podem emergir e se desenvolver e, depois, se exaurir antes que tenham oportunidade de fazer contato.

O paradoxo de Fermi foi chamado de o "Grande Silêncio" — gritamos para o universo e não ouvimos eco, nem resposta. O economista iconoclasta Robin Hanson chama isso de "o Grande Filtro". Civilizações inteiras, afirma a teoria, estão sendo encerradas no aquecimento global como insetos em uma tela. "As civilizações surgem, mas existe um filtro ambiental que as leva a encolher outra vez e desaparecer assaz rapidamente", conforme me contou Peter Ward, o carismático paleontólogo — e um dos responsáveis por descobrir que as extinções em massa no planeta foram causadas pelos gases do efeito estufa. "A filtragem que houve no passado aconteceu nessas extinções em massa." A extinção em massa que estamos atravessando hoje apenas começou; há muito mais morte por vir.

A busca por vida alienígena sempre foi alimentada pela aspiração à importância humana em um vasto cosmos indiferente: queremos ser vistos para saber que existimos. O incomum é que, ao contrário da religião, do nacionalismo ou das teorias da conspiração, a fantasia alienígena não põe os humanos no centro de uma grande narrativa. Na verdade, tira nosso lugar — nesse sentido, é uma espécie de sonho copernicano. Quando Copérnico declara que a Terra gira em torno do Sol, por um breve momento sente-se sob os holofotes do universo, mas, por fazer a descoberta, confia a humanidade inteira à relativa periferia. Isso é o que meu sogro, descrevendo o que acontece com os homens no nascimento dos filhos e dos netos, chama de "teoria do anel exterior", e ela mais ou menos condensa o significado de qualquer encontro alienígena imaginado: de repente os humanos são atores principais em um drama de escala quase inconcebível, cuja lição duradoura, infelizmente, é que somos zés-ninguém — ou, na melhor das hipóteses, bem menos únicos e importantes do que pensávamos. Quando os astronautas a bordo da *Apolo 8* vislumbraram a Terra pela primeira vez da cápsula que os transportava pelo espaço — viram o planeta pela primeira vez, apenas sua metade iluminada, ao passarem além da superfície da Lua —, entreolharam-se e gracejaram sobre o mundo que os lançara em órbita: "Aquilo é habitado?".

Em anos recentes, com os telescópios apontados para ainda mais longe, os astrônomos descobriram legiões de planetas como o nosso, muitos mais do que seria de esperar há uma geração. Isso levou a um corre-corre para revisar os termos da expectativa estabelecidos por Frank Drake, no que é conhecido hoje como a equação de Drake — que constrói uma previsão quanto à possibilidade de vida extraterrestre a partir de hipóteses sobre quantos planetas possivelmente capazes de sustentar a vida de fato sustentam a vida, quantos deles desenvolvem vida inteligente e quantos emitiriam sinais detectáveis dessa inteligência no espaço.

E há muitas teorias, além do Grande Filtro, sobre o porquê de não ficarmos sabendo de mais ninguém. Há a "hipótese do zoológico", que sugere que os alienígenas estão apenas nos observando, sem interferir, por ora, presumivelmente até atingirmos seu nível de sofisticação; e algo como seu inverso — que não temos notícia dos alienígenas porque são eles que estão adormecidos, num sistema civilizacional composto por cápsulas criogênicas como as que vemos nas espaçonaves da ficção científica, aguardando enquanto o universo evolui para uma forma mais adequada a suas necessidades. Já em 1960 o físico e polímata Freeman Dyson propunha que talvez fôssemos incapazes de encontrar vida extraterrestre em nossos telescópios porque civilizações avançadas deviam ter literalmente se isolado do resto do espaço — encasulando sistemas solares inteiros em megaestruturas projetadas para capturar a energia de uma estrela central, um sistema tão eficaz que, de outras partes do universo, não pareceria brilhar. A mudança climática sugere outro tipo de esfera, fabricada não graças à maestria tecnológica, mas antes de tudo pela ignorância, depois a indolência, depois a indiferença — uma civilização se suicidando num envoltório gasoso, um carro ligado numa garagem fechada.

O astrofísico Adam Frank chama esse tipo de pensamento de "astrobiologia do Antropoceno" em seu *Light of the Stars* [A luz das estrelas], que aborda a mudança climática, o futuro do planeta e o modo como zelamos por ele da perspectiva do universo — "pensar como um planeta", ele diz. "Não estamos sozinhos. Não somos os primeiros", escreve Frank nas páginas iniciais de seu livro. "*Isso* — querendo dizer tudo que vemos em torno em nosso projeto civilizatório — muito provavelmente aconteceu milhares, milhões ou talvez até trilhões de vezes antes."

O que soa como uma parábola de Nietzsche é na verdade apenas uma explicação sobre o significado de "infinito" e de como o conceito torna pequenos e insignificantes os humanos e tudo que fazemos pelo universo afora. Em um artigo recente nada convencional escrito com o climatologista Gavin Schmidt, Frank foi mais além, sugerindo até que pode ter havido civilizações industriais avançadas de algum tipo na história profunda do planeta, perdidas num passado tão remoto que suas ruínas teriam se reduzido a pó sob nossos pés muitas eras atrás, deixando-as permanentemente invisíveis para nós. A função do artigo era fazer um experimento mental, indicando o pouco que podemos realmente saber por meio da arqueologia e da geologia, não uma afirmação séria sobre a história do planeta.

Também era para ser inspiradora. Frank queria propor o que acredita ser uma perspectiva empoderadora de que nosso "projeto de civilização" é profundamente frágil e de que devemos tomar medidas extraordinárias para protegê-lo. Ambas as afirmações são verdadeiras, mas, mesmo assim, pode ser um pouco difícil ver as coisas sob esse prisma. Se houve de fato trilhões de outras civilizações como esta, em um lugar qualquer do universo e incluindo possivelmente algumas dispersas pelo pó da terra, nesse caso — sejam quais forem as lições de zeladoria que pudermos tirar delas — não é bom presságio para a nossa ainda não termos encontrado vestígios de uma única sobrevivente.

É um tanto desesperador depender de "trilhões" — na verdade, depender de uma matemática um tanto especulativa. Algo que vale mais ainda para o trabalho de alguém tentando "resolver" a equação de Drake, como muitos fazem. Esse projeto, que me parece menos com classificar a natureza do universo em uma lousa do que brincar com números, trabalha com base em postulados quase arbitrários com tamanha confiança que, ao ver o universo se afastando de suas predições, você prefere acreditar que ele está ocultando alguma informação muito importante — a saber, sobre todas as civilizações que podem ter morrido e desaparecido — do que acreditar que se equivocou em suas suposições. A mudança climática de curto prazo, drástica, repito, deve inspirar tanto humildade como grandeza, mas essa abordagem drakeana me parece de algum modo tanto entender a lição direito como de trás para a frente: supõe com acerto que os termos de seu experimento mental devam governar o sentido do universo, porém é incapaz de imaginar que os humanos consigam criar para si um destino excepcional dentro dele.

O fatalismo exerce forte atração em tempos de crise ecológica, mas, mesmo assim, é uma curiosa peculiaridade do Antropoceno que a transformação do planeta pela mudança climática antropogênica tenha produzido tanto fervor pelo paradoxo de Fermi e tão pouco por seu contraponto filosófico, o princípio antrópico. Esse princípio vê a excepcionalidade humana não como um enigma a ser desvendado, mas como a peça central de uma visão do cosmos narcisista ao extremo. É o mais perto que a física da teoria das cordas pode nos trazer de um egocentrismo empoderador: por mais improvável que possa parecer uma civilização inteligente ter surgido em uma vastidão de gás sem vida, e por mais solitários que pareçamos estar no universo, na verdade algo como o mundo onde vivemos e o mundo que construímos são uma espécie de inevitabilidade lógica, haja vista simplesmente o fato de estarmos aqui para fazer essas perguntas — porque apenas um universo compatível com nosso tipo de vida consciente produziria alguma coisa capaz de contemplá-lo desse jeito.

Isso é uma parábola feita de uma fita de Möbius, uma espécie de tautologia engenhosa, mais do que uma verdade baseada estritamente em dados observáveis. Contudo, creio, é bem mais útil do que Fermi ou Drake para pensarmos sobre a mudança climática e o desafio existencial de solucioná-la nas poucas décadas adiante. Há uma única civilização de que temos conhecimento, e ela continua por aí, viva — por ora, ao menos. Por que desconfiar de nossa excepcionalidade ou optar por compreendê-la apenas pressupondo o ocaso iminente? Por que não nos sentirmos empoderados por ela?

A sensação de sermos especiais no cosmos não é garantia de sermos bons zeladores. Mas serve para prestarmos atenção no que estamos fazendo com esse planeta especial. Não é preciso invocar uma lei imaginada do universo — de que todas as civilizações são camicases — para explicar a destruição. É preciso apenas olhar para as escolhas que fazemos, coletivamente; e coletivamente estamos, no presente momento, optando por destruí-lo.

Vamos parar algum dia? "Pensar como um planeta" é tão alheio às perspectivas da vida moderna — tão distante de pensar como um sujeito neoliberal em um impiedoso sistema competitivo — que a frase parece de início ouvida no jardim da infância. Mas raciocinar a partir dos primeiros princípios é válido quando se trata do clima; na verdade, é necessário, já que temos uma primeira chance de engendrar uma solução. Isso vai além de pensar como um planeta, porque o planeta vai sobreviver, por mais que o envenenemos; é pensar como povo, um povo único, cujo destino é compartilhado por todos.

O caminho que seguimos enquanto planeta deve aterrorizar todos os que vivem nele, mas, pensando como povo, todos os aportes relevantes estão sob nosso controle, e nenhum misticismo é exigido para interpretar ou controlar o destino da Terra — apenas aceitar a responsabilidade. Quando Robert Oppenheimer, chefe da equipe em Los Alamos, refletiu posteriormente sobre o significado da bomba, afirmou que o clarão do primeiro teste nuclear bem-sucedido o lembrou uma passagem do *Bhagavad Gita*: "Agora me tornei a morte, a destruidora de mundos". Mas essas famosas palavras foram ditas em uma entrevista, anos mais tarde, quando Oppenheimer passara a ser a consciência pacifista da era nuclear americana — pelo que, naturalmente, revogaram seu crachá de pessoal autorizado. Segundo seu irmão, Frank, que também estava lá quando Oppenheimer observava a detonação do dispositivo apelidado de "bugiganga", ele disse apenas: "Funcionou".

A ameaça da mudança climática é mais total do que a bomba. Também mais onipresente. Em um artigo de 2018, 42 cientistas do mundo todo advertiram que, em um cenário sem alteração, nenhum ecossistema da Terra estava seguro, com uma transformação "ubíqua e dramática", excedendo em apenas um ou dois séculos a quantidade de mudança ocorrida nos períodos mais dramáticos de transformação na história da Terra ao longo de dezenas de milhares de anos. Metade da Grande Barreira de Coral já morreu, o metano está vazando do *permafrost* ártico, que talvez nunca volte a congelar, e as estimativas extremas para o que o aquecimento significará para o plantio de cereais sugerem que apenas 4°C de aquecimento podem reduzir as safras em 50%. Se isso soa trágico, e deveria soar, considere que dispomos de todas as ferramentas necessárias, hoje, para impedir o desastre: um imposto de carbono e o aparelhamento político para eliminar agressivamente a energia suja; uma nova abordagem de práticas agrícolas e uma guinada na dieta mundial de carne e laticínios; e investimento público em energia verde e captura de carbono.

Porque as soluções são óbvias, e estão disponíveis, não significa que o problema não seja imenso. Não é um assunto que possa sustentar uma única narrativa, uma única perspectiva, uma única metáfora, um único humor. Isso vai se intensificar mais ainda nas décadas por vir, à medida que a assinatura do aquecimento global surge em mais e mais desastres, horrores políticos e crises humanitárias. Haverá aqueles que, como hoje, espumam contra os capitalistas dos combustíveis fósseis e seus facilitadores políticos; e outros que, como hoje, lamentam a miopia humana e condenam os excessos consumistas da vida contemporânea. Haverá aqueles que, como hoje, são ativistas incansáveis, lutando com abordagens tão diversas quanto litígios, legislação agressiva e protestos em pequena escala contra novos oleodutos; e resistência não violenta; e defensores dos direitos civis. E haverá aqueles que, como hoje, veem o sofrimento em cascata e afundam em inconsolável desespero. Haverá aqueles que, como hoje, insistem que existe um único modo de reagir à iminente catástrofe ecológica — um único modo produtivo, responsável.

Presumivelmente, não será um único modo. Mesmo antes da era da mudança climática, a literatura conservacionista ofereceu inúmeras alternativas de metáforas. James Lovelock nos deu a hipótese Gaia, que conjurou uma imagem do mundo como uma entidade quase biológica singular, em evolução. Buckminster Fuller popularizou a "espaçonave Terra", que apresenta o planeta como uma espécie de balsa de desesperados através do que Archibald MacLeish chamou de "a noite enorme e vazia"; hoje, a expressão sugere a imagem vívida de um mundo girando pelo sistema solar, a crosta recoberta pelas cracas das usinas de captura de carbono, em quantidade suficiente para efetivamente deter, ou até reverter, o aquecimento, restaurando como que por magia a respirabilidade do ar em meio às máquinas. A sonda espacial *Voyager 1* nos deu o "Pálido Ponto Azul" — a inescapável insignificância e fragilidade de todo o experimento em que nos engajamos, gostemos ou não. Pessoalmente, penso que a mudança climática em si oferece a imagem mais revigorante, na medida em que mesmo sua crueldade enaltece nossa sensação de poder, e ao fazê-lo conclama o mundo, como um só, à ação. Ao menos, assim espero. Mas esse é outro significado do caleidoscópio climático. Você pode escolher sua metáfora. Mas não pode escolher o planeta, o único que cada um de nós chamará de lar.

Agradecimentos

Se este livro tem algum valor, é devido ao trabalho dos cientistas que teorizaram pela primeira vez, depois documentaram, o aquecimento do planeta, e então começaram a examinar e explicar o que esse aquecimento poderia significar para o restante de nós que vivemos nele. Nessa lista de dívidas estão Eunice Foote e John Tyndall no século xix a Roger Revelle e Charles David Keeling, no século xx, e ela inclui todas as centenas de cientistas cujo trabalho aparece nas notas deste livro (e sem dúvida muitas centenas de outros, não mencionados aqui, que se dedicam seriamente à questão). Qualquer progresso que obtenhamos contra os ataques da mudança climática nas décadas por vir é graças a eles.

Tenho uma dívida pessoal com os cientistas, escritores especializados na questão climática e ativistas que foram particularmente generosos comigo com seu tempo e insights nos últimos anos — me ajudando a compreender suas pesquisas e apontando as descobertas de outros, consentindo com meus pedidos de entrevistas intermináveis ou discutindo o estado do planeta comigo em outros contextos públicos, correspondendo-se comigo ao longo do tempo e, em muitos casos, revisando o que escrevi, incluindo partes do texto deste livro, antes da publicação. São eles Richard Alley, David Archer, Craig Baker-Austin, David Battisti, Peter Brannen, Wallace Smith Broecker, Marshall Burke, Ethan D. Coffel, Aiguo Dai, Peter Gleick, Jeff Goodell, Al Gore, James Hansen, Katherine Hayhoe, Geoffrey Heal, Solomon Hsiang, Matthew Huber, Nancy Knowlton, Robert Kopp, Lee Kump, Irakli Loladze, Charles Mann, Geoff Mann, Michael Mann, Kate Marvel, Bill McKibben, Michael Oppenheimer, Naomi Oreskes, Andrew Revkin, Joseph Romm, Lynn Scarlett, Steven Sherwood, Joel Wainwright, Peter D. Ward e Elizabeth Wolkovich.

Quando escrevi pela primeira vez sobre a mudança climática, em 2017, me baseei também na crucial assistência de pesquisa de Julia Mead e Ted Hart. Sou grato, também, a todas as reações a essa história que foram publicadas em outros lugares — especialmente por Genevieve Guenther, Eric Holthaus, Farhad Manjoo, Susan Mathews, Jason Mark, Robinson Meyer, Chris Mooney e David Roberts. Isso inclui todos os cientistas que revisaram este trabalho para o site Climate Feedback, conferindo minha história linha por linha. Preparando este livro para publicação, Chelsea Leu o revisou ainda mais atenta e incisivamente, e não tenho como lhe agradecer o bastante.

Este livro não teria vindo à luz sem a visão, orientação, sabedoria e paciência de Tina Bennett, a quem devo uma vida de agradecimentos. E não teria se tornado um livro de verdade sem a acuidade, o brilho e a fé de Tim Duggan, e o trabalho enormemente útil de Molly Stern, Dyana Messina, Julia Bradshaw, William Wolfslau, Aubrey Martinson, Julie Cepler, Rachel Aldrich, Craig Adams, Phil Leung e Andrea Lau, bem como Helen Conford na Penguin em Londres.

Sou grato a todos com quem trabalhei na revista *New York Magazine*, por todo seu encorajamento e apoio ao longo do caminho. Isso vale especialmente para meus chefes Jared Hohlt, Adam Moss e Pam Wasserstein, e David Haskell, meu editor, amigo e parceiro de conspiração. Outros amigos e companheiros de conspiração também me ajudaram a refinar e repensar o projeto do livro, e a todos eles sou grato também: Isaac Chotiner, Kerry Howley, Hua Hsu, Christian Lorentzen, Noreen Malone, Chris Parris-Lamb, Willa Paskin, Max Read e Kevin Roose. Por um milhão de coisas inumeráveis, gostaria de agradecer também a Jerry Saltz e Will Leitch, Lisa Miller e Vanessa Grigoriadis, Mike Marino, Andy Roth e Ryan Langer, James Darnton, Andrew Smeall, Scarlet Kim e Ann Fabian, Casey Schwartz e Marie Brenner, Nick Zimmerman, Dan Weber, Whitney Schubert e Joey Frank, Justin Pattner e Daniel Brand, Caitlin Roper, Ann Clarke e Alexis Swerdloff, Stella Bugbee, Meghan O'Rourke, Robert Asahina, Philip Gourevitch, Lorin Stein e Michael Grunwald.

Meu melhor leitor, como sempre, é meu irmão, Ben; sem seus passos para seguir, quem sabe onde eu estaria. Inspirei-me também, de incontáveis maneiras, em Harry e Roseann, Jenn, Matt e Heather, e acima de tudo em minha mãe e meu pai, dos quais apenas um continua por aqui para ler este livro, no entanto devo a ambos, assim como tudo o mais.

Os últimos e maiores agradecimentos vão para Risa, meu amor, e para Rocca, meu outro amor — pelo último ano, pelos últimos vinte anos e pelos cinquenta ou mais que estão por vir. Vamos torcer para que sejam frescos.

Notas

Toda ciência é especulativa em algum grau, sujeita a alguma reconsideração ou revisão futura. Mas até que ponto é especulativa é algo que varia de ciência para ciência, de especialidade para especialidade, na verdade, de estudo para estudo.

No caso das pesquisas sobre mudança climática, tanto o fato do aquecimento global (cerca de 1,1°C desde que os humanos começaram a queimar combustíveis fósseis) como seu mecanismo (os gases de efeito estufa produzidos por aquele calor escaldante aprisionado, que se irradia pela atmosfera do planeta) estão, hoje, estabelecidos sem sombra de dúvida. Exatamente de que maneira esse aquecimento vai funcionar, ao longo das próximas décadas e séculos, é menos certo, não só porque não sabemos com que rapidez os humanos abandonarão sua dependência de combustíveis fósseis como também por não sabermos precisamente como o sistema climático vai se recalibrar em resposta às perturbações humanas. Mas as notas a seguir são, espero, um guia para a situação atual dessa ciência, além de constituir a bibliografia do livro.

I. CASCATAS [pp. 9-51]

p. 12, **cinco extinções em massa:** São as que puseram fim ao Ordoviciano, Devoniano, Permiano, Triássico e Cretáceo. Uma ótima história popular de cada uma pode ser encontrada em Peter Brannen, *The Ends of the World* (Nova York: HarperCollins, 2017).

p. 12, **86% de todas as espécies:** Esses números são estimativas, e diferentes estudos muitas vezes chegam a diferentes conclusões. Alguns textos sobre a extinção do Permiano, por exemplo, sugerem um nível de extinção baixo, de 90%, ao passo que outros chegam a 97%. Esses números em particular vêm do texto elementar da *Cosmos*, "The Five Big Mass Extinctions", https://cosmosmagazine.com/palaeontology/big-five-extinctions.

p. 12, **todas elas, com exceção da que matou os dinossauros:** Brannen, *The Ends of the World*.

p. 12, **começou quando o carbono aqueceu o planeta:** Há considerável debate sobre a mistura precisa de fatores ambientais (erupções vulcânicas, atividades microbianas, metano ártico) que levaram à extinção do Permiano, mas para um resumo da teoria de que a atividade vulcânica aqueceu o planeta e o aquecimento liberou metano, que acelerou esse aquecimento, ver Uwe Brand et al., "Methane Hydrate: Killer Cause of Earth's Greatest Mass Extinction", *Paleoworld* 25, n. 4 (dezembro de 2016): pp. 496-507, https://doi.org/10.1016/j.palwor.2016.06.002.

p. 12, **pelo menos dez vezes mais rápido:** "Taxas máximas de emissões de carbono tanto para o Máximo Térmico do Paleoceno-Eoceno e o fim do Permiano são de cerca de 1 bilhão de toneladas de carbono e no momento estamos em 10 bilhões de toneladas de carbono", contou-me Lee Kump, geocientista da Penn State, um dos principais especialistas mundiais em extinções em massa. "A duração de ambos os eventos foi bem mais longa do que a queima do combustível fóssil prosseguirá, e assim a quantidade total é inferior — mas não por um fator de dez. Por um fator de dois ou três".

p. 12, **Essa taxa é cem vezes mais rápida:** Jessica Blunden, Derek S. Arndt e Gail Hartfield, orgs., "State of the Climate in 2017", *Bulletin of the American Meteorological Society* 99, n. 8 (agosto de 2018), Si-S310, https://doi.org/10.1175/2018BAMSStateoftheClimate.1.

p. 12, **em qualquer outro momento nos últimos 800 mil anos:** Rob Moore, "Carbon Dioxide in the Atmosphere Hits Record High Monthly Average", Scripps Institution of Oceanography, 2 de maio de 2018. Como explica Moore: "Antes do início da Revolução Industrial, os níveis de CO_2 haviam flutuado por milênios, mas nunca excedido 300 ppm em nenhum momento nos últimos 800 mil anos", https://scripps.ucsd.edu/programs/keelingcurve/2018/05/02/carbon-dioxide-in-the-atmosphere-hits-record-high-monthly-average/.

p. 12, **até mesmo nos últimos 15 milhões de anos:** Ver, por exemplo, Aradhna K. Tripati, Christopher D. Roberts e Robert A. Eagle, "Coupling of CO_2 and Ice Sheet Stability over Major Climate Transitions of the Last 20 Million Years", *Science* 326, nº 5958 (dezembro de 2009): pp. 1394-7. "Na última vez que os níveis de dióxido de carbono estiveram aparentemente tão elevados quanto hoje — e se mantiveram nesses níveis —, as temperaturas globais eram de 5 a 10 graus Fahrenheit mais elevadas do que hoje", afirmou Tripati no comunicado à imprensa da UCLA sobre o estudo. "O nível do mar era aproximadamente de 75 a 120 pés [26 a 37 metros] mais alto do que hoje, não havia calota de gelo oceânico permanente no Ártico e muito pouco gelo na Antártica e na Groenlândia."

p. 12, **trinta metros acima:** Ibid.

p. 13, **mais da metade do carbono:** Carbon Dioxide Information Analysis Center, Oak Ridge National Laboratory, "Global, Regional, and National Fossil-Fuel CO_2 Emissions" (Oak Ridge, TN, 2017), https://doi.org/10.3334/CDIAC/00001_V2017. Cálculos e estimativas de emissões históricas variam, mas segundo o Oak Ridge National Laboratory, emitimos 1578 gigatoneladas de CO_2 de combustíveis fósseis desde 1751; desde 1989 o total é 820 gigatoneladas.

p. 13, **a proporção é de cerca de 85%:** Segundo o Oak Ridge, o número total desde 1946 é 1376 gigatoneladas, ou 87% de 1578.

p. 13, **Os cientistas haviam compreendido:** R. Revelle e H. Suess, "Carbon Dioxide Exchange Between Atmosphere and Ocean and the Question of an Increase of Atmospheric CO_2 During the Past Decades", *Tellus* 9 (1957), pp. 18-27.

p. 14, **transgredindo o limiar da concentração de carbono:** Ver, por exemplo, Nicola Jones, "How the World Passed a Carbon Threshold and Why It Matters", *Yale Environment 360*, 26 de janeiro de 2017, https://e360.yale.edu/features/how-the-world-passed-a-carbon-threshold-400ppm-and-why-it-matters.

p. 14, **uma média mensal de 411:** Scripps Institution of Oceanography, "Another Climate Milestone Falls at Mauna Loa Observatory", 7 de junho de 2018, https://scripps.ucsd.edu/news/another-climate-milestone-falls-mauna-loa-observatory.

p. 15, **mais de 4ºC de aquecimento:** IPCC, *Climate Change 2014: Synthesis Report, Summary for Policymakers* (Genebra, 2014), p. 11, www.ipcc.ch/pdf/assessment-report/ar5/syr/AR5_SYR_FINAL_SPM.pdf.

p. 15, **as tornaria inóspitas:** Gaia Vince, "How to Survive the Coming Century", *New Scientist*, 25 fevereiro de 2009. Parte dessa avaliação é um pouco extrema, mas é uma verdade incontroversa que o aquecimento nessa escala tornará grandes partes dessas regiões brutalmente inóspitas por qualquer padrão aplicado hoje.

p. 16, **um grupo de cientistas árticos:** Alec Luhn e Elle Hunt, "Besieged Russian Scientists Drive Away Polar Bears", *The Guardian*, 14 de setembro de 2016.

p. 16, **morto pelo antraz liberado:** Michaeleen Doucleff, "Anthrax Outbreak in Russia Thought to Be Result of Thawing Permafrost", NPR, 3 de agosto de 2016.

p. 16, **1 milhão de refugiados sírios:** Phillip Connor, "Most Displaced Syrians Are in the Middle East, and About a Million Are in Europe", Pew Research, 29 de janeiro de 2018, http://www.pewresearch.org/fact-tank/2018/01/29/where-displaced-syrians-have-resettled.

p. 16, **provável inundação de Bangladesh:** "Em 2050, estima-se que uma em cada sete pessoas em Bangladesh provavelmente será desalojada pela mudança climática", Robert Watkins, das Nações Unidas, disse em um pronunciamento em 2015: ver Mubashar Hasan, "Bangladesh's Climate Change Migrants", ReliefWeb, 13 de novembro de 2015.

p. 17, **140 milhões em 2050:** World Bank, *Groundswell: Preparing for Internal Climate Migration* (Washington, D.C., 2018), p. xix, https://openknowledge.worldbank.org/handle/10986/29461.

p. 17, **mais de cem vezes a "crise" síria da Europa:** Connor, "Most Displaced Syrians". "Quase 13 milhões de sírios são deslocados após sete anos de conflito em seu país", relatou Connor.

p. 17, **As projeções das Nações Unidas são mais sombrias:** Baher Kamal, "Climate Migrants Might Reach One Billion by 2050", ReliefWeb, 21 de agosto de 2017, https://reliefweb.int/report/world/climate-migrants-might-reach-one-billion-2050.

p. 17, **Duzentos milhões era toda a população mundial:** U.S. Census Bureau, "Historical Estimates of World Population", www.census.gov/data/tables/time-series/demo/international-programs/historical-est-worldpop.html.

p. 17, **"Um bilhão ou mais de pobres vulneráveis":** United Nations Convention to Combat Desertification, "Sustainability. Stability. Security", www.unccd.int/sustainability-stability-security.

p. 17, **Isso é mais gente do que a população atual:** U.S. Census Bureau, *Statistical Abstract of the United States: 2012*, www2.census.gov/library/publications/2011/compendia/statab/131ed/tables/12s1329.pdf, p. 835. Esse volume põe as populações de 2020 da América do Norte e da América do Sul em 595 milhões e 440 milhões de pessoas, respectivamente.

p. 17, **15% de toda a experiência humana:** Eukaryote, "The Funnel of Human Experience", *LessWrong*, 9 de outubro de 2018, www.lesswrong.com/posts/SwBEJapZNzWFifLN6/the-funnel-of-human-experience.

p. 19, **outro nome para esse nível de aquecimento:** "Marshalls Likens Climate Change Migration to Cultural Genocide", Radio New Zealand, 6 de outubro de 2015, www.radionz.co.nz/news/pacific/286139/marshalls-likens-climate-change-migration-to-cultural-genocide.

p. 19, **curva de distribuição normal de possibilidades mais apavorantes:** Tecnicamente, não é uma curva em forma de sino, mas uma curva de distribuição, porque tem uma longa cauda de resultados negativos, em vez de uma distribuição equilibrada de cenários otimistas e pessimistas (ou seja, há muito mais resultados possíveis tendendo ao pior cenário do que ao melhor).

p. 22, **3,2ºC de aquecimento:** Talvez a melhor referência para todos os vários modelos preditivos seja o Climate Action Tracker, que calcula que todos os compromissos existentes do mundo provavelmente produziriam um aquecimento global de 3,16ºC até 2100.

p. 22, **colapso das calotas polares:** Alexander Nauels et al., "Linking Sea Level Rise and Socioeconomic Indicators Under the Shared Socioeconomic Pathways", *Environmental Research Letters* 12, n. 11 (outubro de 2017), https://doi.org/10.1088/1748-9326/aa92b6. Em 2017, Nauels e seus colegas sugeriram que o aquecimento de mero 1,9ºC poderia fazer as calotas de gelo ultrapassar o ponto de virada do colapso.

p. 22, **Com isso ficariam inundadas:** O colapso total das calotas de gelo elevaria os níveis do mar em muito mais que cinquenta metros, estima-se, mas uma elevação muito menor seria necessária para inundar essas cidades. Miami fica dois metros acima do nível do mar; Daca, quatro metros, assim como Xangai, e partes de Hong Kong estão no nível do mar — e é por isso que em 2015 o *South China Morning Post* informou que 4ºC de aquecimento desalojariam 45 milhões de pessoas nessas duas cidades: Li Ching, "Rising Sea Levels Set to Displace 45 Million People in Hong Kong, Shanghai and Tianjin If Earth Warms 4 Degrees from Climate Change", *South China Morning Post,* 9 de novembro de 2015.

p. 22, **diversos estudos recentes:** Thorsten Mauritsen e Robert Pincus, "Committed Warming Inferred from Observations", *Nature Climate Change,* 31 de julho de 2017; Adrian E. Raftery et al., "Less than 2ºC Warming by 2100 Unlikely", *Nature Climate Change,* 31 de julho de 2017; Hubertus Fischer et al., "Paleoclimate Constraints on the Impact of 2ºC Anthropogenic Warming and Beyond", *Nature Geoscience,* 25 de junho de 2018.

p. 22, **"século infernal":** Brady Dennis e Chris Mooney, "Scientists Nearly Double Sea Level Rise Projections for 2100, Because of Antarctica", *The Washington Post,* 30 de março de 2016.

p. 22, **subestimando a quantidade de aquecimento esperado:** Alvin Stone, "Global Warming May Be Twice What Climate Models Predict", UNSW Sydney, 5 de julho de 2018, https://newsroom.unsw.edu.au/news/science-tech/global-warming-may-be-twice-what-climate-models-predict.

p. 23, **savanas dominadas por incêndios:** Fischer, "Paleoclimate Constraints on the Impact".

p. 23, **"Terra Estufa":** Will Steffen et al., "Trajectories of the Earth System in the Anthropocene", *Proceedings of the National Academy of Sciences* (14 de agosto de 2018).

p. 23, **Com 2ºC, as calotas polares:** Nauels, "Linking Sea Level Rise and Socioeconomic Indicators", https://doi.org/10.1088/1748-9326/aa92b6.

p. 23, **400 milhões de pessoas mais:** Robert McSweeney, "The Impacts of Climate Change at 1.5C, 2C and Beyond", *Carbon Brief*, 4 de outubro de 2018, https://interactive.carbonbrief.org/impacts-climate-change-one-point-five-degrees-two-degrees.

p. 23, **Haveria 32 vezes mais ondas de calor extremas:** Ibid.

p. 23, **A mortalidade ligada ao calor poderia aumentar em 9%:** Ana Maria Vicedo-Cabrera et al., "Temperature-Related Mortality Impacts Under and Beyond Paris Agreement Climate Change Scenario", *Climatic Change* 150, n. 3-4 (outubro de 2018): pp. 391-402, https://doi.org/10.1007/s10584-018-2274-3.

p. 23, **8 milhões de novos casos de dengue:** Felipe J. Colon-Gonzalez et al., "Limiting Global-Mean Temperature Increase to 1.5-2°C Could Reduce the Incidence and Spatial Spread of Dengue Fever in Latin America", *Proceedings of the National Academy of Sciences* 115, n. 24 (junho de 2018): pp. 6243-8, https://doi.org/10.1073/pnas.1718945115.

p. 24, **A última vez que isso aconteceu:** Como com todo trabalho em paleoclima, as estimativas nesse ponto variam, mas esse resumo vem de Howard Lee, "What Happened the Last Time It Was as Warm as It's Going to Get at the End of This Century", *Ars Technica,* 18 de junho de 2018.

p. 24, **"hiperobjeto":** Timothy Morton, *Hyperobjects: Philosophy and Ecology After the End of the World* (Minneapolis: University of Minnesota Press, 2013).

p. 25, **caminhamos para os 4,5ºC:** IPCC, *Climate Change 2014: Synthesis Report*, p. 11, www.ipcc.ch/pdf/assessment-report/ar5/syr/AR5_SYR_FINAL_SPM.pdf.

p. 25, **Como escreveu Naomi Oreskes:** Por exemplo, em "The Scientific Consensus on Climate Change: How Do We Know We're Not Wrong?" in *Climate Change: What It Means for Us, Our Children, and Our Grandchildren* (Cambridge, MA: MIT Press, 2014).

p. 25, **Uma simples simulação repetida:** Gernot Wagner e Martin L. Weitzman, *Climate Shock: The Economic Consequences of a Hotter Planet* (Princeton, NJ: Princeton University Press, 2015), pp. 53-5.

p. 25, **Trabalho recente do prêmio Nobel William Nordhaus:** "Se o crescimento de produtividade for alto, a temperatura global em 2100 será de 5,3ºC". William Nordhaus, "Projections and Uncertainties About Climate Change in an Area of Minimal Climate Policies" (*working paper*, National Bureau of Economic Research, 2016).

p. 25, **seres humanos no equador:** Steven C. Sherwood e Matthew Huber, "An Adaptability Limit to Climate Change Due to Heat Stress", *Proceedings of the*

National Academy of Sciences 107, n. 21 (maio de 2010): pp. 9552-5, https://doi.org/10.1073/pnas.0913352107.

p. 25, **os oceanos acabariam aumentando:** Jason Treat et al., "What the World Would Look Like If All the Ice Melted", *National Geographic,* setembro de 2013.

p. 25, **dois terços das principais cidades mundiais:** Esse é um chavão climático comum usado pelos cientistas, expresso por Katharine Hayhoe in Jonah Engel Bromwich, "Where Can You Escape the Harshest Effects of Climate Change?" *The New York Times,* 20 de outubro de 2016. "Dois terços das maiores cidades do mundo estão a centímetros do nível do mar", Hayhoe afirma.

p. 25, **não haveria terras no planeta:** Se, como David Battisti e Rosamond Naylor teorizam, cada grau de aquecimento custa de 10% a 15% da produção de grãos — com temperaturas mais elevadas diminuindo a produtividade mais do que as temperaturas mais baixas —, 8°C de aquecimento global irá eliminar quase completamente a capacidade dos atuais celeiros mundiais de produzir alimento.

p. 26, **o capuz sufocante das doenças tropicais:** Como Peter Brannen documenta em *Ends of the World,* a última vez que o mundo ficou apenas 5°C mais quente, o que conhecemos como o Ártico era, em alguns lugares, tropical.

p. 26, **o clima está na verdade menos sensível:** Peter M. Cox et al., "Emergent Constraint on Equilibrium Climate Sensitivity from Global Temperature Variability", *Nature* 553 (janeiro de 2018), pp. 319-22.

p. 26, **déficit de comida permanente:** Mark Lynas, *Six Degrees: Our Future on a Hotter Planet* (Nova York: HarperCollins, 2007). Esse livro é um guia valioso para o futuro do aquecimento.

p. 27, **"Meia Terra":** Edward O. Wilson, *Half-Earth: Our Planet's Fight for Life* (Nova York: W. W. Norton, 2016).

p. 27, **três grandes furacões:** Foram o Irma, Katia e Jose.

p. 28, **"um evento que acontece a cada 500 mil anos":** Tia Ghose, "Hurricane Harvey Caused 500,000 Year Floods in Some Areas", *Live Science,* 11 de setembro de 2017, www.livescience.com/60378-hurricane-harvey-once--in-500000-year-flood.html.

p. 28, **foi a terceira inundação:** Christopher Ingraham, "Houston Is Experiencing Its Third '500-Year' Flood in Three Years. How Is That Possible?" *The Washington Post,* 29 de agosto de 2017.

p. 29, **um furacão atlântico atingiu a Irlanda:** O furacão Ofélia.

p. 29, **45 milhões deixaram suas casas:** Unicef, "16 Million Children Affected by Massive Flooding in South Asia, with Millions More at Risk", 2 de setembro de 2017, www.unicef.org/press-releases/16-million-children-affected-massive-flooding-south-asia-millions-more-risk.

p. 29, **"inundação em mil anos":** Tom Di Liberto, "Torrential Rains Bring Epic Flash Floods in Maryland in Late maio 2018", NOAA Climate.gov, 31 de

maio de 2018, www.climate.gov/news-features/event-tracker/torrential-rains-
-bring-epic-flash-floods-maryland-late-may-2018.

p. 29, **ondas de calor recorde:** Jason Samenow, "Red-Hot Planet: All-Time Heat Records Have Been Set All over the World During the Past Week", *The Washington Post,* 5 de julho de 2018.

p. 29, **54 pessoas morreram com o calor:** Rachel Lau, "Death Toll Rises to 54 as Quebec Heat Wave Ends", *Global News,* 6 de julho de 2018, https://globalnews.ca/news/4316878/50-people-now-dead-due-to-sweltering-quebec-
-heat-wave.

p. 29, **cem grandes incêndios florestais:** Jon Herskovitz, "More than 100 Large Wildfires in U.S. as New Blazes Erupt", Reuters, 11 de agosto de 2018, www.reuters.com/article/us-usa-wildfires/more-than-100-large-wildfires-in-us-
-as-new-blazes-erupt-idUSKBN1KX00B.

p. 29, **4 mil acres num só dia:** "Holy Fire Burns 4,000 Acres, Forcing Evacuations in Orange County", Fox 5 San Diego, 6 de agosto de 2018, https://fox5sandiego.com/2018/08/06/fast-moving-wildfire-forces-evacuations-in-orange-
-county/.

p. 29, **erupção de chamas de noventa metros:** Kirk Mitchell, "Spring Creek Fire 'Tsunami' Sweeps over Subdivision, Raising Home Toll to 251", *Denver Post,* 5 de julho de 2018.

p. 29, **1,2 milhão de pessoas foram evacuadas:** Elaine Lies, "Hundreds of Thousands Evacuated in Japan as 'Historic Rain' Falls; Two Dead", Reuters, 6 de julho de 2018, https://af.reuters.com/article/commoditiesNews/idAFL4N1U21AH.

p. 29, **a evacuação de 2,45 milhões:** "Two Killed, 2.45 Million Evacuated as Super Typhoon Mangkhut Hits Mainland China", *The Times of India,* 16 de setembro de 2018, https://timesofindia.indiatimes.com/world/china/super-typhoon-mangkhut-hits-china-over-2-45-million-people-evacuated/articleshow/65830611.cms.

p. 29, **transformando brevemente a cidade portuária de Wilmington:** Patricia Sullivan e Katie Zezima, "Florence Has Made Wilmington, N.C. an Island Cut Off from the Rest of the World", *The Washington Post,* 16 de setembro de 2018.

p. 29-30, **excremento de porco e cinza de carvão:** Umair Irfan, "Hog Manure Is Spilling Out of Lagoons Because of Hurricane Florence's Floods", *Vox,* 21 de setembro de 2018.

p. 30, **os ventos em Florence:** Joel Burgess, "Tornadoes in the Wake of Florence Twist Through North Carolina", Asheville *Citizen-Times,* 17 de setembro de 2018.

p. 30, **Kerala foi atingido:** Hydrology Directorate, Government of India, *Study Report: Kerala Floods of August 2018* (setembro de 2018), http://cwc.gov.in/main/downloads/KeralaFloodReport/Rev-0.pdf.

p. 30, **varreu completamente a East Island:** Josh Hafner, "Remote Hawaiian Island Vanishes Underwater After Hurricane", *USA Today*, 24 de outubro de 2018.

p. 30, **o incêndio mais mortífero de sua história:** Paige St. John et al., "California Fire: What Started as a Tiny Brush Fire Became the State's Deadliest Wildfire. Here's How", *Los Angeles Times*, 18 de novembro de 2018.

p. 30, **Jerry Brown, descreveu:** Ruben Vives, Melissa Etehad e Jaclyn Cosgrove, "Southern California Fire Devastation Is 'the New Normal', Gov. Brown Says", *Los Angeles Times*, 10 de dezembro de 2017.

p. 33, **"bicho bravo":** "Wallace Broecker: How to Calm an Angry Beast", CBC News, 19 de novembro de 2008, www.cbc.ca/news/technology/wallace-broecker-how-to-calm-an-angry-beast-1.714719.

p. 33, **a quarta ordem de evacuação:** Condado de Santa Barbara, Califórnia, ordens de evacuação de 2018.

p. 34, **barracos provisórios:** Michael Schwirtz, "Besieged Rohingya Face 'Crisis Within the Crisis': Deadly Floods", *The New York Times*, 13 de fevereiro de 2018.

p. 34, **Mais de uma dúzia de pessoas morreu:** Phil Helsel, "Body of Mother Found After California Mudslide; Death Toll Rises to 21", NBC News, 20 de janeiro de 2018, www.nbcnews.com/news/us-news/body-mother-found-after-california-mudslide-death-toll-rises-21-n839546.

p. 34, **1,8 trilhão de toneladas de carbono:** Nasa Science, "Is Arctic Permafrost the 'Sleeping Giant' of Climate Change?" Nasa, 24 de junho de 2013, https://science.nasa.gov/science-news/science-at-nasa/2013/24jun_permafrost.

p. 34, **34 vezes mais prejudicial:** Environmental Protection Agency, "Greenhouse Gas Emissions: Understanding Global Warming Potentials", www.epa.gov/ghgemissions/understanding-global-warming-potentials.

p. 35, **cientistas do clima chamam de retroalimentação:** Para uma boa visão geral, ver Lee R. Kump e Michael E. Mann, *Dire Predictions: The Visual Guide to the Findings of the IPCC*, 2. ed. (Nova York: DK, 2015).

p. 35, **avalanches provocadas pelos seres humanos:** Melanie J. Froude e David N. Petley, "Global Fatal Landslide Occurrence from 2004 to 2016", *Natural Hazards and Earth Systems Sciences* 18 (2018): pp. 2161-81, https://doi.org/10.5194/nhess-18-2161-2018.

p. 35, **tipo totalmente novo de avalanche:** Bob Berwyn, "Destructive Flood Risk in U.S. West Could Triple If Climate Change Left Unchecked", *Inside Climate News* (6 de agosto de 2018), https://insideclimatenews.org/news/06082018/global-warming-climate-change-floods-california-oroville-dam-scientists.

p. 37, **meio milhão de latinos pobres:** Ellen Wulfhorst, "Overlooked U.S. Border Shantytowns Face Threat of Gathering Storms", Reuters, 11 de junho de 2018, https://af.reuters.com/article/commoditiesNews/idAFL2N1SO2FZ.

p. 37, **países com menor PIB:** Andrew D. King e Luke J. Harrington, "The Inequality of Climate Change from 1.5°C to 2°C of Global Warming", *Geophysical Research Letters* 45, n. 10 (maio de 2018): pp. 5030-3, https://doi.org/10.1029/2018GL078430.

p. 39, **as árvores simplesmente ficarão marrons:** Andrea Thompson, "Drought and Climate Change Could Throw Fall Colors Off Schedule", *Scientific American*, 1 de novembro de 2016.

p. 39, **Os cafezais da América Latina:** Pablo Imbach et al., "Coupling of Pollination Services and Coffee Suitability Under Climate Change", *Proceedings of the National Academy of Sciences* 114, n. 39 (setembro de 2017): pp. 10 438-42, https://doi.org/10.1073/pnas.1617940114. O artigo foi sintetizado pela *E360* de Yale da seguinte maneira: "A América Latina poderia perder mais de 90% de suas terras de cafeicultura até 2050".

p. 39, **mais da metade dos vertebrados:** WWF, "Living Planet Report 2018", *Aiming Higher* (Gland, Suíça: 2018), p. 18, https://wwf.panda.org/knowledge_hub/all_publications/living_planet_report_2018.

p. 39, **a população de insetos voadores declinou:** Caspar Hallman et al., "More Than 75 Percent Decline over 27 Years in Total Flying Insect Biomass in Protected Areas", *PLOS One* 12, n. 10 (outubro de 2017), https://doi.org/10.1371/journal.pone.0185809.

p. 39, **A delicada dança das flores e seus polinizadores:** Damian Carrington, "Climate Change Is Disrupting Flower Pollination, Research Shows", *The Guardian*, 6 de novembro de 2014.

p. 39, **padrões migratórios do bacalhau:** Bob Berwyn, "Fish Species Forecast to Migrate Hundreds of Miles Northward as U.S. Waters Warm", *Inside Climate News*, 16 de maio de 2018, https://insideclimatenews.org/news/16052018/fish-species-climate-change-migration-pacific-northwest-alaska-atlantic-gulf--maine-cod-pollock.

p. 39, **padrões de hibernação dos ursos-negros:** Kendra Pierre-Louis, "As Winter Warms, Bears Can't Sleep, and They're Getting into Trouble", *The New York Times*, 4 de maio de 2018.

p. 39, **toda uma nova classe de espécies híbridas:** Moises Velaquez-Manoff, "Should You Fear the Pizzly Bear?" *The New York Times Magazine*, 14 de agosto de 2014.

p. 40, **desertificação de toda a bacia do Mediterrâneo:** Joel Guiot e Wolfgang Cramer, "Climate Change: The 2015 Paris Agreement Thresholds and Mediterranean Basin Ecosystems", *Science* 354, n. 6311 (outubro de 2016): pp. 463-8, https://doi.org/10.1126/science.aah5015. Segundo os cálculos de Guiot e Cramer, mesmo ficando abaixo de 2°C de aquecimento significaria que grande parte da região se tornaria, tecnicamente, ao menos, deserto.

p. 40, **pó do Saara:** "Sahara Desert Dust Cloud Blankets Greece in Orange Haze", Sky News, 26 de março de 2018, https://news.sky.com/story/sahara-desert-dust-cloud-blankets-greece-in-orange-haze-11305011.

p. 40, **quando o Nilo secar por completo:** "How Climate Change Might Affect the Nile", *The Economist,* 3 de agosto de 2017.

p. 40, **o rio Sand:** Tom Yulsman, "Drought Turns the Rio Grande into the 'Rio Sand'", *Discover,* 15 de julho de 2013.

p. 40, **Oitocentos milhões de seres humanos, só na Ásia Meridional:** Muthukumara Mani et al., "South Asia's Hotspots: Impacts of Temperature and Precipitation Changes on Living Standards", World Bank (Washington, D.C., junho 2018), p. xi, https://openknowledge.worldbank.org/bitstream/handle/10986/28723/9781464811555.pdf?sequence=5&isAllowed=y.

p. 40, **capitalismo fóssil:** Andreas Malm, *Fossil Capital: The Rise of Steam Power and the Roots of Global Warming* (Londres: Verso, 2016).

p. 41, **cerca de um ponto percentual do PIB:** Solomon Hsiang et al., "Estimating Economic Damage from Climate Change in the United States", *Science* 356, n. 6345 (junho de 2017): pp. 1362-9, https://doi.org/10.1126/science.aal4369.

p. 41, **20 trilhões mais rico:** Marshall Burke et al., "Large Potential Reduction in Economic Damages Under UN Mitigation Targets", *Nature* 557 (maio de 2018): pp. 549-53, https://doi.org/10.1038/s41586-018-0071-9.

p. 41, **551 trilhões em prejuízos:** R. Warren et al., "Risks Associated with Global Warming of 1.5 or 2C", Tyndall Centre for Climate Change Research, maio de 2018, www.tyndall.ac.uk/sites/default/files/publications/briefing_note_risks_warren_r1-1.pdf.

p. 41, **riqueza global total hoje:** Segundo o *Global Wealth Report 2017*, do Credit Suisse, a riqueza global total nesse ano foi de 280 trilhões de dólares.

p. 41, **nunca passou dos 5% globalmente:** Segundo o Banco Mundial, a última vez foi em 1976, quando o crescimento global chegou a 5,355%. World Bank, "GDP Growth (Annual %)", https://data.worldbank.org/indicator/NY.GDP.MKTP.KD.ZG.

p. 41, **"economia de estado estacionário":** O termo foi popularizado por Herbert Daly, cuja antologia, *Toward a Steady-State Economy* (San Francisco: W. H. Freeman, 1973), estabeleceu uma perspectiva polêmica sobre a história do crescimento econômico particularmente incisiva numa era de mudança climática. ("A economia é uma subsidiária integral do meio ambiente, não o contrário.")

p. 42, **150 milhões mais morreriam:** Drew Shindell et al., "Quantified, Localized Health Benefits of Accelerated Carbon Dioxide Emissions Reductions", *Nature Climate Change* 8 (março de 2018): pp. 291-5, https://doi.org/10.1038/s41558-018-0108-y.

p. 42, **IPCC fez um cálculo ainda mais contundente:** IPCC, *Global Warming of 1.5°C: An IPCC Special Report on the Impacts of Global Warming of 1.5°C*

Above Pre-Industrial Levels and Related Global Greenhouse Gas Emission Pathways, in the Context of Strengthening the Global Response to the Threat of Climate Change, Sustainable Development, and Efforts to Eradicate Poverty (Incheon, Coreia, 2018), www.ipcc.ch/report/sr15

p. 42, **7 milhões de mortes:** Extraído da avaliação da Organização Mundial de Saúde de 2014, em que a poluição do ar foi considerada a maior ameaça à saude do mundo: OMS, "Public Health, Environmental and Social Determinants of Health (PHE)", www.who.int/phe/health_topics/outdoorair/databases/en.

p. 46, **se é uma atitude responsável ter filhos:** Para uma síntese útil dessa indagação subitamente onipresente entre os liberais ocidentais e um contra-argumento razoavelmente completo, ver Connor Kilpatrick, "It's Okay to Have Children", *Jacobin*, 22 de agosto de 2018.

p. 47, **Paul Hawken, talvez mais racionalmente:** Você pode encontrar levantamento abrangente das soluções climáticas (dietas baseadas em vegetais, telhados verdes, educação feminina) em *Drawdown: The Most Comprehensive Plan Ever Proposed to Reverse Global Warming* (Nova York: Penguin, 2017).

p. 47, **Metade das emissões do Reino Unido:** Isso provavelmente é uma superestimativa, mas vem de "Less In, More Out", publicado pelo *Green Alliance*, no Reino Unido, em 2018.

p. 47, **dois terços da energia americana:** Anne Stark, "Americans Used More Clean Energy in 2016", Lawrence Livermore National Laboratory, 10 de abril de 2017, www.llnl.gov/news/americans-used-more-clean-energy-2016.

p. 47, **5 trilhões de dólares por ano:** David Coady et al., "How Large Are Global Fossil Fuel Subsidies?" *World Development* 91 (março de 2017): pp. 11-27, https://doi.org/10.1016/j.worlddev.2016.10.004.

p. 48, **no valor de 26 trilhões:** The New Climate Economy, "Unlocking the Inclusive Growth Story of the 21st Century: Accelerating Climate Action in Urgent Times" (Washington, D.C.: Global Commission on the Economy and Climate, setembro de 2018), p. 8, https://newclimateeconomy.report/2018.

p. 48, **Os americanos desperdiçam um quarto de sua comida:** Zach Conrad et al., "Relationship Between Food Waste, Diet Quality, and Environmental Sustainability", *PLOS One* 13, n. 4 (abril de 2018), https://doi.org/10.1371/journal.pone.0195405.

p. 48, **a mineração da criptomoeda consome mais eletricidade:** Eric Holthaus, "Bitcoin's Energy Use Got Studied, and You Libertarian Nerds Look Even Worse than Usual", *Grist*, 17 de maio de 2018, https://grist.org/article/bitcoins--energy-use-got-studied-and-you-libertarian-nerds-look-even-worse-than-usual. Ver também Alex de Vries, "Bitcoin's Growing Energy Problem", *Cell* 2, n. 5 (maio de 2018): pp. 801-5, https://doi.org/10.1016/j.joule.2018.04.016.

p. 48, **Setenta por cento da energia:** Nicola Jones, "Waste Heat: Innovators

Turn to an Overlooked Renewable Resource", *Yale Environment 360*, 29 de maio de 2018. "Hoje, nos Estados Unidos, a maioria das usinas de energia que queimam combustível fóssil é cerca de 33% eficientes", Jones escreve, "enquanto usinas de cogeração por calor-eletricidade (CHP) são tipicamente 60% a 80% eficientes."

p. 48, **as emissões de carbono nos Estados Unidos:** O Banco Mundial estimou as emissões de carbono per capita americanas em 2014 em 16,49 toneladas por ano; o cidadão americano médio, nesse ano, foi responsável por apenas 6,379 (assim as economias seriam na verdade consideravelmente maiores do que 50%). World Bank, "CO_2 Emissions (Metric Tons per Capita)", https://data.worldbank.org/indicator/EN.ATM.CO2E.PC.

p. 49, **as emissões globais cairiam em um terço:** Os 10% mais ricos do mundo são responsáveis por aproximadamente todas as emissões, calculou o Oxfam em seu relatório "Extreme Carbon Inequality" de dezembro 2015, disponível em www.oxfam.org/sites/www.oxfam.org/files/file_attachments/mb-extreme-carbon-inequality-021215-en.pdf. A pegada média de carbono para alguém no 1% global, revelou o estudo, foi 175 vezes a de alguém nos 10% mais pobres do mundo.

p. 50, **Já ficou para trás:** Talvez a ilustração mais vívida disso seja "A Timeline of Earth's Average Temperature", 12 de setembro de 2016, www.xkcd.com/1732.

II. ELEMENTOS DO CAOS [pp. 53-171]

CALOR LETAL [pp. 55-66]

p. 55, **A 7°C de aquecimento:** Steven C. Sherwood e Matthew Huber, "An Adaptability Limit to Climate Change Due to Heat Stress", *Proceedings of the National Academy of Sciences* 107, n. 21 (maio de 2010): pp. 9552-5, https://doi.org/10.1073/pnas.0913352107.

p. 55, **após algumas horas:** Ibid. Segundo Sherwood e Huber, "períodos de armazenamento de calor líquido podem ser suportados, embora apenas por algumas horas, e com amplo tempo necessário para recuperação".

p. 55, **Com 11°C ou 12°C:** Ibid. "Com 11°C a 12°C de aquecimento, essas regiões se espalhariam para abranger a maioria da população humana tal como atualmente distribuída", escreveram Sherwood e Huber. "Aquecimentos eventuais de 12°C são possíveis da queima de combustível fóssil."

p. 55, **com apenas 5°C a mais:** Mark Lynas, *Six Degrees: Our Future on a Hotter Planet* (Washington, D.C.: National Geographic Society, 2008), p. 196.

p. 55, **qualquer tipo de trabalho no verão:** John P. Dunne et al., "Reductions in Labour Capacity from Heat Stress Under Climate Warming", *Nature Climate Change* 3 (fevereiro de 2013): pp. 563-6, https://doi.org/10.1038/NCLIMATE1827.

p. 56, **A força do calor em Nova York:** Joseph Romm, *Climate Change: What Everyone Needs to Know* (Nova York: Oxford University Press, 2016), p. 138.

p. 56, **projeção intermediária de 4°C:** IPCC, *Climate Change 2014: Synthesis Report*, Summary for Policymakers (Genebra, 2014), p. 11, www.ipcc.ch/pdf/assessment-report/ar5/syr/AR5_SYR_FINAL_SPM.pdf.

p. 56, **crescimento de cinquenta vezes:** Romm, *Climate Change*, p. 41.

p. 56, **Os cinco verões mais quentes da Europa:** World Bank, *Turn Down the Heat: Why a 4°C Warmer World Must Be Avoided* (Washington, D.C., novembro 2012), p. 13, http://documents.worldbank.org/curated/en/865571468149107611/pdf/NonAsciiFileName0.pdf.

p. 56, **simplesmente trabalhar ao ar livre:** IPCC, *Climate Change 2014*, p. 15, www.ipcc.ch/pdf/assessment-report/ar5/syr/AR5_SYR_FINAL_SPM.pdf. "Até 2100, para um RCP de 8,5, é esperado que a combinação de temperatura e umidade elevadas em algumas áreas para partes do ano comprometa atividades humanas comuns, incluindo o cultivo de alimento e o trabalho ao ar livre."

p. 57, **lugares como Karachi e Calcutá:** Tom K. R. Matthews et al., "Communicating the Deadly Consequences of Global Warming for Human Heat Stress", *Proceedings of the National Academy of Sciences* 114, n. 15 (abril de 2017), pp. 3861-6, https://doi.org/10.1073/pnas.1617526114. Os autores escrevem, sobre o verão de 2015: "O calor extraordinário teve consequências mortíferas, com mais de 3,4 mil fatalidades registradas só na Índia e no Paquistão".

p. 57, **onda de calor letal na Europa em 2003:** World Bank, *Turn Down the Heat*, p. 37, http://documents.worldbank.org/curated/en/865571468149107611/pdf/NonAsciiFileName0.pdf.

p. 57, **um dos piores eventos climáticos:** William Langewiesche, "How Extreme Heat Could Leave Swaths of the Planet Uninhabitable", *Vanity Fair*, agosto de 2017.

p. 57, **uma equipe de pesquisa liderada por Ethan Coffel:** Ethan Coffel et al., "Temperature and Humidity Based on Projections of a Rapid Rise in Global Heat Stress Exposure During the 21st Century", *Environmental Research Letters* 13 (dezembro de 2017), https://doi.org/10.1088/1748-9326/aaa00e.

p. 57, **estima o Banco Mundial:** World Bank, *Turn Down the Heat*, p. 38, http://documents.worldbank.org/curated/en/865571468149107611/pdf/NonAsciiFileName0.pdf.

p. 57, **fim do outono americano, morreram 2500 pessoas:** IFRC, "India: Heat Wave — Information Bulletin n. 1", 11 de junho de 1998, www.ifrc.org/docs/appeals/rpts98/in002.pdf.

pp. 57-8, **Em 2010, 55 mil pessoas morreram:** Em Moscou, houve 10 mil chamados de ambulância por dia, e muitos médicos acreditavam que o número de mortos oficial subestimava a real mortalidade.

p. 58, **segundo o *Wall Street Journal*:** Craig Nelson e Ghassan Adan, "Iraqis Boil as Power-Grid Failings Exacerbate Heat Wave", *The Wall Street Journal*, 11 de agosto de 2016.

p. 58, **700 mil barris de petróleo:** Ayhan Demirbas et al., "The Cost Analysis of Electric Power Generation in Saudi Arabia", *Energy Sources, Part B* 12, n. 6 (março de 2017): pp. 591-6, https://doi.org/10.1080/15567249.2016.1248874.

p. 58, **10% do consumo mundial de eletricidade:** International Energy Agency, *The Future of Cooling: Opportunities for Energy-Efficient Air Conditioning* (Paris, 2018), p. 24, www.iea.org/publications/freepublications/publication/The_Future_of_Cooling.pdf.

p. 58, **triplicar, ou talvez quadruplicar:** Ibid., p. 3.

p. 58, **700 milhões de novos aparelhos:** Nihar Shah et al., "Benefits of Leapfrogging to Superefficiency and Low Global Warming Potential Refrigerants in Room Air Conditioning", Lawrence Berkeley National Laboratory (outubro de 2015), p. 18, http://eta-publications.lbl.gov/sites/default/files/lbnl-1003671.pdf.

p. 58, **mais de 9 bilhões de dispositivos de resfriamento:** University of Birmingham, *A Cool World: Defining the Energy Conundrum of Cooling for All* (Birmingham, 2018), p. 3, www.birmingham.ac.uk/Documents/college-eps/energy/Publications/2018-clean-cold-report.pdf.

pp. 58-9, **a peregrinação do hadji será uma impossibilidade:** Jeremy S. Pal e Elfatih A. B. Eltahir, "Future Temperature in Southwest Asia Projected to Exceed a Threshold for Human Adaptability", *Nature Climate Change* 6 (2016), pp. 197--200, www.nature.com/articles/nclimate2833.

p. 59, **Na região canavieira de El Salvador:** Oriana Ramirez-Rubio et al., "An Epidemic of Chronic Kidney Disease in Central America: An Overview", *Journal of Epidemiology and Community Health* 67, n. 1 (setembro de 2012): pp. 1-3, http://dx.doi.org/10.1136/jech-2012-201141.

p. 61, **cresceram 1,4%:** International Energy Agency, *Global Energy and CO_2 Status Report, 2017* (Paris, março de 2018), p. 1, www.iea.org/publications/freepublications/publication/GECO2017.pdf.

p. 61, **"dentro da faixa":** Ver Climate Action Tracker.

p. 62, **aumentaram em 4%:** Zach Boren e Harri Lami, "Dramatic Surge in China Carbon Emissions Signals Climate Danger", *Unearthed*, 30 de maio de 2018, https://unearthed.greenpeace.org/2018/05/30/china-co2-carbon-climate--emissions-rise-in-2018.

p. 62, **a energia a carvão quase dobrou:** Simon Evans e Rosamund Pearce, "Mapped: The World's Coal Power Plants", *Carbon Brief*, 5 de junho de 2018, www.

carbonbrief.org/mapped-worlds-coal-power-plants. Evans e Pearce estimam 1,061 milhão de megawatts de energia a carvão em 2000 e 1,996 milhão em 2017.

p. 62, **o exemplo chinês:** Yann Robiou du Pont e Malte Meinshausen, "Warming Assessment of the Bottom-Up Paris Agreement Emissions Pledges", *Nature Communications,* novembro de 2018.

p. 62, **"potencial realista limitado":** European Academies' Science Advisory Council, *Negative Emission Technologies: What Role in Meeting Paris Agreement Targets?* (Halle, Alemanha, fevereiro de 2018), p. 1, https://easac.eu/fileadmin/PDF_s/reports_statements/Negative_Carbon/EASAC_Report_on_Negative_Emission_Technologies.pdf.

p. 62, **"pensamento mágico":** "Why Current Negative-Emissions Strategies Remain 'Magical Thinking'", *Nature,* 21 de fevereiro de 2018, www.nature.com/articles/d41586-018-02184-x.

p. 63, **fazendas de bioenergia em larga escala:** Andy Skuce, "'We'd Have to Finish One New Facility Every Working Day for the Next 70 Years' — Why Carbon Capture Is No Panacea", *Bulletin of the Atomic Scientists,* 4 de outubro de 2016, https://thebulletin.org/2016/10/wed-have-to-finish-one-new-facility-every-working-day-for-the-next-70-years-why-carbon-capture-is-no-panacea.

p. 63, **dezoito delas:** Global CCS Institute, "Large-Scale CCS Facilities", www.globalccsinstitute.com/projects/large-scale-ccs-projects.

p. 64, **O asfalto, o concreto:** Linda Poon, "Street Grids May Make Cities Hotter", *CityLab,* 27 de abril de 2018, www.citylab.com/environment/2018/04/street-grids-may-make-cities-hotter/558845.

p. 64, **em até 5,5ºC:** Environmental Protection Agency, "Heat Island Effect", www.epa.gov/heat-islands.

p. 64, **onda de calor em Chicago em 1995:** Eric Klinenberg, *Heat Wave: A Social Autopsy of Disaster in Chicago* (Chicago: University of Chicago Press, 2002).

p. 64, **dois terços da população mundial:** "Around 2.5 Billion More People Will Be Living in Cities by 2050, Projects New U.N. Report", United Nations Department of Economic and Social Affairs, 16 de maio de 2018, www.un.org/development/desa/en/news/population/2018-world-urbanization-prospects.html.

p. 65, **essa lista pode aumentar para 970:** Urban Climate Change Research Network, *The Future We Don't Want: How Climate Change Could Impact the World's Greatest Cities* (Nova York, fevereiro de 2018), p. 6, https://c40-production-images.s3.amazonaws.com/other_uploads/images/1789_Future_We_Don't_Want_Report_1.4_hi-res_120618.original.pdf.

p. 65, **70 mil trabalhadores:** Public Citizen, "Extreme Heat and Unprotected Workers: Public Citizen Petitions OSHA to Protect the Millions of Workers Who Labor in Dangerous Temperatures" (Washington, D.C.: 17 de julho de 2018), p. 25, www.citizen.org/sites/default/files/extreme_heat_and_unprotected_workers.pdf.

p. 65, **calcula-se que 255 mil pessoas morrerão:** World Health Organization, "Quantitative Risk Assessment of the Effects of Climate Change on Selected Causes of Death, 2030s and 2050s" (Genebra, 2014), p. 21, http://apps.who.int/iris/bitstream/handle/10665/134014/9789241507691_eng.pdf?sequence=1&isAllowed=y.

p. 65, **um terço da população mundial:** Camilo Mora et al., "Global Risk of Deadly Heat", *Nature Climate Change* 7 (junho de 2017): pp. 501-6, https://doi.org/10.1038/nclimate3322.

p. 65, **morte por calor está entre:** Langewiesche, "How Extreme Heat Could Leave Swaths".

FOME [pp. 67-77]

p. 67, **regra informal básica:** David S. Battisti e Rosamond L. Naylor, "Historical Warnings of Future Food Insecurity with Unprecedented Seasonal Heat", *Science* 323, n. 5911 (janeiro de 2009), pp. 240-4.

p. 67, **Algumas estimativas vão mais longe:** "A relação temperatura-colheita é não linear", diz Battisti. "As safras caem mais rápido para cada grau Celsius de aumento na temperatura — de modo que sim, *ceteris paribus*, as safras diminuiriam em mais de 50%."

p. 67, **3,6 quilos de cereais:** Lloyd Alter, "Energy Required to Produce a Pound of Food", *Treehugger*, 2010. Como Battisti disse numa entrevista, "Em geral, isso é citado como 'são necessários de oito a dez quilos de cereais para produzir um quilo de carne'".

p. 67, **No mundo todo, os cereais representam:** Ed Yong, "The Very Hot, Very Hungry Caterpillar", *The Atlantic*, 30 de agosto de 2018.

p. 67, **dois terços de todas as calorias humanas:** Chuang Zhao et al., "Temperature Increase Reduces Global Yields of Major Crops in Four Independent Estimates", *Proceedings of the National Academy of Sciences* 114, n. 35 (agosto de 2017), pp. 9326-31, https://doi.org/10.1073/pnas.1701762114.

p. 67, **as Nações Unidas estimam:** Food and Agriculture Organization, "How to Feed the World in 2050" (Roma, outubro de 2009), p. 2, www.fao.org/fileadmin/templates/wsfs/docs/expert_paper/How_to_Feed_the_World_in_2050.pdf.

p. 68, **os trópicos já estão demasiado quentes:** "Nos trópicos, a temperatura já excede a temperatura ideal para os principais cereais", informou-me Battisti. "Qualquer elevação adicional na temperatura reduzirá ainda mais a produção, mesmo sob condições em tudo o mais ideais."

p. 68, **pelo menos um quinto da produtividade:** Michelle Tigchelaar et al., "Future Warming Increases Probability of Globally Synchronized Maize Production Shocks", *Proceedings of the National Academy of Sciences* 115, n. 26 (junho de 2018): pp. 6644-9, https://doi.org/10.1073/pnas.1718031115.

p. 68, **folhas mais grossas são piores:** Marlies Kovenock e Abigail L. S. Swann, "Leaf Trait Acclimation Amplifies Simulated Climate Warming in Response to Elevated Carbon Dioxide", *Global Biogeochemical Cycles* 32 (outubro de 2018), https://doi.org/10.1029/2018GB005883.

p. 69, **75 bilhões de solo perdido:** Stacey Noel et al., "Report for Policy and Decision Makers: Reaping Economic and Environmental Benefits from Sustainable Land Management", Economics of Land Development Initiative (Bonn, Ger., setembro 2015), p. 10, www.eld-initiative.org/fileadmin/pdf/ELD-pm-report_05_web_300dpi.pdf.

p. 69, **a taxa de erosão é dez vezes mais elevada:** Susan S. Lang, "'Slow, Insidious' Soil Erosion Threatens Human Health and Welfare as Well as the Environment, Cornell Study Asserts", *Cornell Chronicle*, 20 de março de 2006, http://news.cornell.edu/stories/2006/03/slow-insidious-soil-erosion-threatens-human-health-and-welfare.

p. 69, **trinta ou quarenta vezes mais rápida:** Ibid.

p. 69, **não ter crédito para os investimentos necessários:** Richard Hornbeck, "The Enduring Impact of the American Dust Bowl: Short-and Long-Run Adjustments to Environmental Catastrophe", *American Economic Review* 102, n. 4 (junho de 2012): pp. 1477-507, http://doi.org/10.1257/aer.102.4.1477.

p. 69, **John Wesley Powell:** Richard Seager et al., "Whither the 100th Meridian? The Once and Future Physical and Human Geography of America's Arid--Humid Divide. Part 1: The Story So Far", *Earth Interactions* 22, n. 5 (março de 2018), https://doi.org/10.1175/EI-D-17-0011.1. Pode-se ler mais procurando o texto do próprio Powell, "Report on the Lands of the Arid Region of the United States, with a More Detailed Account of the Lands of Utah. With Maps" (Washington, D.C.: Government Printing Office, 1879), https://pubs.usgs.gov/unnumbered/70039240/report.pdf.

p. 70, **mas pouco aproveitáveis:** Seager, "Whither the 100th Meridian?", https://doi.org/10.1175/EI-D-17-0011.1.

p. 70, **divide o deserto do Saara:** Lamont-Doherty Earth Observatory, "The 100th Meridian, Where the Great Plains Begins, May Be Shifting", 11 de abril de 2018, www.ldeo.columbia.edu/news-events/100th-meridian-where-great--plains-begin-may-be-shifting.

p. 70, **Esse deserto se expandiu:** Natalie Thomas e Sumant Nigam, "Twentieth-Century Climate Change over Africa: Seasonal Hydroclimate Trends and Sahara", *Journal of Climate* 31, n. 22 (2018).

p. 71, **caiu de mais de 30% em 1970:** Food and Agriculture Organization, "The State of Food Insecurity in the World: Addressing Food Insecurity in Protracted Crises" (Rome, 2010), p. 9, www.fao.org/docrep/013/i1683e/i1683e.pdf.

p. 71, **Nascido em Iowa numa família de fazendeiros:** Charles C. Mann, *The Wizard and the Prophet: Two Remarkable Scientists and Their Dueling Visions to Shape Tomorrow's World* (Nova York: Knopf, 2018).

p. 73, **aumentará em cerca de 35% as emissões de gases do efeito estufa:** Zhaohai Bai et al., "Global Environmental Costs of China's Thirst for Milk", *Global Change Biology* 24, n. 5 (maio de 2018): pp. 2198-211, https://doi.org/10.1111/gcb.14047.

p. 73, **A produção global de alimentos já responde por cerca de um terço:** Natasha Gilbert, "One-Third of Our Greenhouse Gas Emissions Come from Agriculture", *Nature*, 31 de outubro de 2012, www.nature.com/news/one-third-of-our-greenhouse-gas-emissions-come-from-agriculture-1.11708.

p. 73, **o Greenpeace estima:** Greenpeace International, "Greenpeace Calls for Decrease in Meat and Dairy Production and Consumption for a Healthier Planet" (boletim de imprensa), 5 de março de 2018, www.greenpeace.org/international/press-release/15111/greenpeace-calls-for-decrease-in-meat-and-dairy-production-and-consumption-for-a-healthier-planet.

p. 73, **"o trágico malthusiano":** Kris Bartkus, "W. G. Sebald and the Malthusian Tragic", *The Millions*, 28 de março de 2018.

p. 74, **Com 2ºC de aquecimento:** Mark Lynas, *Six Degrees: Our Future on a Hotter Planet* (Washington, D.C.: National Geographic Society, 2008), p. 84.

p. 75, **"dois cinturões globais de seca permanente":** Ibid.

p. 75, **Por volta de 2080, sem dramáticas reduções:** Benjamin I. Cook et al., "Global Warming and 21st Century Drying", *Climate Dynamics* 43, n. 9-10 (março de 2014): pp. 2607-27, https://doi.org/10.1007/s00382-014-2075-y.

p. 75, **O mesmo é verdade para o Iraque e a Síria:** Joseph Romm, *Climate Change: What Everyone Needs to Know* (Nova York: Oxford University Press, 2016), p. 101.

p. 75, **todos os rios a leste das montanhas de Sierra Nevada:** Ibid., p. 102.

p. 75, **100 milhões passando fome:** Food and Agriculture Organization, "The State of Food Security and Nutrition in the World: Building Climate Resilience for Food Security and Nutrition" (Roma, 2018), p. 57, www.fao.org/3/I9553EN/i9553en.pdf.

p. 75, **A primavera de 2017 trouxe:** "Fighting Famine in Nigeria, Somalia, South Sudan and Yemen", ReliefWeb, 2017, https://reliefweb.int/topics/fighting-famine-nigeria-somalia-south-sudan-and-yemen.

p. 76, **estratégias de cultivo sob medida:** Zhenling Cui et al, "Pursuing Sustainable Productivity with Millions of Smallholder Farmers", *Nature*, 7 de março de 2018.

p. 76, **"startup de solo livre":** Madeleine Cuff, "Green Growth: British Soil-Free Farming Startup Prepares for First Harvest", *Business Green*, 1 de maio de 2018.

p. 77, **"Estamos presenciando a maior injeção de carboidratos":** Helena Bottemiller Evich, "The Great Nutrient Collapse", *Politico*, 13 de setembro de 2017.

p. 77, **declinou em um terço:** Donald R. Davis et al., "Changes in USDA Food Composition Data for 43 Garden Crops, 1950 to 1999", *Journal of the American College of Nutrition* 23, n. 6 (2004), pp. 669-82.

p. 77, **o conteúdo proteico do mel de abelha:** Lewis H. Ziska et al., "Rising Atmospheric CO_2 Is Reducing the Protein Concentration of a Floral Pollen Source Essential for North American Bees", *Proceedings of the Royal Society B* 283, n. 1828 (abril de 2016), http://dx.doi.org/10.1098/rspb.2016.0414.

p. 77, **em 2050, 150 milhões de pessoas:** Danielle E. Medek et al., "Estimated Effects of Future Atmospheric CO_2 Concentrations on Protein Intake and the Risk of Protein Deficiency by Country and Region", *Environmental Health Perspectives* 125, n. 8 (agosto de 2017), https://doi.org/10.1289/EHP41.

p. 77, **138 milhões poderiam sofrer:** Samuel S. Myers et al., "Effect of Increased Concentrations of Atmospheric Carbon Dioxide on the Global Threat of Zinc Deficiency: A Modelling Study", *The Lancet* 3, n. 10 (outubro de 2015): PE639-E645, https://doi.org/10.1016/S2214-109X(15)00093-5.

p. 77, **1,4 bilhão poderiam enfrentar uma queda dramática de ferro:** M. R. Smith et al., "Potential Rise in Iron Deficiency Due to Future Anthropogenic Carbon Dioxide Emissions", *GeoHealth* 1 (agosto de 2017): pp. 248-57, https://doi.org/10.1002/2016GH000018.

p. 77, **dezoito cepas diferentes de arroz:** Chunwu Zhu et al., "Carbon Dioxide (CO_2) Levels This Century Will Alter the Protein, Micronutrients, and Vitamin Content of Rice Grains with Potential Health Consequences for the Poorest Rice-Dependent Countries", *Science Advances* 4, n. 5 (maio de 2018), https://doi.org/10.1126/sciadv.aaq1012.

AFOGAMENTO [pp. 78-89]

p. 78, **1,2 metro de elevação do nível do mar:** Brady Dennis e Chris Mooney, "Scientists Nearly Double Sea Level Rise Projections for 2100, Because of Antarctica", *The Washington Post*, 30 de março de 2016.

p. 78, **até o fim do século:** Benjamin Strauss e Scott Kulp, "Extreme Sea Level Rise and the Stakes for America", Climate Central, 26 de abril de 2017, www.climatecentral.org/news/extreme-sea-level-rise-stakes-for-america-21387.

p. 78, **Uma redução radical:** Ver o gráfico, "Surging Seas: 2°C Warming and Sea Level Rise" no site do Climate Central.

p. 79, **Jeff Goodell arrola:** Jeff Goodell, *The Water Will Come: Rising Seas, Sinking Cities, and the Remaking of the Civilized World* (Nova York: Little, Brown, 2017), p. 13.

p. 79, **Atlântida:** A base histórica, se existe, para a lenda permanece tema de debate e disputa, mas para uma visão geral (e a sugestão de que a sociedade foi submersa por um vulcão na atual Santorini), ver Willie Drye, "Atlantis", *National Geographic*, 2018.

p. 79, **pelo menos 5%:** Jochen Hinkel et al., "Coastal Flood Damage and Adaptation Costs Under 21st Century Sea-Level Rise", *Proceedings of the National Academy of Sciences* (fevereiro de 2014), https://doi.org/10.1073/pnas.1222469111.

p. 79, **Jacarta é uma das cidades:** Mayuri Mei Lin e Rafki Hidayat, "Jakarta, the Fastest-Sinking City in the World", *BBC News*, 13 de agosto de 2018, www.bbc.com/news/world-asia-44636934.

p. 79, **China já evacua:** Andrew Galbraith, "China Evacuates 127,000 People as Heavy Rains Lash Guangdong-Xinhua", Reuters, 1 de setembro de 2018, www.reuters.com/article/us-china-floods/china-evacuates-127000-people-as-heavy-rains-lash-guangdong-xinhua-idUSKCN1LH3BV.

p. 80, **Grande parte da infraestrutura:** Ramakrishnan Durairajan et al., "Lights Out: Climate Change Risk to Internet Infrastructure", *Proceedings of the Applied Networking Research Workshop* (16 de julho de 2018): pp. 9-15, https://doi.org/10.1145/3232755.3232775.

p. 80, **quase 311 mil residências:** Union of Concerned Scientists, "Underwater: Rising Seas, Chronic Floods, and the Implications for US Coastal Real Estate" (Cambridge, MA, 2018), p. 5, www.ucsusa.org/global-warming/global-warming-impacts/sea-level-rise-chronic-floods-and-us-coastal-real-estate-implications.

p. 81, **100 trilhões de dólares *por ano* até 2100:** University of Southampton, "Climate Change Threatens to Cause Trillions in Damage to World's Coastal Regions If They Do Not Adapt to Sea-Level Rise", 4 de fevereiro de 2014, www.southampton.ac.uk/news/2014/02/04-climate-change-threatens-damage-to-coastal-regions.page#.UvonXXewI2l.

p. 81, **14 trilhões por ano:** Svetlana Jevrejeva et al., "Flood Damage Costs Under the Sea Level Rise with Warming of 1.5°C and 2°C", *Environmental Research Letters* 13, n. 7 (julho de 2018), https://doi.org/10.1088/1748-9326/aacc76.

p. 81, **continuaria por milênios:** Andrea Dutton et al., "Sea-Level Rise Due to Polar Ice-Sheet Mass Loss During Past Warm Periods", *Science* 349, n. 6244 (julho de 2015), https://doi.org/10.1126/science.aaa4019.

p. 81, **cenário mais otimista de 2°C, seis metros:** "Surging Seas", Climate Central.

p. 81, **quase 1200 quilômetros quadrados:** Benjamin Strauss, "Coastal Nations, Megacities Face 20 Feet of Sea Rise", Climate Central, julho 9, 2015, www.climatecentral.org/news/nations-megacities-face-20-feet-of-sea-level-rise-19217.

p. 81, **as vinte cidades mais afetadas:** Ibid.

p. 81, **As inundações já quadruplicaram desde 1980:** European Academies' Science Advisory Council, "New Data Confirm Increased Frequency of Extreme

Weather Events, European National Science Academies Urge Further Action on Climate Change Adaptation", 21 de março de 2018, https://easac.eu/press-releases/details/new-data-confirm-increased-frequency-of-extreme-weather-events-european-national-science-academies.

p. 81, **em 2100 as inundações de maré alta:** National Oceanic and Atmospheric Administration, "Patterns and Projections of High Tide Flooding Along the US Coastline Using a Common Impact Threshold" (Silver Spring, MD, fevereiro de 2018), p. ix, https://tidesandcurrents.noaa.gov/publications/techrpt86_PaP_of_HTFlooding.pdf.

p. 82, **afetou 2,3 bilhões de pessoas e matou 157 mil:** United Nations Office for Disaster Risk Reduction, "The Human Cost of Weather Related Disasters 1995-2015" (Genebra, 2015), p. 13, www.unisdr.org/2015/docs/climatechange/COP21_WeatherDisastersReport_2015_FINAL.pdf.

p. 82, **aumentaria a precipitação de chuvas em tal escala:** Sven N. Willner et al., "Adaptation Required to Preserve Future High-End River Flood Risk at Present Levels", *Science Advances* 4, n. 1 (janeiro de 2018), https://doi.org/10.1126/sciadv.aao1914.

p. 82, **corriam risco de enchentes catastróficas:** Oliver E. J. Wing et al., "Estimates of Present and Future Flood Risk in the Conterminous United States", *Environmental Research Letters* 13, n. 3 (fevereiro de 2018), https://doi.org/10.1088/1748-9326/aaac65.

p. 82, **inundações na Ásia Meridional mataram 1200 pessoas:** Oxfam International, "43 Million Hit by South Asia Floods: Oxfam Is Responding", 31 de agosto de 2017, www.oxfam.org/en/pressroom/pressreleases/2017-08-31/43-million-hit-south-asia-floods-oxfam-responding.

p. 82, **António Guterres, secretário-geral:** United Nations Secretary-General, "Secretary-General's Press Encounter on Climate Change [with Q&A]", 29 de março de 2018, www.un.org/sg/en/content/sg/press-encounter/2018-03-29/secretary-generals-press-encounter-climate-change-qa.

p. 83, **oito vezes toda a população global:** U.S. Census Bureau, "Historical Estimates of World Population", www.census.gov/data/tables/time-series/demo/international-programs/historical-est-worldpop.html.

p. 83, **história da arca de Noé:** Há uma série de teorias sobre eventos de inundação históricos que podem ter inspirado o relato bíblico, mas essa teoria popular foi apresentada amplamente em William Ryan e Walter Pitman, *Noah's Flood: The New Scientific Discoveries About the Event That Changed History* (Nova York: Simon & Schuster, 2000).

p. 83, **700 mil refugiados rohingya:** Michael Schwirtz, "Besieged Rohingya Face 'Crisis Within the Crisis': Deadly Floods", *The New York Times*, 13 de fevereiro de 2018.

p. 83, **Quando o Acordo de Paris foi esboçado:** Meehan Crist, "Besides, I'll Be Dead", *London Review of Books*, 22 de fevereiro de 2018, www.lrb.co.uk/v40/n04/meehan-crist/besides-ill-be-dead.

p. 83, **"enchente de dias de sol":** Jim Morrison, "Flooding Hot Spots: Why Seas Are Rising Faster on the US East Coast", *Yale Environment 360*, 24 de abril de 2018, https://e360.yale.edu/features/flooding-hot-spots-why-seas-are-rising-faster-on-the-U.S.-east-coast.

p. 83, **estavam ainda mais aceleradas:** Andrew Shepherd, Helen Amanda Fricker e Sinead Louise Farrell, "Trends and Connections Across the Antarctic Cryosphere", *Nature* 558 (2018), pp. 223-32.

p. 83, **taxa de derretimento do manto de gelo antártico:** University of Leeds, "Antarctica Ramps Up Sea Level Rise", 13 de junho de 2018, www.leeds.ac.uk/news/article/4250/antarctica_ramps_up_sea_level_rise.

p. 84, **49 bilhões de toneladas de gelo:** Chris Mooney, "Antarctic Ice Loss Has Tripled in a Decade. If That Continues, We Are in Serious Trouble", *The Washington Post*, 13 de junho de 2018.

p. 84, **poderia subir muitos metros em cinquenta anos:** James Hansen et al., "Ice Melt, Sea Level Rise and Superstorms: Evidence from Paleoclimate Data, Climate Modeling, and Modern Observations That 2°C Global Warming Could Be Dangerous", *Atmospheric Chemistry and Physics* 16 (2016), pp. 3761-812, https://doi.org/10.5194/acp-16-3761-2016.

p. 84, **34 mil quilômetros quadrados:** University of Maryland, "Decades of Satellite Monitoring Reveal Antarctic Ice Loss", 13 de junho de 2018, https://cmns.umd.edu/news-events/features/4156.

p. 84, **determinado pelas medidas tomadas pelo ser humano:** Hayley Dunning, "How to Save Antarctica (and the Rest of Earth Too)", Imperial College London, 13 de junho de 2018, www.imperial.ac.uk/news/186668/how-save-antarctica-rest-earth.

p. 84, **nunca observada na história humana:** Richard Zeebe et al., "Anthropogenic Carbon Release Rate Unprecedented During the Past 66 Million Years", *Nature Geoscience* 9 (março de 2016), pp. 325-9, https://doi.org//10.1038/ngeo2681.

p. 84, **"mecânica de danos":** C. P. Borstad et al., "A Damage Mechanics Assessment of the Larsen B Ice Shelf Prior to Collapse: Toward a Physically-Based Calving Law", *Geophysical Research Letters* 39 (setembro de 2012), https://doi.org/10.1029/2012GL053317.

p. 85, **cerca de dez vezes mais rápido:** Sarah Griffiths, "Global Warming Is Happening 'Ten Times Faster than at Any Time in the Earth's History', Climate Experts Claim", *The Daily Mail*, 2 de agosto de 2013. Ver também Melissa Davey, "Humans Causing Climate to Change 170 Times Faster than Natural Forces", *The Guardian*, 12 de fevereiro de 2017; essa estimativa para uma taxa de aquecimento 170 vezes mais rápida veio de Owen Gaffney e Will Steffen, "The Anthropocene Equation", *The Anthropocene Review,* 10 de fevereiro de 2017, https://doi.org/10.1177/2053019616688022.

p. 85, **o americano médio emite:** Dirk Notz e Julienne Stroeve, "Observed Arctic Sea-Ice Loss Directly Follows Anthropogenic CO_2 Emission", *Science*, 3 de novembro de 2016. Ver também Robinson Meyer, "The Average American Melts 645 Square Feet of Arctic Ice Every Year", *The Atlantic*, 3 de novembro de 2016. E ver também Ken Caldeira, "How Much Ice Is Melted by Each Carbon Dioxide Emission?", 24 de março de 2018, https://kencaldeira.wordpress.com/2018/03/24/how-much-ice-is-melted-by-each-carbon-dioxide-emission.

p. 85, **1,2ºC de aquecimento global:** Sebastian H. Mernild, "Is 'Tipping Point' for the Greenland Ice Sheet Approaching?", *Aktuel Naturvidenskab*, 2009, http://mernild.com/onewebmedia/2009.AN%20Mernild4.pdf.

p. 85, **elevaria o nível do mar em seis metros:** National Snow and Ice Data Center, "Quick Facts on Ice Sheets", https://nsidc.org/cryosphere/quickfacts/icesheets.html.

p. 85, **os mantos de gelo da Antártida Ocidental e da Groenlândia:** Patrick Lynch, "The 'Unstable' West Antarctic Ice Sheet: A Primer", Nasa, 12 de maio de 2014, www.nasa.gov/jpl/news/antarctic-ice-sheet-20140512.

p. 85, **1 bilhão de toneladas de gelo:** UMassAmherst College of Engineering, "Gleason Participates in Groundbreaking Greenland Research That Makes Front Page of *New York Times*", janeiro de 2017, https://engineering.umass.edu/news/gleason-participates-groundbreaking-greenland-research-that-makes-front-page-new-york-times.

p. 85, **elevar os níveis do mar globalmente de três a seis metros:** Jonathan L. Bamber, "Reassessment of the Potential Sea-Level Rise from a Collapse of the West Antarctic Ice Sheet", *Science* 324, n. 5929 (maio de 2009), pp. 901-3, https://doi.org/10.1126/science.1169335.

p. 85, **18 bilhões de toneladas de gelo:** Alejandra Borunda, "We Know West Antarctica Is Melting. Is the East in Danger, Too?", *National Geographic*, 10 de agosto de 2018.

p. 86, **o permafrost contém mais de 1,8 trilhão de toneladas de carbono:** Nasa Science, "Is Arctic Permafrost the 'Sleeping Giant' of Climate Change?", 24 de junho de 2013, https://science.nasa.gov/science-news/science-at-nasa/2013/24jun_permafrost.

p. 86, **um artigo da revista *Nature* revelou:** Katey Walter Anthony et al., "21st Century Modeled Permafrost Carbon Emissions Accelerated by Abrupt Thaw Beneath Lakes", *Nature Communications* 9, n. 3262 (agosto de 2018), https://doi.org/10.1038/s41467-018-05738-9. Ver também Ellen Gray, "Unexpected Future Boost of Methane Possible from Arctic Permafrost", Nasa Climate,

20 de agosto de 2018, https://climate.nasa.gov/news/2785/unexpected-future--boost-of-methane-possible-from-arctic-permafrost.

p. 86-7, **"derretimento abrupto":** Anthony, "21st Century Modeled Permafrost Carbon Emissions", https://doi.org/10.1038/s41467-018-05738-9.

p. 87, **Os níveis de metano atmosférico aumentaram:** "What Is Behind Rising Levels of Methane in the Atmosphere?" Nasa Earth Observatory, 11 de janeiro de 2018, https://earthobservatory.nasa.gov/images/91564/what-is-behind--rising-levels-of-methane-in-the-atmosphere.

p. 87, **gás liberado por esses lagos poderia dobrar:** Anthony, "21st Century Modeled Permafrost Carbon Emissions", https://doi.org/10.1038/s41467-018-05738-9.

p. 87, **entre 37% e 81% até 2100:** IPCC, *Climate Change 2013: The Physical Science Basis — Summary for Policymakers* (Genebra, outubro de 2013), p. 23, www.ipcc.ch/pdf/assessment-report/ar5/wg1/WGIAR5_SPM_brochure_en.pdf.

p. 87, **já na década de 2020:** Kevin Schaeffer et al., "Amount and Timing of Permafrost Release in Response to Climate Warming", *Tellus B*, 24 de janeiro de 2011.

p. 87, **100 bilhões de toneladas:** Ibid.

p. 88, **um aquecimento massivo equivalente:** Peter Wadhams, "The Global Impacts of Rapidly Disappearing Arctic Sea Ice", *Yale Environment 360*, 26 de setembro de 2016, https://e360.yale.edu/features/as_arctic_ocean_ice_disappears_global_climate_impacts_intensify_wadhams.

p. 88, **pelo menos cinquenta metros:** David Archer, *The Long Thaw: How Humans Are Changing the Next 100,000 Years of Earth's Climate* (Princeton, NJ: Princeton University Press, 2016).

p. 88, **O Serviço de Levantamento Geológico dos Estados Unidos:** Jason Treat et al., "What the World Would Look Like If All the Ice Melted", *National Geographic*, setembro de 2013.

p. 88, **mais de 97% da Flórida:** Benjamin Strauss, Scott Kulp e Peter Clark, "Can You Guess What America Will Look Like in 10,000 Years? A Quiz", *The New York Times*, 20 de abril de 2018, www.nytimes.com/interactive/2018/04/20/sunday-review/climate-flood-quiz.html.

p. 89, **Manaus, em plena selva:** Treat, "What the World Would Look Like".

p. 89, **mais de 600 milhões de pessoas:** Gordon McGranahan et al., "The Rising Tide: Assessing the Risks of Climate Change and Human Settlements in Low Elevation Coastal Zones", *Environment and Urbanization* 19, n. 1 (abril de 2007), pp. 17-27, https://doi.org/10.1177//0956247807076960.

INCÊNDIOS FLORESTAIS [pp. 90-9]

p. 90, **incêndio Thomas, o pior:** CalFire, "Incident Information: Thomas Fire", 28 de março de 2018, http://cdfdata.fire.ca.gov/incidents/incidents_details_info?incident_id=1922.

p. 90, **"15% contido":** CalFire, "Thomas Fire Incident Update", 11 de dezembro de 2017, http://cdfdata.fire.ca.gov/pub/cdf/images/incidentfile1922_3183.pdf.

p. 90, **"Diários de Los Angeles":** Joan Didion, *Slouching Towards Bethlehem* (Nova York: Farrar, Straus, & Giroux, 1968).

p. 91, **Cinco dos vinte piores:** CalFire, "Top 20 Most Destructive California Wildfires", 20 de agosto de 2018, www.fire.ca.gov/communications/downloads/fact_sheets/Top20_Destruction.pdf.

p. 91, **1,24 milhão de acres:** CalFire, "Incident Information: 2017", 24 de janeiro de 2018, http://cdfdata.fire.ca.gov/incidents/incidents_stats?year=2017.

p. 91, **ocorreram 172 incêndios:** California Board of Forestry and Fire Protection, "October 2017 Fire Siege", janeiro de 2018, http://bofdata.fire.ca.gov/board_business/binder_materials/2018/january_2018_meeting/full/full_14_presentation_october_2017_fire_siege.pdf.

p. 91, **Um casal sobreviveu:** Robin Abcarian, "They Survived Six Hours in a Pool as a Wildfire Burned Their Neighborhood to the Ground", *Los Angeles Times*, 12 de outubro de 2017.

p. 91, **apenas o marido saiu ileso:** Erin Allday, "Wine Country Wildfires: Huddled in Pool amid Blaze, Wife Dies in Husband's Arms", *SF Gate*, 25 de janeiro de 2018.

p. 92, **mais de 5 mil quilômetros quadrados:** CalFire, "Incident Information: 2018", 24 de janeiro de 2018, http://cdfdata.fire.ca.gov/incidents/incidents_stats?year=2018.

p. 91, **a fumaça cobriu quase metade:** Megan Molteni, "Wildfire Smoke Is Smothering the US — Even Where You Don't Expect It", *Wired*, 14 de agosto de 2018.

p. 92, **na Colúmbia Britânica:** Estefania Duran, "B.C. Year in Review 2017: Wildfires Devastate the Province like Never Before", *Global News*, 25 de dezembro de 2017, https://globalnews.ca/news/3921710/b-c-year-in-review-2017-wildfires.

p. 93, **Los Angeles sempre foi uma cidade impossível:** Mike Davis, *City of Quartz: Excavating the Future in Los Angeles* (Londres: Verso, 1990).

p. 93, **acabaram com a safra de vinho:** Tiffany Hsu, "In California Wine Country, Wildfires Take a Toll on Vintages and Tourism", *The New York Times*, 10 de outubro de 2017.

p. 94, **Getty Museum:** Jessica Gelt, "Getty Museum Closes Because of Fire, but 'The Safest Place for the Art Is Right Here', Spokesman Says", *Los Angeles Times*, 6 de dezembro de 2017.

p. 94, **a temporada dos incêndios no Oeste dos Estados Unidos:** "Climate Change Indicators: U.S. Wildfires", wx Shift, http://wxshift.com/climate-change/climate-indicators/us-wildfires.

p. 94, **cerca de 20%:** W. Matt Jolly et al., "Climate-Induced Variations in Global Wildfire Danger from 1979 to 2013", *Nature Communications* 6, n. 7537 (julho de 2015), https://doi.org/10.1038/ncomms8537.

p. 95, **Em 2050, a destruição:** Joseph Romm, *Climate Change: What Everyone Needs to Know* (Nova York: Oxford University Press, 2016), p. 47.

p. 95, **10 milhões de acres viraram carvão:** National Interagency Fire Center, "Total Wildland Fires and Acres (1926-2017)", www.nifc.gov/fireInfo/fireInfo_stats_totalFires.html.

p. 95, **"A gente nem fala mais":** Melissa Pamer and Elizabeth Espinosa, "'We Don't Even Call It Fire Season Anymore… It's Year Round': Cal Fire", KTLA 5, 11 de dezembro de 2017, https://ktla.com/2017/12/11/we-dont-even-call-it-fire-season-anymore-its-year-round-cal-fire.

p. 95, **a fuligem e as cinzas:** William Finnegan, "California Burning", *New York Review of Books*, 16 de agosto de 2018.

p. 95, **dezenas de hóspedes […] escapar das:** Jason Horowitz, "As Greek Wildfire Closed In, a Desperate Dash Ended in Death", *The New York Times*, 24 de julho de 2018.

p. 96, **Grande Enchente no estado, em 1862:** Daniel L. Swain et al., "Increasing Precipitation Volatility in Twenty-First-Century California", *Nature Climate Change* 8 (abril de 2018): pp. 427-33, https://doi.org/10.1038/s41558-018-0140-y.

p. 96, **No mundo todo, todo ano, entre 260 mil e 600 mil:** Fay H. Johnston et al., "Estimated Global Mortality Attributable to Smoke from Landscape Fires", *Environmental Health Perspectives* 120, n. 5 (maio de 2012), https://doi.org/10.1289/ehp.1104422.

p. 96, **A fumaça dos incêndios canadenses:** George E. Le et al., "Canadian Forest Fires and the Effects of Long-Range Transboundary Air Pollution on Hospitalizations Among the Elderly", *ISPRS International Journal of Geo-Information* 3 (maio de 2014): pp. 713-31, https://doi.org/10.3390/ijgi3020713.

p. 96, **um pico de 42% de visitas ao pronto-socorro:** C. Howard et al., "SOS: Summer of Smoke — A Mixed-Methods, Community-Based Study Investigating the Health Effects of a Prolonged, Severe Wildfire Season on a Subarctic Population", *Canadian Journal of Emergency Medicine* 19 (maio de 2017): p. S99, https://doi.org/10.1017/cem.2017.264.

p. 96, **"Uma das emoções mais fortes":** Sharon J. Riley, "'The Lost Summer': The Emotional and Spiritual Toll of the Smoke Apocalypse", *The Narwhal*, 21 de agosto de 2018, https://thenarwhal.ca/the-lost-summer-the-emotional-and-spiritual-toll-of-the-smoke-apocalypse.

p. 97, **Incêndios de turfa na Indonésia:** Susan E. Page et al., "The Amount of Carbon Released from Peat and Forest Fires in Indonesia During 1997", *Nature* 420 (novembro de 2002): pp. 61-5, https://doi.org/10.1038/nature01131. Para um panorama de como as emissões de turfa mudarão doravante, ver Angela V. Gallego-Sala et al., "Latitudinal Limits to the Predicted Increase of the Peatland Carbon Sink with Warming", *Nature Climate Change* 8 (2018), pp. 907-13.

p. 97, **Na Califórnia, um único incêndio:** David R. Baker, "Huge Wildfires Can Wipe Out California's Greenhouse Gas Gains", *San Francisco Chronicle*, 22 de novembro de 2017.

p. 97, **sua segunda "seca centenária":** Joe Romm, "Science: Second '100-Year' Amazon Drought in Five Years Caused Huge CO_2 Emissions. If This Pattern Continues, the Forest Would Become a Warming Source", ThinkProgress, 8 de fevereiro de 2011, https://thinkprogress.org/science-second-100-year-amazon-drought-in-5-years-caused-huge-co2-emissions-if-this-pattern-7036a9074098.

p. 97, **as árvores da Amazônia:** Roel J. W. Brienen et al., "Long-Term Decline of the Amazon Carbon Sink", *Nature*, março de 2015.

p. 97, **Um grupo de cientistas brasileiros:** Aline C. Soterroni et al., "Fate of the Amazon Is on the Ballot in Brazil's Presidential Election", *Monga Bay*, 17 de outubro de 2018, https://news.mongabay.com/2018/10/fate-of-the-amazon-is-on-the-ballot-in-brazils-presidential-election-commentary/.

p. 98, **o desflorestamento é responsável por cerca de 12%:** G. R. van der Werf et al., "CO_2 Emissions from Forest Loss", *Nature Geoscience* 2 (novembro de 2009), pp. 737-8, https://doi.org/10.1038/ngeo671.

p. 98, **produzem até 25%:** Bob Berwyn, "How Wildfires Can Affect Climate Change (and Vice Versa)", *Inside Climate News*, 23 de agosto de 2018, https://insideclimatenews.org/news/23082018/extreme-wildfires-climate-change-global-warming-air-pollution-fire-management-black-carbon-co2.

p. 98, **capacidade dos solos florestais:** Daisy Dunne, "Methane Uptake from Forest Soils Has 'Fallen by 77% in Three Decades'", *Carbon Brief*, 6 de agosto de 2018, www.carbonbrief.org/methane-uptake-from-forest-soils-has-fallen-77-per-cent-three-decades.

p. 98, **contribuir com 1,5ºC a mais:** Natalie M. Mahowald et al., "Are the Impacts of Land Use on Warming Underestimated in Climate Policy?" *Environmental Research Letters* 12, n. 9 (setembro de 2017), https://doi.org/10.1088/1748-9326/aa836d.

p. 98, **30% de emissões:** Quentin Lejeune et al., "Historical Deforestation Locally Increased the Intensity of Hot Days in Northern Mid-Latitudes", *Nature Climate Change* 8 (abril de 2018): pp. 386-90, https://doi.org/10.1038/s41558-018-0131-z.

p. 98, **27 novos casos de malária:** Leonardo Suveges Moreira Chaves et al., "Abundance of Impacted Forest Patches Less than 5 km^2 Is a Key Driver of the

Incidence of Malaria in Amazonian Brazil", *Scientific Reports* 8, n. 7077 (maio de 2018), https://doi.org/10.1038/s41598-018-25344-5.

DESASTRES NÃO MAIS NATURAIS [pp. 100-8]

p. 100, **os tornados virão com mais frequência:** Francesco Fiondella, "Extreme Tornado Outbreaks Have Become More Common", International Research Institute for Climate and Society, Columbia University, 2 de março de 2016, https://iri.columbia.edu/news/tornado-outbreaks.

p. 100, **rastros de destruição maiores:** Joseph Romm, *Climate Change: What Everyone Needs to Know* (Nova York: Oxford University Press, 2016), p. 69.

p. 101, **três grandes furacões:** Congressional Research Service, *The National Hurricane Center and Forecasting Hurricanes: 2017 Overview and 2018 Outlook* (Washington, D.C., 23 de agosto de 2018), https://fas.org/sgp/crs/misc/R45264.pdf.

p. 101, **despejou sobre Houston:** Javier Zarracina e Brian Resnick, "All the Rain That Hurricane Harvey Dumped on Texas and Louisiana, in One Massive Water Drop", *Vox*, 1 de setembro de 2017.

p. 101, **o verão recorde de 2018:** Jason Samenow, "Red Hot Planet: This Summer's Punishing and Historic Heat in Seven Charts and Maps", *The Washington Post*, 17 de agosto de 2018.

p. 101, **Em 1850, a área tinha 150 geleiras:** U.S. Geological Survey, "Retreat of Glaciers in Glacier National Park", 6 de abril de 2016, www.usgs.gov/centers/norock/science/retreat-glaciers-glacier-national-park.

p. 102, **As tempestades já dobraram desde 1980:** European Academies' Science Advisory Council, "New Data Confirm Increased Frequency of Extreme Weather Events, European National Science Academies Urge Further Action on Climate Change Adaptation", 21 de março de 2018, https://easac.eu/press-releases/details/new-data-confirm-increased-frequency-of-extreme-weather-events--european-national-science-academies.

p. 102, **que Nova York sofra:** Andra J. Garner et al., "Impact of Climate Change on New York City's Coastal Flood Hazard: Increasing Flood Heights from the Preindustrial to 2300 CE", *Proceedings of the National Academy of Sciences* (setembro de 2017), https://doi.org/10.1073/pnas.1703568114.

p. 102, **40% a mais de tempestades intensas:** U.S. Global Change Research Program, *2014 National Climate Assessment* (Washington, D.C., 2014), https://nca2014.globalchange.gov/report/our-changing-climate/heavy-downpours-increasing.

p. 102, **No Nordeste:** U.S. Global Change Research Program, "Observed Change in Very Heavy Precipitation", 19 de setembro de 2013, https://data.glo-

balchange.gov/report/nca3/chapter/our-changing-climate/figure/observed-
-change-in-very-heavy-precipitation-2.

p. 102, **A ilha de Kauai:** National Weather Service, "April 2018 Precipitation Summary", 4 de maio de 2018, www.prh.noaa.gov/hnl/hydro/pages/apr18sum.php.

p. 103, **os danos de tempestades cotidianas:** Alyson Kenward e Urooj Raja, "Blackout: Extreme Weather, Climate Change and Power Outages", Climate Central (Princeton, NJ, 2014), p. 4, http://assets.climatecentral.org/pdfs/Power-Outages.pdf.

p. 103, **Quando o furacão Irma se formou:** Joe Romm, "The Case for a Category 6 Rating for Super-Hurricanes like Irma", *ThinkProgress*, 6 de setembro de 2017, https://thinkprogress.org/category-six-hurricane-irma-62cfdfdd93cb.

p. 103, **encharcando tão completamente as terras cultiváveis:** Frances Robles e Luis Ferré-Sadurní, "Puerto Rico's Agriculture and Farmers Decimated by Maria", *The New York Times*, 24 de setembro de 2017.

p. 104, **"Começamos a receber alguns indícios":** Comentário feito por Wark no Twitter: https://twitter.com/mckenziewark/status/913382357230645248.

p. 104, **até dezessete vezes pior:** Ning Lin et al., "Hurricane Sandy's Flood Frequency Increasing from Year 1800 to 2100", *Proceedings of the National Academy of the Sciences*, outubro de 2016.

p. 104, **Furacões de intensidade semelhante ao do Katrina devem ocorrer com o dobro de frequência:** Aslak Grinsted et al., "Projected Atlantic Hurricane Surge Threat from Rising Temperatures", *Proceedings of the National Academy of Sciences* (março de 2013), https://doi.org/10.1073/pnas.1209980110.

p. 104, **Observando globalmente, os pesquisadores:** Greg Holland e Cindy L. Bruyère, "Recent Intense Hurricane Response to Global Climate Change", *Climate Dynamics* 42, n. 3-4 (fevereiro de 2014), pp. 617-27, https://doi.org/10.1007/s00382-013-1713-0.

p. 104, **Entre 2006 e 2013, as Filipinas:** Food and Agriculture Organization, "The Impact of Disasters on Agriculture and Food Security" (Roma, 2015), p. xix, https://reliefweb.int/sites/reliefweb.int/files/resources/a-i5128e.pdf.

p. 104, **os tufões se intensificaram:** Wei Mei e Shang-Ping Xie, "Intensification of Landfalling Typhoons over the Northwest Pacific Since the Late 1970s", *Nature Geoscience* 9 (setembro de 2016), pp. 753-7, https://doi.org/10.1038/NGEO2792.

p. 104, **Em 2070, as megacidades asiáticas:** Linda Poon, "Climate Change Is Testing Asia's Megacities", CityLab, 9 de outubro de 2018, www.citylab.com/environment/2018/10/asian-megacities-vs-tomorrows-typhoons/572062.

p. 105, **mais intensas se tornam as nevascas:** Judah Cohen et al., "Warm Arctic Episodes Linked with Increased Frequency of Extreme Winter Weather in the United States", *Nature Communications* 9, n. 869 (março de 2018): https://doi.org/10.1038/s41467-018-02992-9.

p. 105, **758 tornados:** NOAA National Centers for Environmental Information, "State of the Climate: Tornadoes for abril 2011", maio de 2011, www.ncdc.noaa.gov/sotc/tornadoes/201104.

p. 106, **40% até 2100:** Noah S. Diffenbaugh et al., "Robust Increases in Severe Thunderstorm Environments in Response to Greenhouse Forcing", *Proceedings of the National Academy of Sciences* 110, n. 41 (outubro de 2013), pp. 16361-6, https://doi.org/10.1073/pnas.1307758110.

p. 106, **725 bilhões de dólares:** Keith Porter et al., "Overview of the ARkStorm Scenario", U.S. Geological Survey, janeiro de 2011, https://pubs.usgs.gov/of/2010/1312.

p. 107, **uma nuvem de cheiros "insuportáveis":** Emily Atkin, "Minutes: 'Unbearable' Petrochemical Smells Are Reportedly Drifting into Houston", *The New Republic*, agosto de 2017.

p. 107, **quase meio bilhão de galões:** Frank Bajak e Lise Olsen, "Silent Spills", *Houston Chronicle*, maio de 2018.

p. 107, **a cidade já estava fora de combate:** Kevin Litten, "16 New Orleans Pumps, Not 14, Were Down Saturday and Remain Out: Officials", *The Times-Picayune*, 10 de agosto de 2017.

p. 107, **a população de 480 mil habitantes em 2000:** Elizabeth Fussell, "Constructing New Orleans, Constructing Race: A Population History of New Orleans", *The Journal of American History* 94, n. 3 (dezembro de 2007), pp. 846--55, www.jstor.org/stable/25095147.

p. 107, **caiu para 230 mil:** Allison Plyer, "Facts for Features: Katrina Impact", The Data Center, 26 de agosto de 2016, www.datacenterresearch.org/data-resources/katrina/facts-for-impact.

p. 107, **Uma das cidades de crescimento mais acelerado:** U.S. Census Bureau, "The South Is Home to 10 of the 15 Fastest-Growing Large Cities", 25 de maio de 2017, www.census.gov/newsroom/press-releases/2017/cb17-81-population-estimates-subcounty.html.

p. 107, **abrangia também o subúrbio de crescimento:** Amy Newcomb, "Census Bureau Reveals Fastest-Growing Large Cities", U.S. Census Bureau, 2018.

p. 107, **cinco vezes mais habitantes:** cálculo do U.S. Census Bureau.

p. 107, **foram atraídos para lá pela indústria petrolífera:** John Schwartz, "Exxon Misled the Public on Climate Change, Study Says", *The New York Times*, 23 de agosto de 2017.

p. 108, **Lower Ninth Ward:** Greg Allen, "Ghosts of Katrina Still Haunt New Orleans' Shattered Lower Ninth Ward", NPR, 3 de agosto de 2015, www.npr.org/2015/08/03/427844717/ghosts-of-katrina-still-haunt-new-orleans-shattered-lower-ninth-ward.

p. 108, **toda a linha costeira da Louisiana:** Kevin Sack e John Schwartz, "Left to Louisiana's Tides, a Village Fights for Time", *The New York Times*, 24 de fevereiro de 2018, www.nytimes.com/interactive/2018/02/24/us/jean-lafitte--floodwaters.html.

p. 108, **3 mil quilômetros:** Bob Marshall, Brian Jacobs e Al Shaw, "Losing Ground", *ProPublica*, 28 de agosto de 2014, http://projects.propublica.org/louisiana.

p. 108, **orçamento rodoviário nacional de 2018:** Jeff Goodell, "Welcome to the Age of Climate Migration", *Rolling Stone*, 4 de fevereiro de 2018.

p. 108, **deixaram a ilha e foram para a Flórida:** John D. Sutter e Sergio Hernandez, "'Exodus' from Puerto Rico: A Visual Guide", CNN, 21 de fevereiro de 2018, www.cnn.com/2018/02/21/us/puerto-rico-migration-data-invs/index.html.

ESGOTAMENTO DA ÁGUA DOCE [pp. 109-17]

p. 109, **Setenta e um por cento do planeta:** USGS Water Science School, "How Much Water Is There on, in, and Above the Earth?" U.S. Geological Survey, 2 de dezembro de 2016, https://water.usgs.gov/edu/earthhowmuch.html.

p. 109, **Pouco mais de 2% dessa água:** USGS Water Science School, "The World's Water", U.S. Geological Survey, 2 de dezembro de 2016, https://water.usgs.gov/edu/earthwherewater.html.

p. 109, **apenas 0,007% da água do planeta:** "Freshwater Crisis", *National Geographic*.

p. 109, **No mundo todo, entre 70% e 80%:** Tariq Khokhar, "Chart: Globally, 70% of Freshwater Is Used for Agriculture", World Bank Data Blog, 22 de março de 2017, https://blogs.worldbank.org/opendata/chart-globally-70-freshwater--used-agriculture.

p. 110, **vinte litros de água por dia:** "Water Consumption in Africa", Institute Water for Africa, https://water-for-africa.org/en/water-consumption/articles/water-consumption-in-africa.html.

p. 110, **menos da metade do que o recomendado para a saúde pública:** UN-Water Decade Programme on Advocacy and Communication and Water Supply and Sanitation Collaborative Council, "The Human Right to Water and Sanitation", www.un.org/waterforlifedecade/pdf/human_right_to_water_and_sanitation_media_brief.pdf.

p. 110, **demanda mundial de água vá superar a oferta:** "Half the World to Face Severe Water Stress by 2030 Unless Water Use Is 'Decoupled' from Economic Growth, Says International Resource Panel", United Nations Environment Programme, 21 de março de 2016, www.unenvironment.org/news-and-stories/press--release/half-world-face-severe-water-stress-2030-unless-water-use-decoupled.

p. 110, **perda estimada de 16% da água doce:** "Water Audits and Water Loss Control for Public Water Systems", Environmental Protection Agency, julho de 2013, www.epa.gov/sites/production/files/2015-04/documents/epa816f13002.pdf.

p. 110, **no Brasil, a estimativa é de 40%:** "Treated Water Loss Is Still High in Brazil", World Water Forum, 21 de novembro de 2017, http://8.worldwaterforum.org/en/news/treated-water-loss-still-high-brazil.

p. 110, **2,1 bilhões de pessoas:** "2.1 Billion People Lack Safe Drinking Water at Home, More than Twice as Many Lack Safe Sanitation", World Health Organization, 12 de julho de 2017, www.who.int/news-room/detail/12-07-2017-2-1-billion-people-lack-safe-drinking-water-at-home-more-than-twice-as-many-lack-safe-sanitation.

p. 110, **4,5 bilhões não dispõem de tratamento de água de saneamento:** Ibid.

p. 110, **Metade da população mundial:** M. Huss et al., "Toward Mountains Without Permanent Snow and Ice", *Earth's Future* 5, n. 5 (maio de 2017), pp. 418-35, https://doi.org/10.1002/2016EF000514.

p. 111, **as geleiras do Himalaia:** P. D. A. Kraaijenbrink, "Impact of a Global Temperature Rise of 1.5 Degrees Celsius on Asia's Glaciers", *Nature* 549 (setembro de 2017), pp. 257-60, https://doi.org/10.1038/nature23878.

p. 111, **Com 4ºC, os Alpes nevados:** Mark Lynas, *Six Degrees: Our Future on a Hotter Planet* (Washington, D.C.: National Geographic Society, 2008), p. 202.

p. 111, **70% menos neve:** Christoph Marty et al., "How Much Can We Save? Impact of Different Emission Scenarios on Future Snow Cover in the Alps", *The Cryosphere*, 2017.

p. 111, **250 milhões de africanos:** United Nations Framework Convention on Climate Change, "Climate Change: Impacts, Vulnerabilities and Adaptation in Developing Countries" (Nova York, 2007), p. 5, https://unfccc.int/resource/docs/publications/impacts.pdf.

p. 111, **1 bilhão de pessoas só na Ásia:** Charles Fant et al., "Projections of Water Stress Based on an Ensemble of Socioeconomic Growth and Climate Change Scenarios: A Case Study in Asia", *PLOS One* 11, n. 3 (março de 2016), https://doi.org/10.1371/journal.pone.0150633.

p. 111, **disponibilidade de água doce:** World Bank, "High and Dry: Climate Change, Water, and the Economy" (Washington, D.C., 2016), p. vi.

p. 111, **5 bilhões de pessoas:** UN Water, "The United Nations World Water Developent Report 2018: Nature-Based Solutions for Water" (Paris, 2018), p. 3, http://unesdoc.unesco.org/images/0026/002614/261424e.pdf.

p. 111, **a próspera cidade de Phoenix:** Marcello Rossi, "Desert City Phoenix Mulls Ways to Quench Thirst of Sprawling Suburbs", *Thomson Reuters Foundation News*, 7 de junho de 2018, news.trust.org/item/20180607120002-7kwzq.

p. 111, **até Londres começa a se preocupar:** Edoardo Borgomeo, "Will London Run Out of Water?" *The Conversation*, 24 de maio de 2018, https://theconversation.com/will-london-run-out-of-water-97107.

p. 111, **"estresse hídrico de elevado a extremo":** NITI Aayog, *Composite Water Management Index: A Tool for Water Management* (junho de 2018), p. 15,

www.niti.gov.in/writereaddata/files/document_publication/2018-05-18-Water--index-Report_vS6B.pdf.

p. 111, **a disponibilidade de água per capita no país:** Rina Saeed Khan, "Water Pressures Rise in Pakistan as Drought Meets a Growing Population", Reuters, 14 de junho de 2018, https://af.reuters.com/article/commoditiesNews/idAFL5N1T7502.

p. 112, **do mar de Aral:** Nasa Earth Observatory, "World of Change: Shrinking Aral Sea", https://earthobservatory.nasa.gov/WorldOfChange/AralSea.

p. 112, **lago Poopó:** Nasa Earth Observatory, "Bolivia's Lake Poopó Disappears", 23 de janeiro de 2016, https://earthobservatory.nasa.gov/images/87363/bolivias-lake-poopo-disappears.

p. 112, **lago Urmia:** Amir AghaKouchak et al., "Aral Sea Syndrome Desiccates Lake Urmia: Call for Action", *Journal of Great Lakes Research* 41, n. 1 (março de 2015), pp. 307-11, https://doi.org/10.1016/j.jglr.2014.12.007.

p. 112, **lago Chad:** "Africa's Vanishing Lake Chad", *Africa Renewal* (abril de 2012), www.un.org/africarenewal/magazine/april-2012/africa%E2%80%99s-vanishing-lake-chad.

p. 112, **proliferação de bactérias em águas:** Boqiang Qin et al., "A Drinking Water Crisis in Lake Taihu, China: Linkage to Climatic Variability and Lake Management", *Environmental Management* 45, n. 1 (janeiro de 2010), pp. 105-12, https://doi.org/10.1007/s00267-009-9393-6.

p. 112, **lago Tanganica:** Jessica E. Tierney et al., "Late-Twentieth-Century Warming in Lake Tanganyika Unprecedented Since AD 500", *Nature Geoscience* 3 (maio de 2010), pp. 422-5, https://doi.org/10.1038/ngeo865. Ver também, por exemplo, Clea Broadhurst, "Global Warming Depletes Lake Tanganikya's Fish Stocks", RFI, 9 de agosto de 2016, http://en.rfi.fr/africa/20160809-global-warming-responsible-decline-fish-lake-tanganyika.

p. 112, **16% das emissões de metano natural:** E. J. S. Emilson et al., "Climate Driven Shifts in Sediment Chemistry Enhance Methane Production in Northern Lakes", *Nature Communications* 9, n. 1801 (maio de 2018), https://doi.org/10.1038/s41467-018-04236-2. Ver também David Bastviken et al., "Methane Emissions from Lakes: Dependence of Lake Characteristics, Two Regional Assessments, and a Global Estimate", *Global Biogeochemical Cycles* 18 (2004), https://doi.org/10.1029/2004GB002238.

p. 112, **dobrar essas emissões:** "Greenhouse Gas 'Feedback Loop' Discovered in Freshwater Lakes", University of Cambridge, 4 de maio de 2018, www.cam.ac.uk/research/news/greenhouse-gas-feedback-loop-discovered-in-freshwater-lakes.

p. 112, **os aquíferos já fornecem:** USGS Water Science School, "Groundwater Use in the United States", U.S. Geological Survey, 26 de junho de 2018, https://water.usgs.gov/edu/wugw.html.

p. 112, **poços que costumavam extrair:** Brian Clark Howard, "California Drought Spurs Groundwater Drilling Boom in Central Valley", *National Geographic*, 16 de agosto de 2014.

p. 112, **perdeu cinquenta quilômetros cúbicos:** Kevin Wilcox, "Aquifers Depleted in Colorado River Basin", *Civil Engineering*, 5 de agosto de 2014, www.asce.org/magazine/20140805-aquifers-depleted-in-colorado-river-basin.

p. 112, **o aquífero de Ogallala:** Sandra Postel, "Drought Hastens Groundwater Depletion in the Texas Panhandle", *National Geographic*, 24 de julho de 2014.

pp. 112-3, **calcula-se que irá secar em mais de 70%:** Kansas State University, "Study Forecasts Future Water Levels of Crucial Agricultural Aquifer", *K-State News*, 26 de agosto de 2013, www.k-state.edu/media/newsreleases/aug13/groundwater82613.html. Ver também David R. Steward et al., "Tapping Unsustainable Groundwater Stores for Agricultural Production in the High Plains Aquifer of Kansas, Projections to 2110", *Proceedings of the National Academy of Sciences of the United States of America* 110. n. 37 (setembro de 2013), pp. E3477-86, https://doi.org/10.1073/pnas.1220351110.

p. 113, **21 cidades:** NITI Aayog, *Composite Water Management Index*, p. 22, www.niti.gov.in/writereaddata/files/document_publication/2018-05-18-Water--index-Report_vS6B.pdf.

p. 113, **O primeiro Dia Zero:** City of Cape Town, "Day Zero: When Is It, What Is It, and How Can We Avoid It?", 15 de novembro de 2017, www.capetown.gov.za/Media-and-news/Day%20Zero%20when%20is%20it,%20what%20is%20it,%20and%20how%20can%20we%20avoid%20it?.

p. 113, **Em um memorável relato em primeira pessoa:** Adam Welz, "Letter from a Bed in Cape Town", *Sierra*, 12 de fevereiro de 2018, www.sierraclub.org/sierra/letter-bed-cape-town-drought-day-zero.

p. 114, **no árido Utah:** Mark Milligan, "Glad You Asked: Does Utah Really Use More Water than Any Other State?" Utah Geological Survey, https://geology.utah.gov/map-pub/survey-notes/glad-you-asked/does-utah-use-more-water.

p. 114, **a África do Sul tinha 9 milhões de pessoas:** Unesco, *Water: A Shared Responsibility — The United Nations World Water Development Report 2* (Paris, 2006), p. 502, http://unesdoc.unesco.org/images/0014/001454/145405e.pdf#page=519.

p. 115, **produzir a safra de vinho do país:** Stephen Leahy, "From Not Enough to Too Much, the World's Water Crisis Explained", *National Geographic*, 22 de março de 2018.

p. 115, **o consumo urbano total:** Public Policy Institute for California, "Water Use in California", julho de 2016, www.ppic.org/publication/water-use-in-california.

p. 115, **limitando o uso da água a doze horas:** Jon Gerberg, "A Megacity Without Water: Sao Paulo's Drought", *Time*, 13 de outubro de 2015.

p. 115, **racionamento brutal:** Simon Romero, "Taps Start to Run Dry in Brazil's Largest City", *The New York Times*, 16 de fevereiro de 2015.

p. 115, **teve de trazer água potável da França de balsa:** Graham Keeley, "Barcelona Forced to Import Emergency Water", *The Guardian*, 14 de maio de 2008.

p. 115, **"seca do milênio":** "Recent Rainfall, Drought and Southern Australia's Long-Term Rainfall Decline", Australian Government Bureau of Meteorology, abril de 2015, www.bom.gov.au/climate/updates/articles/a010-southern-rainfall-decline.shtml.

p. 115, **99% e 84%, respectivamente:** Albert I. J. M. van Dijk et al., "The Millennium Drought in Southeast Australia (2001-2009): Natural and Human Causes and Implications for Water Resources, Ecosystems, Economy, and Society", *Water Resources Research* 49 (fevereiro de 2013): pp. 1040-57, http://doi.org/10.1002/wrcr.20123.

p. 115, **terras úmidas sofreram acidificação:** "Managing Water for the Environment During Drought: Lessons from Victoria, Australia, Technical Appendices", Public Policy Institute of California (San Francisco, junho de 2016), p. 8, www.ppic.org/content/pubs/other/0616JMR_appendix.pdf.

p. 115, **por semanas em maio e junho:** Michael Safi, "Washing Is a Privilege: Life on the Frontline of India's Water Crisis", *The Guardian*, 21 de junho de 2018. Ver também Maria Abi-Habib e Hari Kumar, "Deadly Tensions Rise as India's Water Supply Runs Dangerously Low", *The New York Times*, 17 de junho de 2018.

p. 116, **todo o território dos Estados Unidos a oeste do Texas:** Mesfin M. Mekonnen e Arjen Y. Hoekstra, "Four Billion People Facing Severe Water Scarcity", *Science Advances* 2, n. 2 (fevereiro de 2016), https://doi.org/10.1126/sciadv.1500323.

p. 116, **a demanda hídrica da rede de produção mundial de alimentos:** World Bank, "High and Dry", p. 5.

p. 116, **"os impactos da mudança climática ":** Ibid., p. vi.

p. 116, **o PIB regional pode cair:** Ibid., p. 13.

p. 117, **lista de todos os conflitos armados:** "Water Conflict", Pacific Institute: The World's Water, maio de 2018. www.worldwater.org/water-conflict.

p. 117, **a quantidade de casos de cólera:** International Committee of the Red Cross, "Health Crisis in Yemen", www.icrc.org/en/where-we-work/middle--east/yemen/health-crisis-yemen.

MORTE DOS OCEANOS [pp. 118-23]

p. 118, **"Sob o mar":** Carson tinha apenas trinta anos quando publicou seu ensaio em *The Atlantic*, ainda trabalhando como bióloga para o Fisheries Bureau do U.S. Fish and Wildlife Service. Nos oceanos, escreveu, "vemos as partes do projeto se encaixando: a água recebendo da terra e do ar os materiais simples, armazenando-os na energia coletada da nascente, desperta as plantas adormecidas para uma explosão de energia dinâmica, enxames famintos de animais planctônicos crescendo e se multiplicando com as plantas abundantes e por sua vez sendo presa dos cardumes de peixes; tudo, no fim, a ser redissolvido em suas substâncias componentes quando as leis inexoráveis do mar exigirem. Elementos individuais somem de vista, para reaparecer vezes sem conta em diferentes encarnações numa espécie de imortalidade material. Forças similares a essas que, em algum período inconcebivelmente remoto, deram origem àquele pedacinho primevo de protoplasma agitando-se nos mares antigos continuam seu trabalho poderoso e incompreensível. Contra esse pano de fundo cósmico, a duração de vida de uma planta ou animal particular parece não um drama completo em si, mas apenas um breve interlúdio em um panorama de mudança infinita".

p. 118, **cobrindo cerca de dois terços de sua superfície:** National Ocean Service, "How Much Water Is in the Ocean?", National Oceanic and Atmospheric Administration, 25 de junho de 2018, https://oceanservice.noaa.gov/facts/oceanwater.html.

p. 119, **os pescados representam mundialmente quase um quinto:** "Availability and Consumption of Fish", World Health Organization, www.who.int/nutrition/topics/3_foodconsumption/en/index5.html.

p. 119, **As populações de peixes já estão:** Malin L. Pinsky et al., "Preparing Ocean Governance for Species on the Move", *Science* 360, n. 6394 (junho de 2018), pp. 1189-91, https://doi.org/10.1126/science.aat2360.

p. 119, **13% do oceano permanece ileso:** Kendall R. Jones et al., "The Location and Protection Status of Earth's Diminishing Marine Wilderness", *Current Biology* 28, n. 15 (agosto de 2018), pp. 2506-12, https://doi.org/10.1016/j.cub.2018.06.010.

p. 119, **partes do Ártico foram tão transformadas:** Sigrid Lind et al., "Arctic Warming Hotspot in the Northern Barents Sea Linked to Declining Sea-Ice Import", *Nature Climate Change* 8 (junho de 2018), pp. 634-9, https://doi.org/10.1038/s41558-018-0205-y.

p. 119, **mais de um quarto do carbono emitido:** Rob Monroe, "How Much CO_2 Can the Oceans Take Up?" Scripps Institution of Oceanography, 13 de julho de 2013, https://scripps.ucsd.edu/programs/keelingcurve/2013/07/03/how-much--co2-can-the-oceans-take-up.

p. 119, **90% do excesso de calor:** Peter J. Gleckler et al., "Industrial-Era Global Ocean Heat Uptake Doubles in Recent Decades", *Nature Climate Change* 6 (janeiro de 2016), pp. 394-8, https://doi.org/10.1038/nclimate2915.

p. 119, **absorvendo o triplo de energia adicional:** Ibid.

p. 120, **90% das necessidades energéticas:** Australian Government Great Barrier Reef Marine Park Authority, "Managing the Reef".

p. 120, **Grande Barreira de Corais:** Robinson Meyer, "Since 2016, Half of All Coral in the Great Barrier Reef Has Died", *The Atlantic*, abril de 2018.

p. 120, **de 2014 a 2017:** Michon Scott e Rebecca Lindsey, "Unprecedented Three Years of Global Coral Bleaching, 2014-2017", Climate.gov, 1 de agosto de 2018, www.climate.gov/news-features/understanding-climate/unprecedented-3--years-global-coral-bleaching-2014%E2%80%932017.

p. 120, **"zona crepuscular":** C. C. Baldwin et al., "Below the Mesophotic", *Scientific Reports* 8, n. 4920 (março de 2018), https://doi.org/10.1038/s41598-018-23067-1.

p. 120, **ameaçarão 90% de todos os corais:** Lauretta Burke et al., "Reefs at Risk Revisited", World Resources Institute (Washington, D.C., 2011), p. 6, https://wriorg.s3.amazonaws.com/s3fs-public/pdf/reefs_at_risk_revisited.pdf.

p. 120, **pelo menos um quarto de toda a vida marinha:** Ocean Portal Team, "Corals and Coral Reefs", *Smithsonian*, abril de 2018, https://ocean.si.edu/ocean--life/invertebrates/corals-and-coral-reefs.

p. 120, **alimento e renda para meio bilhão de pessoas:** "Coral Ecosystems", National Oceanic and Atmospheric Administration, www.noaa.gov/resource--collections/coral-ecosystems.

p. 120, **valendo pelo menos 400 milhões:** Michael W. Beck et al., "The Global Flood Protection Savings Provided by Coral Reefs", *Nature Communications* 9, n. 2186 (junho de 2018), https://doi.org/10.1038/s41467-018-04568-z.

p. 121, **ostras e mexilhões têm dificuldade:** Kate Madin, "Ocean Acidification: A Risky Shell Game", *Oceanus Magazine*, 4 de dezembro de 2009, www.whoi.edu/oceanus/feature/ocean-acidification--a-risky-shell-game.

p. 121, **o faro dos peixes:** Cosima Porteus et al., "Near-Future CO_2 Levels Impair the Olfactory System of Marine Fish", *Nature Climate Change* 8 (23 de julho de 2018).

p. 121, **32% só nos últimos dez anos:** Graham Edgar e Trevor J. Ward, "Australian Commercial Fish Populations Drop by a Third over Ten Years", *The Conversation*, 6 de junho de 2018, https://theconversation.com/australian-commercial-fish-populations-drop-by-a-third-over-ten-years-97689.

p. 121, **multiplicou possivelmente por até mil:** Jurriaan M. De Vos et al., "Estimating the Normal Background Rate of Species Extinction", *Conservation Biology*, 26 de agosto de 2014.

p. 121, **era marcada pela chamada anoxificação:** A. H. Altieri e K. B. Gedan, "Climate Change and Dead Zones", *Global Change Biology* (10 de novembro de 2014), https://doi.org/10.1111/gcb.12754.

p. 121, **sem oxigênio algum:** "SOS: Is Climate Change Suffocating Our Seas?", National Science Foundation, www.nsf.gov/news/special_reports/deadzones/climatechange.jsp.

p. 121, **uma zona morta do tamanho da Flórida:** Bastien Y. Queste et al., "Physical Controls on Oxygen Distribution and Denitrification Potential in the North West Arabian Sea", *Geophysical Research Letters* 45, n. 9 (maio de 2018). Ver também "Growing 'Dead Zone' Confirmed by Underwater Robots" (press release), University of East Anglia, 27 de abril de 2018, www.uea.ac.uk/about/-/growing-dead-zone-confirmed-by-underwater-robots-in-the-gulf-of-oman.

p. 122, **Declínios drásticos no oxigênio do oceano:** Peter Brannen, "A Foreboding Similarity in Today's Oceans and a 94-Million-Year-Old Catastrophe", *The Atlantic*, 12 de janeiro de 2018. Ver também Dana Nuccitelli, "Burning Coal May Have Caused Earth's Worst Mass Extinction", *The Guardian*, 12 de março de 2018.

p. 122, **A jornada pode levar mil anos:** National Ocean Service, "Currents: The Global Conveyor Belt", National Oceanic and Atmospheric Administration, https://oceanservice.noaa.gov/education/tutorial_currents/05conveyor2.html.

p. 123, **diminuiu a velocidade da Corrente do Golfo:** Stefan Rahmstorf et al., "Exceptional Twentieth-Century Slowdown in Atlantic Ocean Overturning Circulation", *Nature Climate Change* 5 (maio de 2015), https://doi.org/10.1038/nclimate2554.

p. 123, **"evento sem precedentes...":** Ibid.

p. 123, **dois artigos importantes:** L. Caesar et al., "Observed Fingerprint of a Weakening Atlantic Ocean Overturning Circulation", *Nature* 556 (abril de 2018), pp. 191-6, https://doi.org/10.1038/s41586-018-0006-5; David J. R. Thornalley et al., "Anomalously Weak Labrador Sea Convection and Atlantic Overturning During the Past 150 Years", *Nature* 556 (abril de 2018), pp. 227-30, https://doi.org/10.1038/s41586-018-0007-4.

p. 123, **"ponto da virada":** Joseph Romm, "Dangerous Climate Tipping Point Is 'About a Century Ahead of Schedule' Warns Scientist", *Think Progress*, 12 de abril de 2018.

AR IRRESPIRÁVEL [pp. 124-34]

p. 124, **a capacidade cognitiva cai:** Joseph Romm, *Climate Change: What Everyone Needs to Know* (Nova York: Oxford University Press, 2016), p. 113.

p. 124, **em um quarto das salas observadas no Texas:** Ibid., p. 114.

p. 125, **morte por contaminação de poeira:** Ploy Achakulwisut et al., "Drought Sensitivity in Fine Dust in the U.S. Southwest", *Environmental Research Letters* 13 (maio de 2018), https://doi.org/10.1088/1748-9326/aabf20.

p. 125, **um aumento de 70%:** G. G. Pfister et al., "Projections of Future Summertime Ozone over the U.S.", *Journal of Geophysical Research Atmospheres* 119, n. 9 (maio de 2014), pp. 5559-82, https://doi.org/10.1002/2013JD020932.

p. 125, **2 bilhões de pessoas no mundo todo:** Romm, *Climate Change*, p. 105.

p. 125, **10 mil pessoas morrem:** DARA, *Climate Vulnerability Monitor: A Guide to the Cold Calculus of a Hot Planet*, 2.ed. (Madri, 2012), p. 17, https://daraint.org/wp-content/uploads/2012/10/CVM2-Low.pdf. James Hansen fez essa comparação em diversas ocasiões, incluindo uma entrevista comigo publicada na *New York*, com a chamada: "Climate Scientist James Hansen: 'The Planet Could Become Ungovernable'", 12 de julho de 2017.

p. 126, **pesquisadores se referem ao efeito como "imenso":** Xin Zhang et al., "The Impact of Exposure to Air Pollution on Cognitive Performance", *Proceedings of the National Academy of Sciences* 155, n. 37 (setembro de 2018): pp. 9193-7, https://doi.org/10.1073/pnas.1809474115. O coautor Xi Chen usou a expressão "imenso" em entrevistas para diversos veículos de mídia, incluindo o *The Guardian*: Damian Carrington e Lily Kuo, "Air Pollution Causes 'Huge' Reduction in Intelligence, Study Reveals", 27 de agosto de 2018.

p. 126, **simples elevação de temperatura:** Joshua Goodman et al., "Heat and Learning" (National Bureau of Economic Research, *working paper* n. 24 639, maio de 2018), https://doi.org/10.3386/w24639.

p. 126, **aumento de doenças mentais em crianças:** Anna Oudin et al., "Association Between Neighbourhood Air Pollution Concentrations and Dispensed Medication for Psychiatric Disorders in a Large Longitudinal Cohort of Swedish Children and Adolescents", *BMJ Open* 6, n. 6 (junho de 2016), https://doi.org/10.1136/bmjopen-2015-010004.

p. 126, **probabilidade de demência em adultos:** Hong Chen et al., "Living near Major Roads and the Incidence of Dementia, Parkinson's Disease, and Multiple Sclerosis: A Population-Based Cohort Study", *The Lancet* 389, n. 10 070 (fevereiro de 2017), pp. 718-26, https://doi.org/10.1016/S0140-6736(16)32399-6.

p. 126, **reduzir rendimentos na vida e participação na força de trabalho:** Adam Isen et al., "Every Breath You Take — Every Dollar You'll Make: The Long-Term Consequences of the Clean Air Act of 1970" (National Bureau of Economic Research, *working paper* n. 19 858, setembro de 2015), https://doi.org/10.3386/w19858.

p. 126, **cobrança automática de pedágio:** Janet Currie and W. Reed Walker, "Traffic Congestion and Infant Health: Evidence from E-ZPass" (National Bureau of Economic Research, *working paper* n. 15 413, abril de 2012), https://doi.org/10.3386/w15413.

p. 126, **o derretimento do gelo ártico remodelou os padrões:** Yufei Zou et al., "Arctic Sea Ice, Eurasia Snow, and Extreme Winter Haze in China", *Science Advances* 3, n. 3 (março de 2017), https://doi.org/10.1126/sciadv.1602751.

p. 127, **pico de Índice de Qualidade do Ar de 993:** Steve LeVine, "Pollution Score: Beijing 993, New York 19", *Quartz*, 14 de janeiro de 2013, https://qz.com/43298/pollution-score-beijing-993-new-york-19.

p. 127, **novo tipo de *smog* nunca visto:** Lijian Han et al., "Multicontaminant Air Pollution in Chinese Cities", *Bulletin of the World Health Organization* 96 (fevereiro de 2018): pp. 233-42E, http://dx.doi.org/10.2471/BLT.17.195560; Fred Pearce, "How a 'Toxic Cocktail' Is Posing a Troubling Health Risk in China's Cities", *Yale Environment 360*, 17 de abril de 2018, https://e360.yale.edu/features/how-a-toxic-cocktail-is-posing-a-troubling-health-risk-in-chinese-cities.

p. 127, **1,37 milhão de mortes no país:** Jun Liu et al., "Estimating Adult Mortality Attributable to PM2.5 Exposure in China with Assimilated PM2.5 Concentrations Based on a Ground Monitoring Network", *Science of the Total Environment* 568 (outubro de 2016), pp. 1253-62, https://doi.org/10.1016/j.scitotenv.2016.05.165.

p. 127, **o ar em volta de San Francisco:** Michelle Robertson, "It's Not Just Fog Turning the Sky Gray: SF Air Quality Is Three Times Worse than Beijing", *SF Gate*, 23 de agosto de 2018.

p. 127, **Em Seattle:** Em agosto de 2018, o gabinete do prefeito tuitou, "A qualidade do ar hoje foi considerada INSALUBRE PARA TODOS OS GRUPOS. Fique em casa, limite a atividade ao ar livre e procure não usar o carro".

p. 128, **Índice de Qualidade do Ar bateu nos 999:** Rachel Feltman, "Air Pollution in Delhi Is Literally off the Charts", *Popular Science*, 8 de novembro de 2016.

p. 128, **mais de dois maços de cigarro:** Richard A. Muller and Elizabeth A. Muller, "Air Pollution and Cigarette Equivalence", *Berkeley Earth*, http://berkeleyearth.org/air-pollution-and-cigarette-equivalence.

p. 128, **demanda 20% maior nos prontos-socorros:** Durgesh Nandan Jha, "Pollution Causing Arthritis to Flare Up, 20% Rise in Patients at Hospitals", *The Times of India*, 11 de novembro de 2017.

p. 128, **engavetamentos nas rodovias:** "Blinding Smog Causes 24-Vehicle Pile-up on Expressway near Delhi", *NDTV*, 8 de novembro de 2017.

p. 128, **United Airlines cancelou todas as chegadas e partidas:** Catherine Ngai, Jamie Freed e Henning Gloystein, "United Resumes Newark-Delhi Flights After Halt Due to Poor Air Quality", Reuters, 12 de novembro de 2017, https://www.reuters.com/article/us-airlines-india-pollution/united-resumes-newark-delhi-flights-after-halt-due-to-poor-air-quality-idUSKBN1DC142?il=0.

p. 128, **até a exposição de curto prazo:** Benjamin D. Horne et al., "Short-Term Elevation of Fine Particulate Matter Air Pollution and Acute Lower Respiratory Infection", *American Journal of Respiratory and Critical Care Medicine* 198, n. 6 (setembro de 2018), https://doi.org/10.1164/rccm.201709-1883OC.

p. 128, **9 milhões de mortes prematuras:** Pamela Das e Richard Horton, "Pollution, Health, and the Planet: Time for Decisive Action", *The Lancet* 391, n. 10119 (outubro de 2017): pp. 407-8, https://doi.org/10.1016/S0140-6736(17)32588-6.

p. 128, **predomínio de derrames:** Kuam Ken Lee et al., "Air Pollution and Stroke", *Journal of Stroke* 20, n. 1 (janeiro de 2018), pp. 2-11, https://doi.org/10.5853/jos.2017.02894.

p. 128, **doenças cardiovasculares:** R. D. Brook et al., "Particulate Matter Air Pollution and Cardiovascular Disease: An Update to the Scientific Statement from the American Heart Association", *Circulation* 121, n. 21 (junho de 2010), pp. 2331-78, https://doi.org/10.1161/CIR.0b013e3181dbece1.

p. 128, **câncer de todo tipo:** Kate Kelland e Stephanie Nebehay, "Air Pollution a Leading Cause of Cancer U.N. Agency", Reuters, 17 de outubro de 2013, www.reuters.com/article/us-cancer-pollution/air-pollution-a-leading-cause-of-
-cancer-u-n-agency-idUSBRE99G0BB20131017.

p. 128, **doenças do aparelho respiratório:** Michael Guarnieri e John R. Balmes, "Outdoor Air Pollution and Asthma", *The Lancet* 383, n. 9928 (maio de 2014), https://doi.org/10.1016/S0140-6736(14)60617-6.

p. 128, **complicações na gravidez:** Jessica Glenza, "Millions of Premature Births Could Be Linked to Air Pollution, Study Finds", *The Guardian*, 16 de fevereiro de 2017.

p. 128, **memória, atenção e vocabulário:** Nicole Wetsman, "Air Pollution Might Be the New Lead", *Popular Science*, 5 de abril de 2018.

p. 128, **déficit de atenção:** Oddvar Myhre et al., "Early Life Exposure to Air Pollution Particulate Matter (PM) as Risk Factor for Attention Deficit/Hyperactivity Disorder (ADHD): Need for Novel Strategies for Mechanisms and Causalities", *Toxicology and Applied Pharmacology* 354 (setembro de 2018), pp. 196-
-214, https://doi.org/10.1016/j.taap.2018.03.015.

p. 128, **transtornos do espectro do autismo:** Raanan Raz et al., "Autism Spectrum Disorder and Particulate Matter Air Pollution Before, During, and After Pregnancy: A Nested Case-Control Analysis Within the Nurses' Health Study II Cohort", *Environmental Health Perspectives* 123, n. 3 (março de 2015), pp. 264-70, https://doi.org/10.1289/ehp.1408133.

pp. 128-9, **prejudicar o desenvolvimento de neurônios:** Sam Brockmeyer e Amedeo D'Angiulli, "How Air Pollution Alters Brain Development: The Role of Neuroinflammation", *Translational Neuroscience* 7 (março de 2016), pp. 24-30, https://doi.org/10.1515/tnsci-2016-0005.

p. 129, **deformar seu DNA:** Frederica Perera et al., "Shorter Telomere Length in Cord Blood Associated with Prenatal Air Pollution Exposure: Benefits of Intervention", *Environment International* 113 (abril de 2018), pp. 335-40, https://doi.org/10.1016/j.envint.2018.01.005.

p. 129, **98% das cidades:** World Health Organization, "WHO Global Urban Ambient Air Pollution Database", 2016, www.who.int/phe/health_topics/outdoorair/databases/cities/en.

p. 104, **95% da população mundial:** Health Effects Institute, "State of Global Air 2018: A Special Report on Global Exposure to Air Pollution and Its Disease Burden" (Boston, 2018), p. 3, www.stateofglobalair.org/sites/default/files/soga-2018-report.pdf.

p. 129, **mais de 1 milhão de chineses por ano:** Aaron J. Cohen et al., "Estimates and 25-Year Trends of the Global Burden of Disease Attributable to Ambient Air Pollution: An Analysis of Data from the Global Burden of Diseases Study 2015", *The Lancet* 389, n. 10082 (maio de 2017), pp. 1907-18, https://doi.org/10.1016/S0140-6736(17)30505-6.

p. 129, **uma em cada seis mortes:** Das e Horton, "Pollution, Health, and the Planet", https://doi.org/10.1016/S0140-6736(17)32588-6.

p. 129, **"Grande Mancha de Lixo do Pacífico":** a *Smithsonian* diz que está mais para uma "sopa de lixo".

p. 130, **700 mil podem ser liberados:** Imogen E. Napper e Richard C. Thompson, "Release of Synthetic Microplastic Fibres from Domestic Washing Machines: Effects of Fabric Type and Washing Conditions", *Marine Pollution Bulletin* 112, n. 1-2 (novembro de 2016), pp. 39-45, http://dx.doi.org/10.1016/j.marpolbul.2016.09.025.

p. 130, **um quarto dos peixes vendidos:** Kat Kerlin, "Plastic for Dinner: A Quarter of Fish Sold at Markets Contain Human-Made Debris", UC Davis, 24 de setembro de 2015, www.ucdavis.edu/news/plastic-dinner-quarter-fish-sold-markets-contain-human-made-debris.

p. 130, **11 mil partículas todo ano:** Lisbeth Van Cauwenberghe e Colin R. Janssen, "Microplastics in Bivlaves Cultures for Human Consumption", *Environmental Pollution* 193 (outubro de 2014), pp. 65-70, https://doi.org/10.1016/j.envpol.2014.06.010.

p. 130, **quantidade total de espécies marinhas:** Clive Cookson, "The Problem with Plastic: Can Our Oceans Survive?", *Financial Times*, 23 de janeiro de 2018.

p. 130, **73% dos peixes examinados:** Alina M. Wieczorek et al., "Frequency of Microplastics in Mesopelagic Fishes from the Northwest Atlantic", *Frontiers in Marine Science* (fevereiro de 2018), https://doi.org/10.3389/fmars.2018.00039.

p. 130, **cada cem gramas de mexilhões:** Jiana Lee et al., "Microplastics in Mussels Sampled from Coastal Waters and Supermarkets in the United Kingdom", *Environmental Pollution* 241 (outubro de 2018), pp. 35-44, https://doi.org/10.1016/j.envpol.2018.05.038.

p. 130, **Alguns peixes aprenderam a ingerir o material:** Matthew S. Savoca et al., "Odours from Marine Plastic Debris Induce Food Search Behaviours in a Forage Fish", *Proceedings of the Royal Society B Biological Sciences* 284, n. 1860 (agosto de 2017), https://doi.org/10.1098/rspb.2017.1000.

p. 130, **fragmentos menores que os cientistas chamam de "nanoplásticos":** Amanda L. Dawson et al., "Turning Microplastics into Nanoplastics Through Digestive Fragmentation by Antarctic Krill", *Nature Communications* 9, n. 1001 (março de 2018), https://doi.org/10.1038/s41467-018-03465-9.

p. 130, **3,4 milhões de partículas de microplástico:** Courtney Humphries, "Freshwater's Macro Microplastic Problem", *Nova*, 11 de maio de 2017, www.pbs.org/wgbh/nova/article/freshwater-microplastics.

p. 130, **225 pedaços de plástico:** Cookson, "The Problem with Plastic".

p. 131, **em dezesseis de dezessete marcas:** Ali Karami et al., "The Presence of Microplastics in Commercial Salts from Different Countries", *Scientific Reports* 7, n. 46173 (abril de 2017), https://doi.org/10.1038/srep46173.

p. 131, **1 milhão de vezes mais tóxico:** 5 Gyres: Science to Solutions, "Take Action: Microbeads", www.5gyres.org/microbeads.

p. 131, **Podemos respirar microplásticos:** Johnny Gasperi et al., "Microplastics in Air: Are We Breathing It In?", *Current Opinion in Environmental Science and Health* 1 (fevereiro de 2018), pp. 1-5, https://doi.org/10.1016/j.coesh.2017.10.002.

p. 131, **94% das cidades americanas testadas:** Dan Morrison e Christopher Tyree, "Invisibles: The Plastic Inside Us", *Orb* (2017), https://orbmedia.org/stories/Invisibles_plastics.

p. 131, **deve triplicar até 2050:** World Economic Forum, *The New Plastics Economy: Rethinking the Future of Plastics* (Cologny, Suíça: janeiro de 2016), p. 10.

p. 131, **libera metano e etileno:** Sarah-Jeanne Royer et al., "Production of Methane and Ethylene from Plastic in the Environment", *PLOS One* 13, n. 8 (agosto de 2018), https://doi.org/10.1371/journal.pone.0200574.

p. 132, **Partículas de aerossol na verdade diminuem a temperatura global:** B. H. Samset et al., "Climate Impacts from a Removal of Anthropogenic Aerosol Emissions", *Geophysical Research Letters* 45, n. 2 (janeiro de 2018), pp. 1020-2, https://doi.org/10.1002/2017GL076079.

p. 132, **esquentou apenas dois terços:** Samset, "Climate Impacts from a Removal", https://doi.org/10.1002/2017GL076079. O próprio Samset diz: "O aquecimento global até o momento é de 1ºC (ou próximo disso). Nosso artigo mostrou que as emissões aerossóis induzidas por indústria e humanos mascaram cerca de meio grau de aquecimento extra". E como o aquecimento é distribuído pelo planeta tão desigualmente, acrescenta, "notamos que em dois modelos, o aquecimento ártico devido às reduções de aerossol chega a 4ºC em alguns locais".

p. 132, **"beco sem saída":** P. J. Crutzen, "Albedo Enhancement by Stratospheric Sulfur Injections: A Contribution to Resolve a Policy Dilemma?" *Climatic Change* 77 (2006), pp. 211-9, https://doi.org/10.1007/s10584-006-9101-y.

p. 132, **"pacto com o diabo":** Eric Holthaus, "Devil's Bargain", *Grist*, 8 de fevereiro de 2018, https://grist.org/article/geoengineering-climate-change-air--pollution-save-planet.

p. 132, **milhões de vidas todo ano:** Essa estimativa de mortes por poluição do ar vem da Organização Mundial de Saúde.

p. 133, **dezenas de milhares de outras mortes prematuras:** Sebastian D. Eastham et al., "Quantifying the Impact of Sulfate Geoengineering on Mortality from Air Quality and UV-B Exposure", *Atmospheric Environment* 187 (agosto de 2018), pp. 424-34, https://doi.org/10.1016/j.atmosenv.2018.05.047.

p. 133, **a Amazônia secaria rapidamente:** Christopher H. Trisos et al., "Potentially Dangerous Consequences for Biodiversity of Solar Geoengineering Implementation and Termination", *Nature Ecology and Evolution* 2 (janeiro de 2018), pp. 472-82, https://doi.org/10.1038/s41559-017-0431-0.

p. 133, **O efeito negativo no crescimento vegetal:** Jonathan Proctor et al., "Estimating Global Agricultural Effects of Geoengineering Using Volcanic Eruptions", *Nature* 560 (agosto de 2018), pp. 480-3, https://doi.org/10.1038/s41586-018-0417-3.

PRAGAS DO AQUECIMENTO [pp. 135-41]

p. 135, **doenças que não circularam no ar:** Jasmin Fox-Skelly, "There Are Diseases Hidden in Ice, and They Are Waking Up", BBC, 4 de maio de 2017, www.bbc.com/earth/story/20170504-there-are-diseases-hidden-in-ice-and--they-are-waking-up.

p. 135, **bactéria "extremófila":** "Nasa Finds Life at 'Extremes'", Nasa, 24 de fevereiro de 2005, www.nasa.gov/vision/earth/livingthings/extremophile1.html.

p. 135, **outra de 8 milhões de anos:** Kay D. Bidle et al., "Fossil Genes and Microbes in the Oldest Ice on Earth", *Proceedings of the National Academies of Science* 104, n. 33 (agosto de 2007), pp. 13 455-60, https://doi.org/10.1073/pnas.0702196104.

p. 135, **um cientista russo injetou em si mesmo:** Jordan Pearson, "Meet the Scientist Who Injected Himself with 3.5 Million-Year-Old Bacteria", *Motherboard*, 9 de dezembro de 2015, https://motherboard.vice.com/en_us/article/yp3gg7/meet-the-scientist-who-injected-himself-with-35-million-year-old-bacteria.

p. 135, **um verme que permanecera congelado:** Mike McRae, "A Tiny Worm Frozen in Siberian Permafrost for 42,000 Years Was Just Brought Back to Life", *Science Alert*, 27 de julho de 2018, www.sciencealert.com/40-000-year-old--nematodes-revived-siberian-permafrost.

p. 136, **vestígios da gripe de 1918:** Jeffery K. Taubenberger et al., "Discovery and Characterization of the 1918 Pandemic Influenza Virus in Historical Context", *Antiviral Therapy* 12 (2007), pp. 581-91.

p. 136, **infectou 500 milhões de pessoas e matou 50 milhões:** Centers for Disease Control and Prevention, "Remembering the 1918 Influenza Pandemic", www.

cdc.gov/features/1918-flu-pandemic/index.html; Jeffrey K. Taubenberger e David Morens, "1918 Influenza: The Mother of All Pandemics", *Emerging Infectious Diseases* 12, n. 1 (janeiro de 2006), pp. 15-22, https://dx.doi.org/10.3201/eid1201.050979.

p. 136, **3% da população mundial:** U.S. Census Bureau, "Historical Estimates of World Population", www.census.gov/data/tables/time-series/demo/international-programs/historical-est-worldpop.html.

p. 136, **varíola:** "Experts Warn of Threat of Born-Again Smallpox from Old Siberian Graveyards", *The Siberian Times*, 12 de agosto de 2016, https://siberiantimes.com/science/opinion/features/f0249-experts-warn-of-threat-of-born--again-smallpox-from-old-siberian-graveyards.

p. 136, **peste bubônica:** Fox-Skelly, "There Are Diseases Hidden in Ice".

p. 136, **entre muitas outras doenças:** Robinson Meyer, "The Zombie Diseases of Climate Change", *The Atlantic*, 6 de novembro de 2017.

p. 136, **Mas em 2016, um menino:** Michaeleen Doucleff, "Anthrax Outbreak in Russia Thought to Be Result of Thawing Permafrost", NPR, 3 de agosto de 2016, www.npr.org/sections/goatsandsoda/2016/08/03/488400947/anthrax-outbreak-in-russia-thought-to-be-result-of-thawing-permafrost.

p. 137, *Haemagogus* e *Sabethes*: World Health Organization, "Yellow Fever — Brazil", 9 de março de 2018, www.who.int/csr/don/09-march-2018-yellow-fever-brazil.

p. 137, **mais de 30 milhões de pessoas:** Ibid.

p. 137, **mata entre 3% e 8%:** Shasta Darlington and Donald G. McNeil Jr., "Yellow Fever Circles Brazil's Huge Cities", *The New York Times*, 8 de março de 2018.

p. 137, **Só a malária já mata:** World Health Organization, "Number of Malaria Deaths", www.who.int/gho/malaria/epidemic/deaths. Ver também Centers for Disease Control and Prevention, "Epidemiology", www.cdc.gov/dengue/epidemiology/index.html.

p. 138, **mutação:** "Zika Microcephaly Linked to Single Mutation", *Nature*, 3 de outubro de 2017, www.nature.com/articles/d41586-017-04093-x.

p. 138, **não parecia causar defeitos congênitos:** Ling Yuan et al., "A Single Mutation in the prM Protein of Zika Virus Contributes to Fetal Microcephaly", *Science* 358, n. 6365 (novembro de 2017), pp. 933-6, https://doi.org/10.1126/science.aam7120.

p. 138, **na presença de outra doença:** Declan Butler, "Brazil Asks Whether Zika Acts Alone to Cause Birth Defects", *Nature*, 25 de julho de 2016, www.nature.com/news/brazil-asks-whether-zika-acts-alone-to-cause-birth-defects-1.20309.

p. 138, **Banco Mundial estimar que 3,6 bilhões de pessoas terão de lidar com a doença até 2030:** World Bank Group's Climate Change and Development Series, "Shock Waves: Managing the Impacts of Climate Change on Poverty"

(Washington, D.C., 2016), p. 119, https://openknowledge.worldbank.org/bitstream/handle/10986/22787/9781464806735.pdf.

p. 138, **os casos de Lyme aumentaram:** Mary Beth Pfeiffer, *Lyme: The First Epidemic of Climate Change* (Washington, D.C.: Island Press, 2018), pp. 3-13.

p. 139, **300 mil novos contágios todo ano:** Centers for Disease Control and Prevention, "Lyme and Other Tickborne Diseases", www.cdc.gov/media/dpk/diseases-and-conditions/lyme-disease/index.html.

p. 139, **pulgas triplicou nos Estados Unidos:** Centers for Disease Control and Prevention, "Illnesses from Mosquito, Tick, and Flea Bites Increasing in the U.S.", 1 de maio de 2018, www.cdc.gov/media/releases/2018/p0501-vs-vector-borne.html.

p. 139, **encontrando carrapatos pela primeira vez:** Avichai Scher e Lauren Dunn, "'Citizen Scientists' Take On Growing Threat of Tick-Borne Diseases", NBC News, 12 de julho de 2018, www.nbcnews.com/health/health-news/citizen-scientists-take-growing-threat-tick-borne-diseases-n890996.

p. 139, **carrapatos de inverno contribuíram para uma queda:** Center for Biological Diversity, "Saving the Midwestern Moose", www.biologicaldiversity.org/species/mammals/midwestern_moose/index.html.

p. 139, **90 mil carrapatos intumescidos:** Katie Burton, "Climate-Change Triggered Ticks Causing Rise in 'Ghost Moose'", *Geographical*, 27 de novembro de 2018, http://geographical.co.uk/nature/wildlife/item/3008-ghost-moose.

p. 140, **1 milhão de vírus ainda não descobertos:** Dennis Carroll et al., "The Global Virome Project", *Science* 359, n. 6378 (fevereiro de 2018), pp. 872-4, https://doi.org/10.1126/science.aap7463.

p. 140, **Mais de 99%:** Nathan Collins, "Stanford Study Indicates That More than 99 Percent of the Microbes Inside Us Are Unknown to Science", *Stanford News*, 22 de agosto de 2017, https://news.stanford.edu/2017/08/22/nearly-microbes-inside-us-unknown-science.

p. 140, **o caso da saiga:** Ed Yong, "Why Did Two-Thirds of These Weird Antelope Suddenly Drop Dead?" *The Atlantic,* 17 de janeiro de 2018.

p. 140, **quase dois terços da população mundial:** Richard A. Kock et al., "Saigas on the Brink: Multidisciplinary Analysis of the Factors Influencing Mass Mortality Events", *Science Advances* 4, n. 1 (janeiro de 2018), https://doi.org/10.1126/sciadv.aao2314.

COLAPSO ECONÔMICO [pp. 142-52]

p. 143, **"Quando pensamos em Revolução Industrial...":** Eric Hobsbawm, *Industry and Empire: The Birth of the Industrial Revolution* (Nova York: The New Press, 1999), p. 34.

p. 144, **cerca de um ponto percentual:** Solomon Hsiang et al., "Estimating Economic Damage from Climate Change in the United States", *Science* 356, n. 6345 (junho de 2017), 1362-9, https://doi.org/10.1126/science.aal4369.

p. 144, **23% em ganhos per capita:** Marshall Burke et al., "Global Non-Linear Effect of Temperature on Economic Production", *Nature* 527 (outubro de 2015), pp. 235-9, https://doi.org/10.1038/nature15725.

p. 144, **uma chance de 51%:** Marshall Burke, "Economic Impact of Climate Change on the World", http://web.stanford.edu/~mburke/climate/map.php.

p. 145, **uma equipe liderada por Thomas Stoerk:** Thomas Stoerk et al., "Recommendations for Improving the Treatment of Risk and Uncertainty in Economic Estimates of Climate Impacts in the Sixth Intergovernmental Panel on Climate Change Assessment Report", *Review of Environmental Economics and Policy* 12, n. 2 (agosto de 2018), pp. 371-6, https://doi.org/10.1093/reep/rey005.

p. 145, **o boom global do início da década de 1960:** World Bank, "GDP Growth (Annual %)", https://data.worldbank.org/indicator/NY.GDP.MKTP.KD.ZG.

p. 145, **Há países que se beneficiam:** Burke, "Economic Impact of Climate Change", http://web.stanford.edu/~mburke/climate/map.php.

p. 146, **Só a Índia, propôs um estudo:** Katharine Ricke et al., "Country-Level Social Cost of Carbon", *Nature Climate Change* 8 (setembro de 2018), pp. 895-900, http://doi.org/10.1038/s41558-018-0282-y.

p. 146, **800 milhões:** World Bank, "South Asia's Hotspots: Impacts of Temperature and Precipitation Changes on Living Standards" (Washington, D.C., 2018), p. xi.

p. 146, **arrastados para a pobreza extrema:** World Bank Group's Climate Change and Development Series, "Shock Waves: Managing the Impacts of Climate Change on Poverty" (Washington, D.C., 2016), p. xi, https://openknowledge.worldbank.org/bitstream/handle/10986/22787/9781464806735.pdf.

p. 147, **inundações crônicas até 2100:** Union of Concerned Scientists, "Underwater: Rising Seas, Chronic Floods, and the Implications for U.S. Coastal Real Estate" (Cambridge, MA, 2018), p. 5, www.ucsusa.org/global-warming/global-warming-impacts/sea-level-rise-chronic-floods-and-us-coastal-real-estate-implications.

p. 147, **30 bilhões de dólares só em Nova Jersey:** Union of Concerned Scientists, "New Study Finds 251,000 New Jersey Homes Worth $107 Billion Will Be at Risk from Tidal Flooding", 18 de junho de 2018, www.ucsusa.org/press/2018/new-study-finds-251000-new-jersey-homes-worth-107-billion-will-be-risk-tidal-flooding#.W-o1FehKg2x.

p. 147, **um acontecimento corriqueiro:** Zach Wichter, "Too Hot to Fly? Climate Change Make Take a Toll on Flying", *The New York Times*, 20 de junho de 2017.

p. 147, **Cada passagem de ida e volta:** Dirk Notz e Julienne Stroeve, "Observed Arctic Sea-Ice Loss Directly Follows Anthropogenic CO_2 Emission", *Science* 354, n. 6313 (novembro de 2016), pp. 747-50, https://doi.org/10.1126/science.aag2345.

p. 147, **Da Suíça à Finlândia:** Olav Vilnes et al., "From Finland to Switzerland — Firms Cut Output Amidst Heatwave", *Montel News*, 27 de julho de 2018, www.montelnews.com/en/story/from-finland-to-switzerland-firms-cut-output-amid-heatwave/921390.

p. 147-8, **670 milhões ficaram sem luz:** Jim Yardley e Gardiner Harris, "Second Day of Power Failures Cripples Wide Swath of India", *The New York Times*, 31 de julho de 2012.

p. 149, **13ºC:** Burke, "Global Non-Linear Effect of Temperature", https://doi.org/10.1038/nature15725; author interview with Marshall Burke.

p. 149, **Países que já são quentes:** World Bank, "South Asia's Hotspots".

p. 149, **perder até 20%:** Hsiang, "Estimating Economic Damage from Climate Change", https://doi.org/10.1126/science.aal4369.

p. 150, **"efeito de reverberação econômica":** Zhengtao Zhang et al., "Analysis of the Economic Ripple Effect of the United States on the World Due to Future Climate Change", *Earth's Future* 6, n. 6 (junho de 2018), pp. 828-40, https://doi.org/10.1029/2018EF000839.

p. 151, **26 trilhões de dólares negativos:** The New Climate Economy, "Unlocking the Inclusive Growth Story of the 21st Century: Accelerating Climate Action in Urgent Times" (Washington, D.C.: Global Commission on the Economy and Climate, setembro de 2018), p. 8, https://newclimateeconomy.report/2018.

p. 151, **as consequências para o crescimento de alguns cenários:** Marshall Burke et al., "Large Potential Reduction in Economic Damages Under U.N. Mitigation Targets", *Nature* 557 (maio de 2018), pp. 549-53, https://doi.org/10.1038/s41586-018-0071-9.

CONFLITOS CLIMÁTICOS [pp. 153-60]

p. 153, **para cada meio grau de aquecimento:** Solomon M. Hsiang et al., "Quantifying the Influence of Climate on Human Conflict", *Science* 341, n. 6151 (setembro de 2013), https://doi.org/10.1126/science.1235367.

p. 154, **elevou o risco de conflitos na África:** Tamma A. Carleton e Solomon M. Hsiang, "Social and Economic Impacts of Climate", *Science* 353, n. 6304 (setembro de 2016), http://doi.org/10.1126/science.aad9837.

p. 154, **393 mil mortes adicionais:** Marshall B. Burke et al., "Warming Increases the Risk of Civil War in Africa", *Proceedings of the National Academy of Sciences* 106, n. 49 (dezembro de 2009), pp. 20670-4, https://doi.org/10.1073/pnas.0907998106. Isso representaria um aumento de 54%.

p. 155, **As bases navais americanas:** Union of Concerned Scientists, "The U.S. Military on the Front Lines of Rising Seas" (Cambridge, MA, 2016), www.

ucsusa.org/global-warming/science-and-impacts/impacts/sea-level-rise-flooding-us-military-bases#.W-pKUuhKg2x.

p. 155, **suas ilhas ficarão submersas:** "Mostramos que, com base nas atuais taxas de emissão de gases de efeito estufa, as interações não lineares entre a elevação do nível do mar e as dinâmicas de onda sobre os recifes levarão ao *overwash* [fluxo de água e sedimentos sobre uma duna costeira ou crista de praia durante tempestades] impelido por ondas anual da maioria das ilhas de atol até meados do século XXI. Essa inundação anual resultará nas ilhas ficando inabitáveis devido ao dano frequente à infraestrutura e a incapacidade de seus aquíferos de água doce se recuperarem entre eventos de *overwash*". Curt D. Storlazzi et al., "Most Atolls Will Be Uninhabitable by the Mid 21st Century Because of Sea-Level Rise Exacerbating Wave-Driven Flooding", *Science Advances* 4, n. 4 (abril de 2018), https://doi.org/10.1126/sciadv.aap9741.

p. 155, **o maior depósito de resíduos nucleares do mundo:** Kim Wall, Coleen Jose e Jan Henrik Hinzel, "The Poison and the Tomb: One Family's Journey to Their Contaminated Home", *Mashable*, 25 de fevereiro de 2018.

p. 156, **Do Boko Haram ao Estado Islâmico:** Katharina Nett e Lukas Rüttinger, "Insurgency, Terrorism and Organised Crime in a Warming Climate: Analysing the Links Between Climate Change and Non-State Armed Groups", Climate Diplomacy (Berlim: Adelphi, outubro 2016).

p. 156, **23% dos conflitos:** Carl-Friedrich Schleussner et al., "Armed-Conflict Risks Enhanced by Climate-Related Disasters in Ethnically Fractionalized Countries", *Proceedings of the National Academy of Sciences* 113, n. 33 (agosto de 2016), pp. 9216-21, https://doi.org/10.1073/pnas.1601611113.

p. 156, **"extremo risco":** Verisk Maplecroft, "Climate Change and Environmental Risk Atlas 2015" (Bath, UK: outubro de 2014), www.maplecroft.com/portfolio/new-analysis/2014/10/29/climate-change-and-lack-food-security--multiply-risks-conflict-and-civil-unrest-32-countries-maplecroft.

p. 156, **O que explica a relação:** Christian Parenti, *Tropic of Chaos: Climate Change and the New Geography of Violence* (Nova York: Nation Books, 2011).

p. 156, **a migração forçada que pode resultar:** Rafael Reuveny, "Climate Change-Induced Migration and Violent Conflict", *Political Geography* 26, n. 6 (agosto de 2007), pp. 656-73, https://doi.org/10.1016/j.polgeo.2007.05.001.

p. 156, **70 milhões de desabrigados:** Adrian Edwards, "Forced Displacement at Record 68.5 Million", UNHCR: The U.N. Refugee Agency, 19 de junho de 2018, www.unhcr.org/en-us/news/stories/2018/6/5b222c494/forced-displacement-record-685-million.html.

p. 157, **Egito, Acádia, Roma:** William Wan, "Ancient Egypt's Rulers Mishandled Climate Disasters. Then the People Revolted", *The Washington Post*, 17 de outubro de 2017; H. M. Cullen et al., "Climate Change and the Collapse of the

Akkadian Empire: Evidence from the Deep Sea", *Geology* 28, n. 4 (abril de 2000), pp. 379-82; Kyle Harper, "How Climate Change and Disease Helped the Fall of Rome", *Aeon*, 15 de dezembro de 2017, https://aeon.co/ideas/how-climate-change-and-disease-helped-the-fall-of-rome.

p. 157, **seis categorias:** Center for Climate and Security, "Epicenters of Climate and Security: The New Geostrategic Landscape of the Anthropocene" (Washington, D.C., junho de 2017), pp. 12-7, https://climateandsecurity.files.wordpress.com/2017/06/1_eroding-sovereignty.pdf.

p. 158, **linguista Steven Pinker:** Para os argumentos de Pinker sobre a melhora do mundo, ver *Better Angels of Our Nature: Why Violence Has Declined* (Nova York: Viking, 2012); para sua explicação sobre por que não conseguimos apreciar essa melhora, ver *Enlightenment Now: The Case for Reason, Science, Humanism, and Progress* (Nova York: Viking, 2018).

p. 159, **Aumenta as taxas de crimes violentos:** Leah H. Schinasi e Ghassan B. Hamra, "A Time Series Analysis of Associations Between Daily Temperature and Crime Events in Philadelphia, Pennsylvania", *Journal of Urban Health* 94, n. 6 (dezembro de 2017), pp. 892-900, http://dx.doi.org/10.1007/s11524-017-0181-y.

p. 159, **palavrões nas mídias sociais:** Patrick Baylis, "Temperature and Temperament: Evidence from a Billion Tweets" (Energy Institute at Haas, *working paper*, novembro 2015), https://ei.haas.berkeley.edu/research/papers/WP265.pdf.

p. 159, **um arremessador da primeira divisão:** Richard P. Larrick et al., "Temper, Temperature, and Temptation", *Psychological Sciences* 22, n. 4 (fevereiro de 2011), pp. 423-8, http://dx.doi.org/10.1177/0956797611399292.

p. 159, **os motoristas frustrados apertam a buzina:** Douglas T. Kenrick et al., "Ambient Temperature and Horn Honking: A Field Study of the Heat/Aggression Relationship", *Environment and Behavior* (março de 1986), https://doi.org/10.1177/0013916586182002.

p. 159, **policiais mostram maior tendência a atirar:** Aldert Vrij et al., "Aggression of Police Officers as a Function of Temperature: An Experiment with the Fire Arms Training System", *Journal of Community and Applied Social Psychology* 4, n. 5 (dezembro de 1994), pp. 365-70, https://doi.org/10.1002/casp.2450040505.

p. 159, **um adicional de 22 mil assassinatos:** Matthew Ranson, "Crime, Weather, and Climate Change", *Journal of Environmental Economics and Management* 67, n. 3 (maio de 2014), pp. 274-302, https://doi.org/10.1016/j.jeem.2013.11.008.

p. 159, **cada categoria de crime considerada:** Jackson G. Lu et al., "Polluted Morality: Air Pollution Predicts Criminal Activity and Unethical Behavior", *Psychological Science* 29, n. 3 (fevereiro de 2018), pp. 340-55, https://doi.org/10.1177/0956797617735807.

p. 160, **"insegurança alimentar"**: Nett and Rüttinger, "Insurgency, Terrorism and Organised Crime", p. 37.

p. 160, **o crime organizado, um problema já enorme, explodiu:** Ibid., p. 39.

p. 160, **a máfia siciliana foi criada pela seca:** Daron Acemoglu, Giuseppe De Feo e Giacomo de Luca, "Weak States: Causes and Consequences of the Sicilian Mafia", VOX CEPR Policy Portal, 2 de março de 2018, https://voxeu.org/article/causes-and-consequences-sicilian-mafia.

p. 160, **a quinta taxa de homicídios mais elevada:** Nett and Rüttinger, "Insurgency, Terrorism and Organised Crime", p. 35.

p. 160, **segundo país mais perigoso do mundo:** Unicef, *Hidden in Plain Sight: A Statistical Analysis of Violence Against Children* (Nova York: United Nations Children's Fund, 2014), p. 35, http://files.unicef.org/publications/files/Hidden_in_plain_sight_statistical_analysis_EN_3_Sept_2014.pdf.

p. 160, **pode tornar ambas incultiváveis:** Pablo Imbach et al., "Coupling of Pollination Services and Coffee Suitability from Climate Change", *Proceedings of the National Academy of Sciences* 114, n. 39 (setembro de 2017), pp. 10 438-42, https://doi.org/10.1073/pnas.1617940114; Martina K. Linnenluecke et al., "Implications of Climate Change for the Sugarcane Industry", WIRES Climate Change 9, n. 1 (janeiro-fevereiro de 2018), https://doi.org/10.1002/wcc.498.

"SISTEMAS" [pp. 161-71]

p. 161, **22 milhões deles:** "In Photos: Climate Change, Disasters and Displacement", UNHCR: The U.N. Refugee Agency, 1 de janeiro de 2015, www.unhcr.org/en-us/climate-change-and-disasters.html.

p. 161, **60 mil migrantes do clima:** Emily Schmall e Frank Bajak, "FEMA Sees Trailers Only as Last Resort After Harvey, Irma", Associated Press, 10 de setembro de 2017, https://apnews.com/7716fb84835b48808839fbc888e96fb7.

p. 161, **à evacuação de quase 7 milhões:** Greg Allen, "Lessons from Hurricane Irma: When to Evacuate and When to Shelter in Place", NPR, 1 de junho de 2018, www.npr.org/2018/06/01/615293318/lessons-from-hurricane-irma-when-to-evacuate-and-when-to-shelter-in-place.

p. 161, **13 milhões de americanos:** Andrew D. King e Luke J. Harrington, "The Inequality of Climate Change from 1.5 to 2°C of Global Warming", *Geophysical Research Letters* 45, n. 10 (maio de 2018), pp. 5030-3, https://doi.org/10.1029/2018GL078430.

p. 162, **serão maiores entre os países menos desenvolvidos:** Ibid.

p. 163, **Em 2011, uma única onda de calor produziu:** Katinka X. Ruthrof et al., "Subcontinental Heat Wave Triggers Terrestrial and Marine, Multi-Taxa Responses", *Scientific Reports* 8 (agosto de 2018), p. 13094, https://doi.org/10.1038/s41598-018-31236-5.

p. 163, **"risco atual e existencial à segurança do país":** Parliament of Australia, "Implications of Climate Change for Australia's National Security, Final Report, Chapter 2", www.aph.gov.au/Parliamentary_Business/Committees/Senate/Foreign_Affairs_Defence_and_Trade/Nationalsecurity/Final%20Report/c02; Ben Doherty, "Climate Change an 'Existential Security Risk' to Australia, Senate Inquiry Says", *The Guardian*, 17 de maio de 2018.

p. 163, **Mais de 140 milhões:** World Bank, *Groundswell: Preparing for Internal Climate Migration* (Washington, D.C., 2018), p. xix, https://openknowledge.worldbank.org/handle/10986/29461.

p. 164, **a migração de 1 bilhão de pessoas pelo mundo todo:** International Organization for Migration, "Migration, Environment and Climate Change: Assessing the Evidence", United Nations (Genebra, 2009), p. 43.

p. 164, **mais de dois terços das epidemias:** Frank C. Curriero et al., "The Association Between Extreme Precipitation and Waterborne Disease Outbreaks in the United States, 1948-1994", *American Journal of Public Health* 91, n. 8 (agosto de 2001), https://doi.org/10.2105/AJPH.91.8.1194.

p. 164, **mais de 400 mil pessoas em Milwaukee:** William R. Mac Kenzie et al., "A Massive Outbreak in Milwaukee of Cryptosporidium Infection Transmitted Through the Public Water Supply", *The New England Journal of Medicine* 331 (julho de 1994), pp. 161-7, https://doi.org/10.1056/NEJM199407213310304.

p. 164, **no Vietnã, os que passaram por essa:** Thuan Q. Thai e Evangelos M. Falaris, "Child Schooling, Child Health, and Rainfall Shocks: Evidence from Rural Vietnam" (Max Planck Institute, *working paper*, setembro de 2011), www.demogr.mpg.de/papers/working/wp-2011-011.pdf.

p. 164, **Na Índia vigora esse mesmo padrão de ciclo de pobreza:** Santosh Kumar, Ramona Molitor e Sebastian Vollmer, "Children of Drought: Rainfall Shocks and Early Child Health in Rural India" (*working paper*, 2014); Santosh Kumar e Sebastian Vollmer, "Drought and Early Childhood Health in Rural India", *Population and Development Review* (2016).

p. 164, **capacidade cognitiva reduzida:** R. K. Phalkey et al., "Systematic Review of Current Efforts to Quantify the Impacts of Climate Change on Undernutrition", *Proceedings of the National Academy of Sciences* 112, n. 33 (agosto de 2015), pp. E4522-9, https://doi.org/10.1073/pnas.1409769112; Charmian M. Bennett e Sharon Friel, "Impacts of Climate Change on Inequities in Child Health", *Children* 1, n. 3 (dezembro de 2014), pp. 461-73, https://doi.org/10.3390/children1030461; Iffat Ghani et al., "Climate Change and Its Impact on Nutritional Status and Health of Children", *British Journal of Applied Science and Technology* 21, n. 2 (2017), pp. 1-15, https://doi.org/10.9734/BJAST/2017/33276; Kristina Reinhardt e Jessica Fanzo, "Addressing Chronic Malnutrition Through Multi-Sectoral, Sustainable Approaches", *Frontiers in Nutrition* 1, n. 13 (agosto de 2014), https://doi.org/10.3389/fnut.2014.00013.

p. 164, **No Equador, os danos do clima:** Ram Fishman et al., "Long-Term Impacts of High Temperatures on Economic Productivity" (George Washington University Institute for International Economic Policy working paper, outubro de 2015), https://econpapers.repec.org/paper/gwiwpaper/2015-18.htm.

p. 165, **com declínios mensuráveis:** Adam Isen et al., "Relationship Between Season of Birth, Temperature Exposure, and Later Life Well-Being", *Proceedings of the National Academy of Sciences* 114, n. 51 (dezembro de 2017), pp. 13 447--52, https://doi.org/10.1073/pnas.1702436114.

p. 165, **Um estudo abrangente realizado em Taiwan:** C. R. Jung et al., "Ozone, Particulate Matter, and Newly-Diagnosed Alzheimer's Disease", *Journal of Alzheimer's Disease* 44, n. 2 (2015), pp. 573-84, https://doi.org/10.3233/JAD-140855.

p. 165, **Padrões similares:** Emily Underwood, "The Polluted Brain", *Science* 355, n. 6323 (janeiro de 2017), pp. 342-5, https://doi.org/10.1126/science.355.6323.342.

p. 165, **"Quer combater a mudança climática?":** Damian Carrington, "Want to Fight Climate Change? Have Fewer Children", *The Guardian*, 12 de julho de 2017.

p. 166, **"Acrescente o seguinte à lista de decisões":** Maggie Astor, "No Children Because of Climate Change? Some People Are Considering It", *The New York Times*, 5 de fevereiro de 2018.

p. 166, **metade de todos os expostos:** Janna Trombley et al., "Climate Change and Mental Health", *American Journal of Nursing* 117, n. 4 (abril de 2017), pp. 44-52, https://doi.org/10.1097/01.NAJ.0000515232.51795.fa.

p. 167, **Na Inglaterra, descobriu-se que as inundações:** M. Reacher et al., "Health Impacts of Flooding in Lewes", *Communicable Disease and Public Health* 7, n. 1 (março de 2004), pp. 39-46.

p. 167, **Após o furacão Katrina:** Mary Alice Mills et al., "Trauma and Stress Response Among Hurricane Katrina Evacuees", *American Journal of Public Health* 97 (abril de 2007), pp. S116-23, https://doi.org/10.2105/AJPH.2006.086678.

p. 167, **Incêndios florestais, curiosamente:** Grant N. Marshall et al., "Psychiatric Disorders Among Adults Seeking Emergency Disaster Assistance After a Wildland-Urban Interface Fire", *Psychiatric Services* 58, n. 4 (abril de 2007), pp. 509-14, https://doi.org/10.1176/ps.2007.58.4.509.

p. 167, **"Não conheço um cientista sem reação emocional":** Kevin J. Doyle e Lise Van Susteren, *The Psychological Effects of Global Warming on the United States: And Why the U.S. Mental Health Care System Is Not Adequately Prepared*

(Merrifield, VA: National Wildlife Federation, 2012), p. 19, www.nwf.org/~/media/PDFs/Global-Warming/Reports/Psych_Effects_Climate_Change_Full_3_23.ashx.

p. 167, **"depressão do clima":** Madeleine Thomas, "Climate Depression Is Real, Just Ask a Scientist", *Grist,* 28 de outubro de 2014, https://grist.org/climate-energy/climate-depression-is-for-real-just-ask-a-scientist.

p. 167, **"luto ambiental":** Jordan Rosenfeld, "Facing Down 'Environmental Grief'", *Scientific American,* 21 de julho de 2016.

p. 168, **furacão Andrew atingir a Flórida:** Ernesto Caffo e Carlotta Belaise, "Violence and Trauma: Evidence-Based Assessment and Intervention in Children and Adolescents: A Systematic Review", in *The Mental Health of Children and Adolescents: An Area of Global Neglect,* ed. Helmut Rehmschmidt et al. (West Sussex, Inglaterra: Wiley, 2007), p. 141.

p. 168, **veteranos de guerra:** "PTSD: A Growing Epidemic", *NIH MedlinePlus* 4, n. 1 (2009), pp. 10-4, https://medlineplus.gov/magazine/issues/winter09/articles/winter09pg10-14.html.

p. 168, **Um estudo especialmente detalhado:** Armen K. Goenjian et al., "Posttraumatic Stress and Depressive Reactions Among Nicaraguan Adolescents After Hurricane Mitch", *American Journal of Psychiatry* 158, n. 5 (maio de 2001), pp. 788-94, https://doi.org/10.1176/appi.ajp.158.5.788.

p. 168, **tanto o surgimento como a gravidade:** Haris Majeed e Jonathan Lee, "The Impact of Climate Change on Youth Depression and Mental Health", *The Lancet* 1, n. 3 (junho de 2017), pp. E94-5, https://doi.org/10.1016/S2542-5196(17)30045-1.

p. 168, **Temperatura em elevação e umidade:** S. Vida, "Relationship Between Ambient Temperature and Humidity and Visits to Mental Health Emergency Departments in Quebec", *Psychiatric Services* 63, n. 11 (novembro de 2012), pp. 1150-3, https://doi.org/10.1176/appi.ps.201100485.

pp. 168-9, **picos também nas internações:** Alana Hansen et al., "The Effect of Heat Waves on Mental Health in a Temperate Australian City", *Environmental Health Perspectives* 116, n. 10 (outubro de 2008), pp. 1369-75, https://doi.org/10.1289/ehp.11339.

p. 169, **Os casos de esquizofrenia em particular:** Roni Shiloh et al., "A Significant Correlation Between Ward Temperature and the Severity of Symptoms in Schizophrenia Inpatients: A Longitudinal Study", *European Neuropsychopharmacology* 17, n. 6-7 (maio-junho 2007), pp. 478-82, https://doi.org/10.1016/j.euroneuro.2006.12.001.

p. 169, **transtornos do humor e de ansiedade e demência:** Hansen, "The Effect of Heat Waves on Mental Health", https://doi.org/10.1289/ehp.11339.

p. 169, **Cada aumento de 1ºC:** Marshall Burke et al., "Higher Temperatures

Increase Suicide Rates in the United States and Mexico", *Nature Climate Change* 8 (julho de 2018), pp. 723-9, https://doi.org/10.1038/s41558-018-0222-x.

p. 169, **59 mil suicídios:** Tamma Carleton, "Crop-Damaging Temperatures Increase Suicide Rates in India", *Proceedings of the National Academy of the Sciences* 114, n. 33 (agosto de 2017), pp. 8746-51, https://doi.org/10.1073/pnas.1701354114.

III. O CALEIDOSCÓPIO CLIMÁTICO [pp. 173-263]

NARRATIVAS [pp. 175-92]

p. 175, **No cinema, a devastação climática:** Um bom levantamento acadêmico do fenômeno está em E. Ann Kaplan, *Climate Trauma: Foreseeing the Future in Dystopian Film and Fiction* (New Brunswick, NJ: Rutgers University Press, 2015).

p. 177, **"Terra Moribunda":** O gênero pega embalo de fato com *A máquina do tempo* de H. G. Wells, acabando por encontrar um lar natural no cinema pós-apocalíptico, como por exemplo, *The World, The Flesh, and the Devil* e *O dia depois de amanhã*.

p. 177, **"existencialismo climático":** "O niilismo e o derrotismo em resposta à crise climática não são um ato de coragem, tampouco perspicazes, e é muito estranho vê-los tratados como uma intervenção bela e poética", Kate Aronoff escreve, no Twitter, referindo-se provavelmente ao trabalho de Roy Scranton. "A mudança climática é muitas coisas. Mas ela não é um veículo para literatos confessarem seus medos existenciais travestidos de ciência." Ver https://twitter.com/KateAronoff/status/1035022145565470725.

p. 178, **teóricos de literatura chamam de metanarrativa:** Ver, especialmente, Jean-Francois Lyotard, *The Postmodern Condition: A Report on Knowledge* (Minneapolis: University of Minnesota Press, 1984).

p. 178, **tão certo quanto a comédia maluca:** Um ótimo relato disso está em Morris Dickstein, *Dancing in the Dark: A Cultural History of the Great Depression* (Nova York: W. W. Norton, 2009).

p. 178, **Grande Depressão:** O livro de Ghosh (Chicago: University of Chicago Press, 2016) foi publicado com o eloquente subtítulo de "A mudança climática e o impensável".

p. 179, **"*cli-fi*":** O termo ganhou aceitação sobretudo ao longo da última década, mas exemplos do gênero — em geral ficção especulativa inspirada nas condições do clima — remontam pelo menos a J. G. Ballard (*The Wind from Nowhere, The Drowned World, The Burning World*) e possivelmente a H. G. Wells (*A máquina do tempo*) e Jules Verne (*Sans dessus dessous*). Em outras palavras, é mais ou menos como o gênero de ficção científica do qual empresta seu nome. A trilogia *MaddAddam* de Margaret Atwood (que também inclui *The Year of the Flood* e *Oryx and Crake*) sem dúvida merece um lugar nessa lista, assim como *Solar* de Ian McEwan. Todas essas obras são um teste da tese de Ghosh, uma vez que são romances movidos pelo clima, com a arquitetura da narrativa mais ou menos extraída do romance burguês clássico. *A estrada*, de Cormac McCarthy, é de uma espécie diferente — um épico climático. Mas hoje em dia, quem fala em *cli-fi* como gênero parece se referir a algo mais... bem, de *gênero* — por exemplo, a trilogia *Science in the Capital* de Kim Stanley Robinson e, mais tarde, *New York 2140*. Voltando um pouco mais no tempo, a trilogia *Drowned World* de J. G. Ballard é um exemplo perfeito.

p. 179, **em especial nos romances convencionais:** Ghosh está lidando aqui com uma definição muito estreita do romance arquetípico, enfatizando histórias de jornadas do protagonista através de sistemas burgueses em desenvolvimento. E embora ele cite a Guerra Fria e o Onze de Setembro como exemplos de histórias do mundo real que inspiraram romances nessa tradição, não é o caso que os melhores romances, e filmes, sobre o fim da Guerra Fria sejam os que põem seus personagens muito precisamente em um mapa do mundo em 1989, como borboletas num mostruário. E os que abordaram o Onze de Setembro também deram com os burros n'água, embora toda uma geração, especialmente a parte masculina, às vezes parecesse impelida à ação literária por causa disso. "Se o Onze de Setembro tinha de acontecer", escreveu Martin Amis em *The Second Plane*, sua meditação sobre o destino da imaginação na era do terror, "não lamento nem um pouco que tenha acontecido durante minha vida." O aquecimento global não fez Martin Amis se sentir como George Orwell, até onde sei, embora tenha semeado todo um pequeno gênero de ensaios pesarosos: a lamentação ecológica em primeira pessoa, fatalista, quase poética — exemplificada por Roy Scranton, com seu *Learning to Die in the Anthropocene* e *We're Doomed, Now What?* — que pode ser o mais perto que as histórias da mudança climática conseguem chegar da clareza moral automitologizante de Orwell.

p. 180, **"o homem contra a natureza":** Uma das "narrativas de conflito" arquetípicas. Outros exemplos vão de *Robinson Crusoé* a *A vida de Pi*.

p. 181, **os 10% mais ricos:** Oxfam, "Extreme Carbon Inequality", dezembro de 2015, www.oxfam.org/sites/www.oxfam.org/files/file_attachments/mb-extreme-carbon-inequality-021215-en.pdf.

p. 181, **muitos na esquerda:** O argumento é onipresente, em parte por ser tão persuasivo, mas foi apresentado com destreza por Naomi Klein em *Tudo pode mudar* e *The Battle for Paradise*; Jedediah Purdy em *After Nature*, mas talvez mais notavelmente em seus ensaios e diálogos publicados em *Dissent*; e é claro Andreas Malm em *Fossil Capital*.

p. 182, **os países socialistas:** A história não é um guia muito melhor, com a industrialização de esquerda durante o Plano Quinquenal de Stalin ou o Grande Salto Adiante de Mao ou mesmo a Venezuela sob Hugo Chávez não oferecendo uma abordagem mais responsável do que qualquer coisa que estivesse acontecendo no Ocidente.

p. 182, **Os vilões naturais:** Relatos do comportamento condenável das petrolíferas também são recorrentes, mas os dois melhores pontos de partida são: Naomi Oreskes e Erik M. Conway, *Merchants of Doubt* (Nova York: Bloomsbury, 2010) e Michael E. Mann e Tom Toles, *The Madhouse Effect* (Nova York: Columbia University Press, 2016).

p. 182, **uma análise recente de filmes:** Peter Kareiva e Valerie Carranza, "Existential Risk Due to Ecosystem Collapse: Nature Strikes Back", *Futures*, setembro de 2018.

p. 182, **menos de 40%:** Segundo o IPCC, a proporção é 35%: ver IPCC, *Contribution of Working Group III to the Fifth Assessment Report of the Intergovernmental Panel on Climate Change* (Genebra, 2014).

p. 182, **as dez maiores petrolíferas do mundo:** Claire Poole, "The World's Largest Oil and Gas Companies 2018: Royal Dutch Shell Surpasses Exxon as Top Dog", *Forbes*, 6 de junho de 2018.

p. 183, **15% das emissões mundiais:** Segundo o World Resources Institute, o número era 14,36% em 2017: Johannes Friedrich, Mengpin Ge e Andrew Pickens, "This Interactive Chart Explains World's Top Ten Emitters, and How They've Changed", World Resources Institute, 11 de abril de 2017, www.wri.org/blog/2017/04/interactive-chart-explains-worlds-top-10-emitters-and-how-theyve-changed.

p. 183, **a história da natureza e de nossa relação com ela:** Em 1980, o crítico de arte John Berger chamou os zoológicos modernos de um "epitáfio a uma relação tão antiga quanto o homem": "o zoológico aonde as pessoas vão para ver animais, observá-los, é, na verdade, um monumento à impossibilidade de tais encontros".

"Hoje essas palavras poderiam ser aplicadas à maior parte da cultura de massa da classe média", escreveu o estudioso legal e ambientalista Jedediah Purdy em "Thinking Like a Mountain" (*n+1* 29, outono de 2017), um ensaio sobre as novas formas de escritos sobre a natureza na era do Antropoceno. "Virou uma espécie de memorial ao mundo não humano, revivido em 1 milhão de representações à medida que desaparece de vez." O que ele quer dizer é que construímos um zoológico da natureza, com certeza; mas também vivemos dentro dessas jaulas. "Junto com a domesticação global, um potencial oposto e aterrorizador está em incubação", escreve Purdy. "Toda nova supertempestade, contágio ou recorde de calor anual é prenhe de danação, mais agudamente para os pobres do mundo, mas no fim das contas para quase todo mundo. A despeito de todas as nossas desigualdades profundas e aceleradas, a vida é um pouco menos perigosa, e o mundo natural um pano de fundo mais estável e fungível para a atividade humana, do que nunca. E, contudo, o mundo todo também parece pronto para vir atrás de nós como uma falange de deuses atiçados que acabaram de mudar de lado."

p. 184, **metade das espécies será extinta:** E. O. Wilson fez essa previsão numa coluna no *New York Times*, "The Eight Million Species We Don't Know", publicada em 3 de março de 2018 — e ela ecoa, conceitualmente, em seu livro de 2016, *Half-Earth: Our Planet's Fight for Life* (Nova York: W. W. Norton, 2016). Segundo relatório de 2018 do Living Planet, preparado pelo World Wildlife Fund e a Zoological Society of London, a vida selvagem do mundo já declinou tudo isso — na verdade, em 60%, tudo isso desde 1970.

p. 185, **Outra parábola dessas é a morte das abelhas:** Escrevi uma longa reportagem sobre o fenômeno intitulada "The Anxiety of Bees" (*New York,* 17 de junho de 2015).

p. 186, **insetos voadores talvez estejam em vias de desaparecer:** O estudo de 2017 foi publicado no *PLOS One* sob o título canhestro de "More than 75 Percent Decline over 27 Years in Total Flying Insect Biomass in Protected Areas". Em 2018, um levantamento das populações de insetos nas florestas tropicais de Porto Rico foi ainda mais alarmante — na verdade, outro pesquisador chamou suas descobertas de "hiperalarmantes". Os insetos haviam declinado ali sessenta vezes. (Bradford Lister e Andres Garcia, "Climate-Driven Declines in Arthropod Abundance Restructure a Rainforest Food Web", *Proceedings of the National Academy of Sciences,* 30 de outubro de 2018.)

p. 186, **dedicou longos artigos à fábula das abelhas:** Jamie Lowe's "The Super Bowl of Beekeeping" (*The New York Times Magazine,* 15 de agosto de 2018) talvez seja o melhor exemplo recente. A "Fábula das abelhas" original tinha um significado muito diferente: o poema de Bernard Mandeville de 1705 de mesmo nome, "The Fable of the Bees", era um longo argumento de que as exibições públicas de virtude eram invariavelmente hipócritas e que o mundo se tornava um lugar melhor, na verdade, quanto mais impiedosamente os indivíduos perseguissem seus "vícios". Que o poema tenha acabado por se tornar uma pedra angular do pensamento de livre mercado, e uma influência preponderante sobre Adam Smith, é ainda mais surpreendente, haja vista que ganhou popularidade inicialmente no período após a South Sea Bubble [bolha da Companhia dos Mares do Sul].

p. 188, **"climas projetados":** "Se a geoengenharia funcionasse, a mão de quem estaria no termostato?", perguntou Alan Robock na *Science,* em 2008. "Como o mundo poderia estar de acordo quanto ao clima ideal?" Dez anos depois, seu aluno Ben Kravitz escreveu, no blog do programa de geoengenharia de

Harvard — sim, Harvard tem um programa de geoengenharia, e sim, eles têm um blog — "pode ser possível cumprir objetivos múltiplos e simultâneos no sistema climático."

p. 188-9, **Vinte e dois por cento:** Jakub Nowosad et al., "Global Assessment and Mapping of Changes in Mesoscale Landscapes: 1992-2015", *International Journal of Applied Earth Observation and Geoinformation* (outubro de 2018).

p. 189, **Noventa e seis por cento:** Yinon M. Bar-On et al., "The Biomass Distribution on Earth", *Proceedings of the National Academy of the Sciences* (junho de 2018).

p. 189, **Eremoceno — a era da solidão:** Brooke Jarvis, "The Insect Apocalypse Is Here", *The New York Times Magazine*, 27 de novembro de 2018.

p. 190, **"reticência científica":** J. E. Hansen, "Scientific Reticence and Sea Level Rise", *Environmental Research Letters* 2 (maio de 2007).

p. 191-2, **um artigo na Nature em 2017:** Daniel A. Chapman et al., "Reassessing Emotion in Climate Change Communication", *Nature Climate Change* (novembro de 2017), pp. 850-2.

p. 192, **IPCC lançou um relatório dramático e alarmista:** IPCC, *Global Warming of 1.5°C: An IPCC Special Report on the Impacts of Global Warming of 1.5°C Above Pre-Industrial Levels and Related Global Greenhouse Gas Emission Pathways, in the Context of Strengthening the Global Response to the Threat of Climate Change, Sustainable Development, and Efforts to Eradicate Poverty* (Incheon, Coreia, 2018), www.ipcc.ch/report/sr15.

CAPITALISMO DE CRISE [pp. 193-208]

p. 193, **O rol de vieses cognitivos:** O melhor guia sobre o que a economia comportamental tem a nos ensinar sobre esses vieses é o livro do prêmio Nobel Daniel Kahneman, *Thinking, Fast and Slow* (Nova York: Farrar, Straus & Giroux, 2013).

p. 196, **a abrangência da mudança climática:** É por isso que o teórico Timothy Morton se refere à mudança climática como um "hiperobjeto". Mas embora o termo seja útil em sugerir como a mudança climática é imensa, e como fomos incapazes de compreender direito essa escala até hoje, quanto mais nos aprofundamos na análise de Morton, mais esclarecedora ela se torna. Em *Hyperobjects: Philosophy and Ecology After the End of the World* (Minneapolis: University of Minnesota Press, 2013), ele nomeia cinco características: hiperobjetos são 1) viscosos, ou seja, eles grudam em qualquer objeto ou ideia com que entrem em contato, como óleo; 2) fundidos, ou seja, são tão grandes que parecem desafiar nossa percepção de espaço-tempo; 3) não locais, ou seja, distribuídos de maneira que frustram qualquer tentativa de percebê-los inteiramente de uma única perspectiva; 4) em estágios, ou seja, têm qualidades dimensionais que não podemos compreender, assim como não compreenderíamos um objeto de cinco dimensões passando por nossos espaço tridimensional; e 5) interobjetivos, ou seja, ligam itens e sistemas divergentes. Viscosos, não locais e interobjetivos — o.k. Mas isso não torna o aquecimento global um tipo de fenômeno diferente do que tenhamos antes ou dos que — como o capitalismo, digamos — na verdade compreendemos muito bem. Quanto às outras qualidades... Se a mudança climática desafia nossa percepção do espaço-tempo, é somente porque fazemos uma ideia pobre e estreita do espaço-tempo, uma vez que na verdade o aquecimento está ocorrendo dentro da atmosfera do nosso planeta, não inexplicavelmente, mas de maneiras que os cientistas previram com muita precisão durante décadas. Que fracassamos em lidar com ele, ao longo dessas mesmas décadas, não significa que esteja literalmente além de nossa compreensão. Dizer isso soa quase como uma fuga, na verdade.

p. 196, **"É mais fácil imaginar"**: Jameson escreveu isso em "Future City", publicado na *New Left Review* em maio-junho de 2003.

p. 198, **teoria cara à esquerda socialista:** O grau de ênfase varia, claro, mas podemos encontrar formas do argumento do "capitalismo fóssil" em *Energy and Civilization*, de Vaclav Smil, além de *Fossil Capital*, de Andreas Malm, e *Capitalism in the Web of Life*, de Jason Moore.

p. 198, **o capitalismo conseguirá sobreviver à mudança climática?:** Moore levanta a questão em *Capitalism in the Web of Life*, e ela é discutida com mais amplitude em Benjamin Kunkel, "The Capitalocene", *London Review of Books*, 2 de março de 2017.

p. 199, **Naomi Klein esboçou:** Naomi Klein, *The Shock Doctrine: The Rise of Disaster Capitalism* (Nova York: Picador, 2007).

p. 199, **a ilha de Porto Rico:** Naomi Klein, *The Battle for Paradise: Puerto Rico Takes On the Disaster Capitalists* (Chicago: Haymarket, 2018).

p. 199, **Maria podia cortar os rendimentos do cidadão porto-riquenho:** Isso vem de Hsiang e Houser, "Don't Let Puerto Rico Fall into an Economic Abyss", *The New York Times*, 29 de setembro de 2017.

p. 201, **emissões de carbono tenham explodido:** Segundo a Agência de Energia Internacional, as emissões globais totais foram de 32,5 gigatoneladas em 2017, mais de 22,4 em 1990. Claro que vale lembrar que as nações socialistas, e mesmo as de centro-esquerda, não têm um histórico muito melhor nas emissões do que as excessivamente capitalistas. Isso sugere que pode ser enganoso descrever emissões como provocadas pelo capitalismo em si, ou mesmo interesses que se tornaram especialmente proeminentes e poderosos dentro dos sistemas capitalistas. Em vez disso, podem refletir o poder universal dos confortos materiais, vantagens que tendemos a avaliar usando apenas um cálculo de muito curto prazo.

p. 202, **"Neoliberalismo: gato por lebre?":** O artigo, de Jonathan D. Ostry, Prakash Loungani e Davide Furceri, foi publicado em junho de 2016.

p. 202, **disciplina fantasiosa:** Romer publicou "The Trouble with Macroeconomics" em seu site em 14 de setembro de 2016.

p. 202, **Nordhaus, um economista, é a favor do imposto do carbono:** O prêmio Nobel publicou diversos trabalhos sobre o assunto do imposto do carbono e faz a defesa mais franca do nível de imposto que considera ideal em "Integrated Assessment Models of Climate Change", National Bureau of Economic Research, 2017, https://www.nber.org/reporter/2017number3/nordhaus.html.

p. 202, **306 bilhões de dólares:** Adam B. Smith, "2017 U.S. Billion-Dollar Weather and Climate Disasters: A Historic Year in Context", National Oceanic and Atmospheric Association, 8 de janeiro de 2018.

p. 203, **551 trilhões de dólares em danos:** "Risks Associated with Global Warming of 1.5 Degrees Celsius or 2 Degrees Celsius", Tyndall Centre for Climate Change Research, maio de 2018.

p. 203, **23% da renda global potencial perdida:** Marshall Burke et al., "Global Non-Linear Effect of Temperature on Economic Production", *Nature* 527 (outubro de 2015), pp. 235-9, https://doi.org/10.1038/nature15725.

p. 206, **De quatrocentos modelos de emissões:** "Negative Emissions Technologies: What Role in Meeting Paris Agreement Targets?", European Academies' Science Advisory Council, fevereiro de 2018.

p. 207, **um terço da terra arável do mundo:** Jason Hickel, "The Paris Agreement Is Deeply Flawed — It's Time for a New Deal", *Al Jazeera,* 16 de março de 2018.

p. 207, **artigo de David Keith:** David Keith et al., "A Process for Capturing CO_2 from the Atmosphere", *Joule,* 15 de agosto de 2018.

p. 208, **subsídios a combustíveis fósseis concedidos:** David Coady et al., "How Large Are Global Fossil Fuel Subsidies?", *World Development* 91 (março de 2017), pp. 11-27.

p. 208, **corte de impostos de 2,3 trilhões de dólares:** David Rogers, "At $2.3 Trillion Cost, Trump Tax Cuts Leave Big Gap", *Politico,* 28 de fevereiro de 2018. Outras estimativas fornecem números ainda mais elevados.

IGREJA DA TECNOLOGIA [pp. 209-25]

p. 209, **esboçado por Eric Schmidt:** Ele apresentou essa perspectiva mais claramente em uma conferência em Nova York em janeiro de 2016.

p. 210, **"Considere: Quem persegue":** Ted Chiang, "Silicon Valley Is Turning into Its Own Worst Fear", BuzzFeed, 18 de dezembro de 2017.

p. 211, **um artigo influente de 2002:** Nick Bostrom, "Analyzing Human Extinction Scenarios and Related Hazards", *Journal of Evolution and Technology* 9 (março de 2002).

p. 212, **sejam quase universais:** Em "Survival of the Richest" (*Medium*, 5 de julho de 2018), o futurista Douglas Rushkoff descreveu sua experiência como orador principal em uma conferência particular assistida pelos super-ricos — esses patronos que não são tecnólogos propriamente, mas investidores de *hedge fund* que ele achou que estavam pegando suas dicas com eles. Rapidamente, escreve, a conversa atingiu um foco claro:

> Que região sofrerá menos impacto na crise climática iminente: a Nova Zelândia ou o Alasca? A Google está realmente construindo um lar para Ray Kurzweil em seu cérebro e sua consciência sobreviverá à transição, ou vai morrer e renascer como uma coisa nova? Finalmente, o CEO de uma casa de corretagem explicou que quase terminara de construir seu sistema de bunkers subterrâneo e perguntou: "Como mantenho a autoridade sobre minha força de segurança depois do evento?".

"O evento." No relato de Rushkoff, essa é uma espécie de expressão genérica para qualquer coisa que ameace o status ou a segurança deles como os mais privilegiados do mundo — "o eufemismo deles para o colapso ambiental, a inquietação social, a explosão nuclear, o vírus irrefreável, ou o *hack* de Mr. Robot que derruba tudo.

"Essa simples questão nos ocupou pelo resto da hora", continua Rushkoff.

> Eles sabiam que guardas armados seriam necessários para proteger seus abrigos das turbas enfurecidas. Mas como pagariam os guardas quando o dinheiro não valesse mais nada? O que impediria os guardas de escolher seu próprio líder? Os bilionários consideravam usar fechaduras de combinação especial no suprimento de comida cujo código só eles conheceriam. Ou fazer os guardas usar coleiras disciplinares de algum tipo, em troca de sua sobrevivência. Ou talvez construir robôs para servir como guardas e trabalhadores — se essa tecnologia pudesse ser desenvolvida a tempo.

Em *To Be a Machine*, Mark O'Connell traçou o mesmo impulso entre a alta casta do Vale do Silício. O livro abre com uma epígrafe de Don DeLillo: "A tecnologia tem a ver com isso. Ela cria um apetite pela imortalidade por um lado. Ameaça com a extinção universal, de outro". A citação é de *Ruído branco*, em particular do colega e parceiro de aventuras do narrador, Murray Jay Siskind, que é tanto o alívio cômico do livro como aquele que o "explica". Nunca ficou claro para mim exatamente até onde devemos levar a sério as declarações de Murray, mas essa descreve muito nitidamente a via de mão dupla tecnológica contemporânea: desespero com os "riscos existenciais" e, simultaneamente, busca por formas privadas de superação da mortalidade.

Para Rushkoff, são todas facetas do mesmo impulso, compartilhadas amplamente pela classe de visionários, *power brokers* e capitalistas de risco cujos sonhos para o futuro são recebidos como plantas baixas, especialmente pelos exércitos de engenheiros a suas ordens como feudos impetuosos — investindo em novas formas de viagem espacial, vida estendida e vida após a morte ajudada pela tecnologia. "Eles estão se preparando para um futuro digital que tinha muito menos a ver com tornar o mundo um lugar melhor do que tinha a ver com transcender a condição humana completamente e isolar-se de um perigo de mudança climática muito real e presente, elevação dos níveis oceânicos, migrações em massa, pandemias globais, pânico nativista e esgotamento de recursos", escreve. "Para eles, o futuro da tecnologia na realidade tem a ver com uma coisa só: escapar."

p. 215, **"An Account of My Hut":** Christina Nichol, "An Account of My Hut", *n+1,* primavera de 2018. Nichol explica o título da seguinte forma:

> Certa vez li uma história chamada "Um relato da minha cabana", de Kamo no Chōmei, um eremita japonês do século XII. Chōmei descreve como ao testemunhar um incêndio, um terremoto e um tufão em Quioto ele abandona a vida em sociedade e vai viver numa cabana.
>
> Setecentos anos mais tarde, Basil Bunting, o poeta da Nortúmbria, escreveu sua própria versão da história de Chōmei:
>
> > *Oh! Não há nada de que se queixar.*
> > *Afirma o Buda: "Nada no mundo é bom".*
> > *Gosto de minha cabana...*
>
> Mas mesmo que eu quisesse renunciar ao mundo, não conseguiria encontrar uma cabana na Califórnia.

p. 216, **tão antigo quanto John Maynard Keynes:** Keynes estendeu a previsão — muitíssimo comentada desde então — em um ensaio publicado curiosamente em 1930, logo após a quebra do mercado de ações de 1929: John Maynard Keynes, "Economic Possibilities for Our Grandchildren", *Nation and Athenaeum,* 11 e 18 de outubro de 1930.

p. 216, **"Podemos ver a era do computador":** A frase apareceu pela primeira vez em Robert M. Solow, "We'd Better Watch Out", resenha de *Manufacturing Matters* de Stephen S. Cohen e John Zysman, *The New York Times Book Review,* 12 de julho de 1987.

p. 218, **1 milhão de voos transatlânticos:** Alex Hern, "Bitcoin's Energy Usage Is Huge — We Can't Afford to Ignore It", *The Guardian*, 17 de janeiro de 2018.

p. 218, **"Se não agirmos rápido...":** Bill McKibben, "Winning Is the Same as Losing", *Rolling Stone*, 1 de dezembro de 2017. "Outra maneira de dizer isso: até 2075, o mundo será alimentado por painéis solares e moinhos de vento — energia gratuita é uma proposta de negócios difícil de bater", escreveu McKibben. "Mas nas atuais trajetórias, vão iluminar um planeta arrasado. As decisões que tomarmos em 2075 não farão diferença; na verdade, as decisões que tomarmos em 2025 vão fazer muito menos diferença do que as que tomarmos nos próximos anos. A hora de agir é agora."

p. 218, **"O futuro já chegou":** O comentário apareceu pela primeira vez em *The Economist* em 2003.

p. 219, **menos de 10% da população mundial:** IDC, "Smartphone OS Market Share", www.idc.com/promo/smartphone-market-share/os.

p. 219, **em algo entre um quarto e um terço:** David Murphy, "2.4BN Smartphone Users in 2017, Says eMarketer", *Mobile Marketing*, 28 de abril de 2017, https://mobilemarketingmagazine.com/24bn-smartphone-users-in-2017-says-emarketer.

p. 219, **descarbonização global em 2000:** Esses números vêm de Robbie Andrew, um importante pesquisador do Center for International Climate Research, e sua apresentação "Global Collective Effort", que ele publicou em seu website em maio de 2018 (http://folk.uio.no/roberan/t/2C.shtml). Ele se valeu de números apresentados por Michael R. Raupach et al., em "Sharing a Quota on Cumulative Carbon Emissions", *Nature Climate Change* (setembro de 2014).

p. 219, **resta apenas um ano:** "UN Secretary-General Antonio Guterres Calls for Climate Leadership, Outlines Expectations for Next Three Years", *UN Climate Change News*, 10 de setembro de 2018: "Se não mudarmos de rumo até 2020, corremos o risco de perder o ponto em que podemos evitar a mudança climática descontrolada, com consequências desastrosas para as pessoas e todos os sistemas naturais que nos sustentam".

p. 220, **despejou mais concreto em três anos:** Jocelyn Timperley, "Q&A: Why Cement Emissions Matter for Climate Change", *Carbon Brief*, 13 de setembro de 2018, www.carbonbrief.org/qa-why-cement-emissions-matter-for-climate-change.

p. 220, **o mundo precisaria acrescentar:** Ken Caldeira, "Climate Sensitivity Uncertainty and the Need for Energy Without CO_2 Emission", *Science* 299 (março de 2003), pp. 2052-4.

p. 221, **em quatrocentos anos:** James Temple, "At This Rate, It's Going to Take Nearly 400 Years to Transform the Energy System", *MIT Technology Review*, 14 de março de 2018, www.technologyreview.com/s/610457/at-this-rate-its-going-to-take-nearly-400-years-to-transform-the-energy-system.

p. 223, **a contagem oficial é 47 fatalidades:** U.N. Information Service, "New Report on Health Effects Due to Radiation from the Chernobyl Accident", 28 de fevereiro de 2011, www.unis.unvienna.org/unis/en/pressrels/2011/unisinf398.html.

p. 223, **chegando até a 4 mil:** World Health Organization, "Chernobyl: The True Scale of the Accident", 5 de setembro de 2005, www.who.int/mediacentre/news/releases/2005/pr38.

p. 223, **"nenhuma incidência ampliada":** United Nations, "Report of the United Nations Scientific Committee on the Effects of Atomic Radiation" (maio de 2013), p. 11, www.unscear.org/docs/GAreports/A-68-46_e_V1385727.pdf.

p. 223, **mataria mais de 1400 americanos:** Lisa Friedman, "Cost of New E.P.A. Coal Rules: Up to 1,400 More Deaths a Year", *The New York Times,* 21 de agosto de 2018.

p. 223, **9 milhões de pessoas:** Pamela Das e Richard Horton, "Pollution, Health, and the Planet: Time for Decisive Action", *The Lancet* 391, n. 10 119 (outubro de 2017), pp. 407-8, https://doi.org/10.1016/S0140-6736(17)32588-6.

p. 224, **aumentando suas emissões de carbono:** James Conca, "Why Aren't Renewables Decreasing Germany's Carbon Emissions?" *Forbes,* 10 de outubro de 2017.

p. 224, **"Quantos estarão se entretendo com":** Andreas Malm, *The Progress of This Storm: Nature and Society in a Warming World* (Londres: Verso, 2018).

p. 224, **A poeta e compositora Kate Tempest:** Letra da canção "Tunnel Vision".

POLÍTICA DO CONSUMO [pp. 226-39]

p. 226, **um bilhete escrito à mão:** Annie Correal, "What Drove a Man to Set Himself on Fire in Brooklyn?", *The New York Times,* 28 de maio de 2018.

p. 226, **Numa carta mais longa, datilografada:** Para um relato detalhado dessa carta, ver Theodore Parisienne et al., "Famed Gay Rights Lawyer Sets Himself on Fire at Prospect Park in Protest Suicide Against Fossil Fuels", *Daily News,* Nova York, 14 de abril de 2018.

p. 228, **corrida armamentista moral:** Cidadãos que limpam a consciência com doações filantrópicas direcionadas a pesquisa médica, bolsas universitárias ou museus e revistas literárias talvez comecem cada vez mais a fazê-lo comprando compensações de carbono ou investindo em fundos de captura de carbono (de fato, algumas nações progressistas talvez invistam os rendimentos do imposto do carbono diretamente em captura e armazenamento de carbono e bioenergia com captura e armazenamento de carbono). Cientistas progressistas aplicarão a terapia genética à mudança climática, como já começaram a fazer com o mamute lanudo — que, assim esperam, depois de voltar à vida, pode ajudar a restaurar os pastos da estepe eurasiana e impedir a liberação de metano do *permafrost* — e provavelmente farão em breve com o mosquito, esperando erradicar as doenças transmitidas por mosquitos. Talvez um bilionário agindo por conta própria tente esfriar a Terra sozinho com a geoengenharia, mandando alguns aviões particulares dispersar enxofre no equador e citando o modelo de Bill Gates e seus mosquiteiros.

p. 228, **"aparato da justificativa":** Thomas Piketty, *Capital in the Twenty-First Century* (Cambridge, MA: Harvard University Press, 2014). [Ed. bras. *O capital no século XXI*. Rio de Janeiro: Intrínseca, 2014.]

p. 229, **SoulCycle, Goop, Moon Juice:** Há rumores de que a fundadora da revista hipster *Modern Farmer* pretende lançar um "Goop para a mudança climática" em 2018.

p. 230, **o pesticida Roundup:** Alexis Temkin, "Breakfast with a Dose of Roundup?", Environmental Working Group Children's Health Initiative, 15 de agosto de 2018, www.ewg.org/childrenshealth/glyphosateincereal.

p. 230, **elaboradas diretrizes:** "Em um incêndio florestal, máscaras contra pó não bastam!", alertou o Serviço Nacional do Clima no Facebook. "Elas não vão protegê-lo das partículas finas na fumaça. É melhor ficar em ambientes fechados, mantendo janelas e portas fechadas. Se estiver usando ar-condicionado, mantenha a entrada de ar fresco fechada e o filtro limpo, para impedir que a fumaça de fora entre".

p. 231 **"filantrocapitalismo":** Talvez o relato mais pungente desse fenômeno seja Anand Giridharadas, *Winners Take All: The Elite Charade of Changing the World* (Nova York: Knopf, 2018).

p. 231, **"economia moral":** Essa história é contada em Tim Rogan, *The Moral Economists* (Princeton, NJ: Princeton University Press, 2018); ver também a análise de Tehila Sasson, publicada na *Dissent* sob o título "The Gospel of Wealth", 22 de agosto de 2018.

p. 232, **conclamados a ser empreendedores:** Stephen Metcalf, entre muitos outros, escreveu memoravelmente sobre esse fenômeno, em sua breve história do neoliberalismo, "Neoliberalism: The Idea That Swallowed the World", *The Guardian*, 18 de agosto de 2017.

p. 233, *Climate Leviathan:* Geoff Mann e Joel Wainwright, *Climate Leviathan: A Political Theory of Our Planetary Future* (Londres: Verso, 2018).

p. 236, **Em 2018, foi publicado um estudo:** Katharine Ricke et al., "Country-Level Social Cost of Carbon", *Nature Climate Change* 8 (setembro de 2018), pp. 895-900.

p. 238, **Iniciativa do Cinturão e Rota:** Talvez a melhor descrição da iniciativa esteja em Bruno Maçães, *Belt and Road: A Chinese World Order* (Londres: Hurst, 2018). A iniciativa "também deve promover a degradação ambiental permanente", afirmou recentemente um grupo de pesquisadores. (Fernando Ascensão et al., "Environmental Challenges for the Belt and Road Initiative", *Nature Sustainability*, maio de 2018).

p. 238, **a possibilidade de desequilíbrio:** Harald Welzer, *Climate Wars: What People Will Be Killed For in the 21st Century* (Cambridge: Polity, 2012).

p. 239, **criminosos em shows de música pop:** Segundo Hamza Shaban, do *Washington Post*, isso aconteceu três vezes em apenas dois meses na primavera de 2018: "Facial Recognition Cameras in China Snag Man Who Allegedly Stole $17,000 Worth of Potatoes", 22 de maio de 2018.

p. 239, **drones de espionagem doméstica:** Stephen Chen, "China Takes Surveillance to New Heights with Flock of Robotic Doves, but Do They Come in Peace?" *South China Morning Post*, 24 de junho de 2018.

HISTÓRIA DEPOIS DO PROGRESSO [pp. 240-8]

p. 240, **credos mais inabaláveis:** Não só a promessa de crescimento foi inventada na era industrial, como também a ideia de história, assegurando que o passado é uma narrativa do progresso humano — e sugerindo, logo, que o futuro também é. Essa fé progressista tem uma base popular, ou seja, a vida cotidiana mudava tão rápido na era vitoriana que era impossível não perceber, se você estivesse prestando atenção. E uma base intelectual, ou seja, os filósofos, de Hegel a Comte, propuseram, em vários pontos do século XIX, que a história tinha uma forma — que ela evoluía, em uma forma ou outra, na direção da luz, de um tipo ou de outro. A ideia não teria confundido leitores de seus contemporâneos Darwin e Spencer. Tampouco, a propósito, os visitantes da exposição do Palácio de Cristal da rainha Vitória, a primeira feira mundial, que organizou as mostras em uma competição implícita de desenvolvimento relativo e mais ou menos prometia que a tecnologia traria um futuro melhor para todos. Quando Jacob Burckhardt escrevia seu *Civilization of the Renaissance in Italy*, que forneceu a hoje proverbial estrutura em três atos da história ocidental — a Antiguidade seguida da Idade das Trevas seguida da Modernidade —, ele podia se imaginar como um oponente tanto de Hegel como de Comte e mesmo assim, não obstante, produzir uma obra que caracterizasse explicitamente o passado como um drama singular em desenvolvimento. Foi assim que a ideia de história progressiva vigorou tão absoluta num tempo de mudança social, econômica e cultural rápida: mesmo os críticos do triunfalismo ocidental tenderam a ver a história como uma marcha adiante. Marx é o exemplo mais claro: observe seu hegelianismo reimaginado de perto e a forma dele se parece muito com o persistente mapa visual da história, publicado pela primeira vez por Sebastian Adams — motivado pelo evangelismo cristão, pasmem — em 1871. Em 1920, H. G. Wells publicou sua influente versão, *The Outline of History*; nela, declarou que "a história da humanidade", que ele descreve em quarenta capítulos, de "A Terra no espaço e no tempo" a "O próximo estágio da história", "é uma história de empreitadas mais ou menos cegas para conceber um propósito comum em relação ao qual todos os homens possam viver felizes". Vendeu milhões de exemplares e foi traduzida para dezenas de línguas; e lança uma sombra sobre quase todo projeto de história popular, panorâmico, realizado desde a *Civilização* de Kenneth Clark a *Armas, germes e aço* de Jared Diamond.

p. 241, **Sapiens:** Que esse tipo de ceticismo absoluto granjeou a Harari um público tão enlevado entre tantos avatares proeminentes do progresso tecnocrático é uma das curiosidades da era das TED Talk. Mas o ceticismo também lisonjeia, especialmente aqueles inclinados por seu próprio senso de realização a contemplar os longos arcos da história. Convidando-o a contemplar essa história, Harari também parece empurrá-lo para além ou fora dela. Nesse sentido, compartilha linhagens de DNA conferencial não só com Diamond, mas também com Joseph Campbell e até Jordan Peterson. Em seu livro subsequente, *Homo Deus*, Harari endossa um novo mito contemporâneo, embora não o reconheça exatamente como tal — fazendo sua defesa da chegada no curto prazo de uma inteligência artificial superpoderosa que tornará tudo que conhecemos como "humanidade" praticamente obsoleto.

p. 241, ***Against the Grain:*** Os restos humanos escavados dessa época contam uma clara história de dificuldades: as pessoas eram mais baixas, mais doentes e morriam mais jovens do que seus predecessores. A altura média caiu de 1,78 metro entre os homens e 1,68 entre as mulheres para 1,65 e 1,55, respectivamente; comunidades estabelecidas eram mais vulneráveis a doenças infecciosas, mas a obesidade e as doenças coronárias também dispararam. É por isso que o argumento contra a civilização, como o crítico John Lanchester o chamou, pode ser igualmente usado para criticar a agricultura.

p. 241, **"o maior equívoco":** Jared Diamond, "The Worst Mistake in the History of the Human Race", *Discover*, maio de 1987.

p. 243, **" poderíamos chamar de Conto Liberal":** Yuval Noah Harari, "Does Trump's Rise Mean Liberalism's End?" *The New Yorker*, 7 de outubro de 2016.

p. 244, ***ekpyrosis:*** Era a crença de que, periodicamente, o cosmos seria inteiramente destruído no chamado "Grande Ano", depois recriado, e o processo começaria outra vez. Platão preferia a expressão "ano perfeito", em que as estrelas seriam devolvidas a suas posições originais.

p. 244, **"ciclo dinástico":** Embora alguns relatos do ciclo oferecessem uma dúzia ou mais de fases, segundo o filósofo chinês Mêncio, o ciclo tinha apenas três (essencialmente ascensão, pico e declínio).

p. 244, **"eterno retorno"**: Nietzsche propôs essa ideia de que tudo está fadado a se repetir eternamente pela primeira vez como uma espécie de experimento mental em *A gaia ciência* (1882). Mas voltaria a isso inúmeras vezes, com frequência descrevendo-a mais como uma lei do universo — algo similar ao tratamento dado por antigos egípcios, indianos e estoicos gregos.

p. 244, **"propósito público" e "interesse privado"**: Arthur M. Schlesinger, *The Cycles of American History* (Nova York: Houghton Mifflin, 1986).

p. 245, ***Ascensão e queda das grandes potências***: Em seu livro de 1987, Kennedy oferece um modelo relativamente simples da história das grandes potências: crescimento alimentado por recursos naturais seguido de declínio precipitado por expansão militar excessiva.

p. 246, ***The Progress of this Storm***: A ideia central desse livro, desenvolvida a partir de *Fossil Capital* de Malm, é que embora possamos acreditar que a "natureza", como algo distinto de "sociedade", desapareceu, na verdade o aquecimento global a trouxe de volta com fúria punitiva.

ÉTICA NO FIM DO MUNDO [pp. 249-63]

p. 252, **podcast *S-Town***: McLemore, cujo pânico talvez tenha sido causado em parte por envenenamento de mercúrio, estava mais preocupado com o derretimento de gelo ártico, as secas e a diminuição da circulação termoalina.

p. 252, **"Às vezes chamo de conhecimento tóxico"**: Richard Heinberg, "Surviving S-Town", Post Carbon Institute, 7 de abril de 2017.

p. 253, **"a natureza prospera"**: O livro de Thomas é *Inheritors of the Earth: How Nature Is Thriving in an Age of Extinction* (Nova York: Public Affairs, 2017), embora ofereça não tanto a exaltação do que ele chama de uma "era de extinção", mas antes uma proposta mais modesta de que vejamos os efeitos positivos, geradores, da mudança climática junto com seus impactos mais cruéis. É uma nota de otimismo na contracorrente, ecoando Michael Shellenberger e Ted Nordhaus, em seu *Break Through: Why We Can't Leave Saving the Planet to Environmentalists* e *Love Your Monsters: Postenvironmentalism and the Anthropocene*; e os acadêmicos canadenses, suecos e sul-africanos por trás da colaboração de pesquisa "Bright Spots", que, a despeito de consideravelmente mais preocupada com os efeitos do aquecimento global, não obstante mantém uma lista em aberto de acontecimentos ambientais positivos que eles acreditam ser um argumento em prol do que chamam de "bom Antropoceno".

p. 253, **"The Second Coming"**: Entre outras coisas, Yeats forneceu a Joan Didion os versos que ela embutiu em seu ensaio "Slouching Towards Bethlehem": "As coisas desmoronam; o centro se desfaz;/ A mera anarquia é solta no mundo".

p. 254, **"anti-humanismo imanente"**: O programa também está nitidamente contido no poema mais famoso de Jeffers, "Carmel Point":
Devemos descentrar nossas mentes de nós mesmos;
Devemos desumanizar um pouco nossa visão, e sermos confiantes
Como a rocha e o oceano de que fomos feitos.

p. 255, **numa época que se aproximasse de um colapso ecológico:** De fato, continua o manifesto, "a civilização humana é uma construção intensamente frágil", e contudo, escrevem, vivemos eternamente em negação dessa fragilidade — nossa vida por demais cotidiana depende dessa negação da fragilidade, talvez tanto quanto dependa da negação de nossa própria mortalidade. É isso que o filósofo Samuel Scheffler quer dizer quando sugere que, em um mundo agnóstico, o papel outrora desempenhado por uma vida após a morte em inspirar e em organizar e policiar o comportamento moral e ético foi assumido, em parte, pela convicção de que o mundo continuará a existir após nossa morte. Em outras palavras, a ideia de que a vida não só vale a pena ser vivida, como ser bem vivida, ele sugere, "seria mais ameaçada pela perspectiva do desaparecimento humano do que pela perspectiva de nossa própria morte". Como Charles Mann resume Scheffler, considerando o paradoxo ético da ação humana na mudança climática, "A crença de que a vida humana continuará, mesmo depois de nós próprios morrermos, é um dos alicerces da sociedade".

"Quando essa crença começa a desmoronar, o colapso de uma civilização pode se tornar irrefreável", escreveram Kingsnorth e Hine em seu manifesto. "Que as civilizações caem, mais cedo ou mais tarde, é tanto uma lei da história quanto a gravidade é uma lei da física. O que fica após a queda é uma massa caótica de ruínas culturais, pessoas confusas e furiosas traídas por suas certezas, e aquelas forças que sempre estiveram aí, mais profundas que as fundações dos muros da cidade: o desejo de sobreviver e o desejo de significado."

p. 255, **"Acreditamos que as raízes..."**: "Não achamos que vai ficar tudo bem", escrevem Kingsnorth e Hine. "Não temos sequer certeza, com base nas atuais definições de progresso e aperfeiçoamento, que queremos que fique."

No manifesto, o Dark Mountain delineou o que chamam de "os oito princípios da incivilização", uma espécie de declaração de missão de seu movimento, que vai de um princípio e percepções gerais a uma declaração de intenções mais objetiva. "Rejeitamos a fé que sustenta que as crises convergentes de nosso tempo podem ser reduzidas a um conjunto de 'problemas' necessitando 'soluções' tecnológicas ou políticas", começa a lista, e embora repudiem soluções desse tipo, não abrem mão inteiramente de uma resposta. Mas o Dark Mountain é em última instância um coletivo literário — que organiza festivais, oficinas e retiros de meditação — e a resposta mais concreta e prática que defendem em seu manifesto está na arte. "Acreditamos que as raízes dessas crises residem nas histórias que contamos a nós mesmos", a saber, "o mito do progresso, o mito da centralidade humana e o mito de nossa separação da 'natureza'." Eles, acrescentam, "são ainda mais perigosos pelo fato de esquecermos que são mitos". Como resposta, prometem, "vamos asseverar o papel das narrativas como mais do que mero entretenimento" e "escrever com sujeira sob nossas unhas".

O objetivo: contando histórias, encontrar uma nova perspectiva de onde o fim da civilização não pareceria tão mal. Em certo sentido, sugerem, eles próprios já atingiram esse estado de iluminação. "O fim do mundo tal como o conhecemos não é o fim do mundo, ponto", escrevem. "Juntos encontraremos a esperança além da esperança, os caminhos que levam ao mundo desconhecido diante de nós."

p. 256, **Kingsnorth publicou um novo manifesto:** Paul Kingsnorth, "Dark Ecology", *Orion,* novembro-dezembro de 2012. O manifesto inclui esta passagem:

> Com que se parece o futuro próximo? Eu poria minhas fichas numa combinação estranha e sobrenatural do colapso em andamento, que continuará a fragmentar tanto a natureza como a cultura, e uma nova onda de "soluções" tecnoverdes sendo desveladas numa tentativa fadada ao fracasso de impedi-lo. Não acredito hoje que alguma coisa possa romper esse ciclo, a não ser algum tipo de reinício: do tipo que vimos muitas vezes antes na história humana. Algum tipo de volta a um patamar inferior de complexidade civilizacional. Algo como a tempestade hoje visivelmente se formando a toda nossa volta.
>
> Se você não gosta nem um pouco disso, mas sabe que não consegue impedir, em que pé fica? A resposta é: com a obrigação de ser honesto sobre o ponto onde se encontra no grande ciclo da história e sobre o que está ou não ao seu alcance fazer. Se você acha que existe uma saída mágica para a armadilha do progresso nas novas ideias ou novas tecnologias, está perdendo seu tempo. Se acha que o comportamento "proselitista" de sempre vai funcionar hoje, quando não funcionou ontem, está perdendo seu tempo. Se acha que a máquina pode ser reformada, domada ou neutralizada, está perdendo seu tempo. Se pensa em bolar um grande plano infalível para um mundo melhor, baseado na ciência e na argumentação racional, está perdendo seu tempo. Se tenta viver no passado, está perdendo seu tempo. Se romantiza a caça e a coleta ou envia bombas pelo correio para donos de lojas de computador, está perdendo seu tempo.

p. 259, **tendendo a um engajamento maior:** Pode-se perceber isso no modo como pensadores bastante radicais do meio ambiente e de nossas obrigações para com ele, de Jedediah Purdy a Naomi Klein, focam tão intensamente nos problemas da ação política. Em *After Nature: A Politics for the Anthropocene* (Cambridge, MA.: Harvard University Press, 2015), Purdy constrói uma práxis política inteira a partir da intuição, indiscutivelmente legítima, de que a conquista humana final e total de nosso planeta é marcada simultaneamente por sua degradação; e defende que o fim dessa longa era de abundância natural exige uma abordagem mais democrática à política, políticas públicas e direito ambientais — mesmo quando, ou talvez sobretudo por isso, qualquer alteração do presente curso pareça quase impossível, do ponto de vista da infraestrutura. Em um diálogo em 2017 com Katrina Forrester, mais tarde publicado na *Dissent*, ele explicou melhor:

> Eis o paradoxo: o mundo não pode continuar desse jeito; *e* não existe outro jeito de continuar. Foi o poder coletivo de alguns — não todos — seres humanos que nos lançou nisso: poder sobre os recursos, poder sobre as estações, poder de uns sobre outros. Esse poder criou uma humanidade global, enredada em uma ecologia Frankenstein. Mas não inclui o poder da responsabilização ou restrição, o poder que precisamos. Para enfrentar o Antropoceno, os humanos necessitariam se olhar de frente. Precisaríamos, primeiro, ser um *nós*.

De certa perspectiva, isso pode parecer apenas a política convencional, do que tipo que Kingsnorth ridiculariza como impossivelmente ingênua. Também é minha visão política, se ajuda em alguma coisa — balanço a cabeça em reconhecimento quando leio Kate Marvel pedindo mais coragem que esperança e quando leio Naomi Klein exaltando uma comunidade de resistência política crescendo a partir de focos locais de protesto que ela chama de *"Blockadia"*. Acredito, assim como Purdy, que a degradação do planeta e o fim da abundância natural exigem um novo espírito progressista animado por uma energia igualitária renovada; e acredito, como Al Gore, que devemos pôr a tecnologia para perseguir até o último vislumbre de esperança em evitar a mudança climática desastrosa — inclusive liberando as forças de mercado, ou cedendo a elas, para a ajudar a fazê-lo quando pudermos. Acredito, como Klein, que algumas forças do mercado particular quase conquistaram nossa política, mas não inteiramente, deixando uma mínima fresta brilhante de oportunidade; e também acredito, como Bill McKibben, que a mudança significativa e até dramática pode ser alcançada por caminhos familiares: com votações, organização e ativismo político empregados em todos os níveis. Em outras palavras, acredito acima de tudo no *engajamento*, no engajamento sempre que ele pode ser útil. Na verdade, acho qualquer outra resposta à crise climática moralmente incompreensível.

p. 259, **mobilização global:** Que essa seja uma analogia familiar é uma infelicidade, porque esvazia a impressão pretendida: a mobilização dos Aliados não teve precedentes na história humana e nunca mais foi igualada desde então. Não derrotamos os nazistas com uma mudança nos percentuais tributários marginais, por mais que os proponentes de um imposto do clima queiram vê-lo como uma panaceia de dose única. Na Segunda Guerra Mundial, também houve um recrutamento, uma nacionalização da indústria e o racionamento geral. Se você consegue imaginar um imposto do carbono capaz de produzir esse tipo de ação em apenas três décadas, sua imaginação é melhor do que a minha.

p. 260, **"econiilismo":** Wendy Lynne Lee, *Eco-Nihilism: The Philosophical Geopolitics of the Climate Change Apocalypse* (Lanham, MD: Lexington, 2017).

p. 260, **"niilismo climático":** Parker usou a expressão para explicar sua decisão de deixar o Novo Partido Democrático canadense depois que seu premiê endossou os subsídios ao gás natural.

p. 260, **"regime climático":** Em um ensaio intitulado "Love Your Monsters" [Ame seus monstros], Latour elaborou um longo lamento de responsabilidade ambiental partindo da parábola de Mary Shelley, que começa com o apelo talvez romântico a uma admissão realista do que fizemos exatamente — escrevendo que, "assim como esquecemos que Frankenstein era o homem, não o monstro, também esquecemos o verdadeiro pecado de Frankenstein".

> O crime do dr. Frankenstein não foi que ele inventou uma criatura numa combinação de *hubris* e alta tecnologia, mas, antes, que ele *abandonou a criatura à própria sorte*. Quando o dr. Frankenstein encontra sua criação em uma geleira nos Alpes, o monstro afirma que não *nasceu* monstro, mas se tornou um criminoso apenas *depois* de ter sido abandonado por seu criador horrorizado, que fugiu do laboratório assim que a horrível criatura deu sinais de vida.

Um caso similar de responsabilidade vem de Donna Haraway, a pensadora teórica por trás do feminismo pioneiro do *Cyborg Manifesto* (1985), em seu mais recente *Staying with the Trouble*, com o subtítulo de *Making Kin in the Cthulucene* (Durham, NC: Duke University Press, 2016) — em homenagem a Cthulu, o multifacetado monstro de malevolência cósmica de H. P. Lovecraft.

p. 261, **"futilitarismo humano":** Sam Kriss e Ellie Mae O'Hagan, "Tropical Depressions", *The Baffler* 36 (setembro de 2017). "A mudança climática significa, muito plausivelmente, o fim de tudo que compreendemos hoje como constituindo a humanidade", escrevem Kriss e O'Hagan. "Algo acerca da magnitude de tudo isso é arrasador: a maioria tenta não pensar demais a respeito porque é impensável, da mesma maneira que a morte é sempre impensável para os vivos. Para as pessoas que têm de pensar a respeito — cientistas do clima, ativistas e defensores —, a catástrofe iminente evoca um horror similar: a potencial extinção da humanidade no futuro lança dúvida sobre a humanidade hoje."

p. 261, **"solidão da espécie":** "Se as causas mais comuns de suicídio individual são depressão e isolamento psíquico, a causa de nosso suicídio voluntário acelerado e coletivo talvez seja o desespero com o sistema malogrado de capitalismo e significado buscado nos bens de consumo, assim como a condição paralisante que os psicólogos chamam de 'solidão da espécie'", Powers afirmou a Everett Hamner da *The Los Angeles Review of Books* (7 de abril de 2018), em uma entrevista publicada sob a manchete, "Here's to Unsuicide": "Sempre seremos parasitas das plantas. Mas esse parasitismo pode ser transformado em algo melhor — mutualismo. Um dos meus ativistas radicais faz a seguinte proposta: deveríamos abater árvores como se fossem uma dádiva, não algo que merecemos a priori. Tal guinada de consciência pode ter o efeito de desacelerar o desflorestamento, uma vez que tendemos a dar mais valor a dádivas do que a coisas gratuitas. Mas também faria muito por tratar o impulso suicida causado pela solidão da espécie. Muitos povos indígenas sabem disso há milênios: ser grato a uma criatura viva e pedir seu perdão antes de usá-la contribui deveras para exonerar a culpa que leva à violência contra o eu e os outros".

IV. O PRINCÍPIO ANTRÓPICO [pp. 265-78]

p. 267, **compreensão rudimentar:** Eunice Foote, "Circumstances Affecting the Heat of the Sun's Rays", *The American Journal of Science and Arts* 22, n. 46 (novembro de 1856). Esse artigo, em que Foote descreve o efeito do dióxido de carvão na temperatura global, foi apresentado inicialmente num encontro da Sociedade Americana para o Progresso da Ciência, em 1856 — lida por um colega homem, Joseph Henry. John Tyndall publicou seu trabalho anos mais tarde, em 1859.

p. 269, **"Mas cadê todo mundo?":** Em 1985, Los Alamos publicou uma história da conversa; ver Eric M. Jones, "Where Is Everybody?: An Account of Fermi's Question", www.osti.gov/servlets/purl/5746675.

p. 270, **Por toda a janela histórica:** Ver "A Timeline of Earth's Average Temperature", 12 de setembro de 2016.

p. 270, **"o Grande Filtro":** Hanson publicou seu pensamento sobre o assunto pela primeira vez em um artigo de 1998, cuja ominosa última linha é: "Se não pudermos encontrar o Grande Filtro em nosso passado, deveremos temê-lo em nosso futuro". Robert Hanson, "The Great Filter — Are We Almost Past It?", 15 de setembro de 1998, http://mason.gmu.edu/~rhanson/greatfilter.html.

p. 271, **"Aquilo é habitado?":** Extraído do lindo relato de Archibald MacLeish, publicado no *The New York Times*, 25 de dezembro de 1968 — um dia após a *Apollo 8* orbitar a Lua — sob a manchete de "Riders on Earth Together, Brothers in Eternal Cold" [Companheiros de viagem na Terra, irmãos no frio eterno]. MacLeish acreditava que ver o planeta de longe podia mudar profundamente o modo como víamos nosso lugar no universo: "A concepção que os homens fazem de si mesmos e uns dos outros sempre dependeu de sua ideia da Terra", escreveu.

Hoje, nas últimas horas, essa ideia talvez tenha voltado a mudar. Pela primeira vez na história os homens a veem não como continentes ou oceanos da pequena distância de cem quilômetros, ou dois ou três, mas a veem das profundezas do espaço; veem-na inteira, redonda, bela, pequena como nem sequer Dante — a "primeira imaginação da cristandade" — jamais sonhou; como os filósofos do absurdo e do desespero do século xx foram incapazes de supor que pudesse ser vista. E vendo-a, uma questão veio à mente dos que olhavam para ela. "Aquilo é habitado?", disseram entre si, rindo — e então não riram. O que veio à mente deles a mais de uma centena de milhares de quilômetros no espaço — "a meio caminho da Lua", como disseram —, o que lhes veio à mente foi a vida naquele planetinha solitário flutuando no espaço; aquela minúscula balsa na noite imensa e vazia. "Aquilo é habitado?"

O conceito medieval da Terra pôs o homem no centro de tudo. O conceito nuclear da Terra não o pôs em parte alguma — além até do alcance da razão —, perdido no absurdo e na guerra. Esse conceito mais recente pode ter outras consequências. Formado como foi na mente dos viajantes heroicos que também eram homens, pode refazer nossa imagem da humanidade. Não mais aquela figura absurda no centro, não mais a vítima degradada e degradante isolada nas margens da realidade, e cegada pelo sangue, o homem pode enfim se tornar ele mesmo.

p. 271, **a equação de Drake:** O próprio Drake via a equação como algo muito preliminar e provisório, uma lista de fatores que influenciariam a probabilidade de encontrar inteligência extraterrestre, que ele esboçou como preparativo para discutir o assunto em 1960. Em 2003, Drake contou a história na *Astrobiology Magazine* sob o título de "The Drake Equation Revisited" (29 de setembro de 2003).

p. 272, **literalmente se isolado do resto:** Dyson propôs essa possibilidade pela primeira vez em um artigo de 1960, "Search for Artificial Stellar Sources of Infrared Radiation" (*Science* 131, n. 3414 [junho de 1960], pp. 1667-8), embora como conceito tenha aparecido antes no romance de ficção científica de 1937, *Star Maker*, de Olaf Stapledon.

p. 272, **"astrobiologia do Antropoceno":** Adam Frank, *Light of the Stars: Alien Worlds and the Fate of the Earth* (Nova York: W. W. Norton, 2018). Nesse livro, Frank escreve: "Nossa tecnologia e as vastas energias que ela liberou nos proporcionam enorme poder sobre nós mesmos e o mundo a nossa volta. É como se tivéssemos ganhado a chave do planeta. Agora estamos prontos para despencar com ele pelo precipício".

p. 272, **"pensar como um planeta":** A frase também evoca o "pensar como uma montanha" de Aldo Leopold, que apareceu pela primeira vez em seu *Sand County Almanac* de 1937, e que forneceu o título de um excelente ensaio meditativo escrito por Jedediah Purdy sobre escrever sobre a natureza e nossa relação volúvel com o mundo natural, publicada na *n+1* em 2017.

Pessoalmente, a perspectiva me soa estoica demais — a montanha não dá a mínima se os seres humanos, uma única espécie, sofreu tremendos reveses, e o mesmo é verdade para o planeta como um todo. Como esses cientistas sempre me lembram: "O planeta vai sobreviver; os humanos é que talvez não". E de fato, os comentaristas identificaram uma pré-história da frase de Leopold na antiga filosofia de Epicuro e Lucrécio.

p. 273, **um artigo recente nada convencional:** Gavin A. Schmidt, "The Silurian Hypothesis: Would It Be Possible to Detect an Industrial Civilization in the Geological Record?" *International Journal of Astrobiology*, 16 de abril de 2018, https://doi.org/10.1017/S1473550418000095.

p. 273, **alguém tentando "resolver" a equação de Drake:** Esforço particularmente notável foi feito por Anders Sandberg et al., "Dissolving the Fermi Paradox", Future of Humanity Institute, Oxford University, 6 de junho de 2018, https://arxiv.org/pdf/1806.02404.pdf.

p. 276, **"Agora me tornei a morte":** Um relato disso — incluindo o fato de que Oppenheimer fez o comentário vinte anos após o ocorrido — está em Kai Bird e Martin J. Sherwin, *American Prometheus: The Triumph and Tragedy of J. Robert Oppenheimer* (Nova York: Vintage, 2006).

p. 276, **"Funcionou":** Frank Oppenheimer contou essa história no documentário de 1981, *The Day After Trinity*, dirigido por Jon H. Else.

p. 276, **42 cientistas do mundo todo:** Connor Nolan et al., "Past and Future Global Transformation of Terrestrial Ecosystems Under Climate Change", *Science* 361, n. 6405 (agosto de 2018), pp. 920-3.

p. 277, **James Lovelock:** Seu "The Quest for Gaia" foi publicado inicialmente na *New Scientist* em 1975 e no decorrer dos anos Lovelock ficou cada vez menos otimista. Em 2005, ele publicou *Gaia: Medicine for an Ailing Planet*, em 2006, *The Revenge of Gaia*, e em 2009, *The Vanishing Face of Gaia*. Ele também defendia a geoengenharia como um último esforço desesperado de deter a mudança climática.

p. 277, **"espaçonave Terra":** Buckminster Fuller popularizou a expressão, mas este surgiu originalmente quase um século antes dele, em *Progress and Poverty*, de Henry George, em 1879 — numa passagem depois resumida por George Orwell em *The Road to Wigan Pier*:

> O mundo é uma balsa navegando através do espaço com, potencialmente, provisões de sobra para todos; a ideia de que devemos cooperar e agir para que todos façam sua cota justa do trabalho e recebam sua cota justa das provisões parece tão gritantemente óbvia que diríamos que seria impossível alguém não aceitá-la, a menos que tenha motivos corruptos para se aferrar ao presente sistema.

Em 1965, Adlai Stevenson apresentou um tratamento mais poético, num discurso perante o Conselho Econômico e Social das Nações Unidas em Genebra:

> Viajamos juntos, passageiros numa pequena espaçonave, dependentes de suas reservas vulneráveis de ar e solo; todos comprometidos, para nossa segurança, com sua conservação e paz; preservados da aniquilação apenas mediante os cuidados, o trabalho e, afirmo, o amor voltados a nossa frágil embarcação. Não podemos seguir mantendo-a em parte afortunada, em parte miserável, em parte confiante, em parte desesperada, em parte escrava — dos antigos inimigos do homem —, em parte livre, numa liberação de recursos até hoje nunca sonhados. Nenhuma embarcação, nenhuma tripulação pode viajar a salvo com contradições tão vastas. A solução delas depende da sobrevivência de todos nós.

Índice remissivo

Abbey, Edward, 254
abelhas, morte de, 185
"Account of My Hut, An" (Nichol), 215
acidificação dos oceanos, 119-21; *ver também* oceanos
Acordos Climáticos de Paris (2015), 14, 19, 21, 25, 61, 83, 111, 133, 151, 163, 204, 208, 237
Adams, Anselm, 254
Administração Oceânica e Atmosférica Nacional (EUA), 83
África, 15, 17, 48, 57, 70, 75, 82, 110, 112, 114-6, 138, 146, 154, 163, 238; Norte da, 23, 116
África do Sul, crise hídrica (2018) na, 113-5
Against the Grain (Scott), 241
Agatha (tempestade tropical), 160
Agência de Energia Internacional, 61
agricultura, 62, 70, 109, 115, 145, 147, 156-7, 169, 189, 217-9, 228, 230, 241-2, 244; revolução agrícola, 241; *ver também* produção de alimentos
água: escassez de, 23, 36, 109-17, 192; falta de acesso à, 113-4; recursos hídricos, 116-7; *ver também* secas
alarmismo/alarmistas, 18, 71, 78, 86, 91, 106, 123, 175, 187, 189, 192, 249, 251, 259
albedo, efeito, 87-8, 251
Alberta (Canadá), 36
alces, infestações de carrapatos em, 139
alegorias e parábolas, 16, 40, 63, 110, 183-5, 224, 244, 273-4
Alemanha, 224, 236, 260
alimentos, produção de, 67-77, 116; crescimento populacional e, 67-8; e o declínio do valor nutricional, 77; escassez de água e, 109, 116; gases de efeito estufa na, 73; novas tecnologias para a, 75-6; queda de produtividade na, 36, 160
Altman, Sam, 213

Alzheimer, mal de, 131
Amazônia, 97, 133, 137; incêndios florestais na bacia Amazônica, 97
ambientalistas, 15, 38, 75, 91, 134, 139, 179, 187, 194, 206-7, 224, 228, 254, 259
ambiente artificial, 188
América Central, 23, 74, 168, 250
América do Norte, 17, 230
América do Sul, 15, 57, 75, 82
América Latina, 17, 23, 39, 146, 163
American Horror Story (série de TV), 176
Amsterdam, 89, 247
Andrew (furacão), 168
animais, 16, 51, 118, 139, 141, 143, 184, 189, 217, 245; antropomorfização de, 185; vertebrados, 39; *ver também* extinções
Antártica *ver* mantos de gelo antárticos, taxa de derretimento dos
antraz, 16, 136
"Antropoceno", 32, 104-5, 129, 187-8, 212, 261-2, 272, 274
antropocentrismo, 261
"aparato da justificativa", 228-9
"apatia climática", 262
Apocalipse, Livro do, 253
"apocalipse", representações fictícias do, 175-83
Apolo 8 (nave espacial), 271
aquecimento global, 169-70, 206; Armagedom nuclear *versus* aquecimento global, 181; capacidade humana de reduzir o, 45-6, 276-7; como crise existencial, 41, 43; como genocídio, 19; custo em vidas humanas do, 42-3; efeitos em cascata do, 34-6, 38, 116, 150-1, 157, 161; equívocos do, 11; escopo do, 276-7; esperança *versus* medo nas narrativas do, 191; evidência anedótica do, 16; fracasso da imaginação coletiva, 175-6; irreversibilidade do, 26, 31-2; relutância em enfrentar o impacto do, 18-9, 21, 27, 43-4, 60; responsabilidade humana pelo, 44-5, 50; reticência científica sobre o, 189-91; velocidade do, 11-2, 15, 20-22, 219; *ver também* modelos de aquecimento global; mudança climática
aquíferos, drenagem de, 112-6
Arábia Saudita, 58, 117
Archer, David, 88
ar-condicionado, 48, 58, 149, 159, 197
areia, tempestades de, 69, 125
Argentina, 68, 116
Armagedom nuclear *versus* aquecimento global, 181
Armas, germes e aço (Diamond), 241
Armênia, 29
Arthur (tempestade tropical), 160
Ártico *ver* Círculo Ártico; gelo ártico; *permafrost* ártico, derretimento do
Ascensão e queda das grandes potências (Kennedy), 245
Ásia, 15, 29, 48, 104, 111; Central, 112, 117, 140; e elevação do nível do mar, 82, 89; Leste da, 117; Meridional, 17, 40, 82, 146, 163, 187, 238; Sudeste Asiático, 82, 101, 138, 146
Atlantic, The (revista), 141
Atlântico, 28, 92, 101, 130; Circulação de Revolvimento Meridional do, 119, 123
Atlântida, mito de, 39, 79
"Átomos pela paz" (Eisenhower), 221
"atores não estatais", 157
Austrália, 15, 37, 74-5, 115-6, 120-1, 162

autoimolação, protestos por, 227
aves marinhas, microplásticos consumidos por, 130

bactérias, 112, 135-6, 139-41, 164
Bagdá, 89
Bahrain, 56
Banco Mundial, 17, 40, 57, 111, 116, 138, 146, 202
Bangladesh, 16, 23, 34, 79, 82-3, 157, 205, 233, 247
Bartkus, Kris, 73, 260
Battisti, David, 68
Belize, 249
bem-estar, 70, 73, 96, 166, 182, 186, 213, 229-30, 238; econômico, 216-7; movimento de, 229
Bhagavad Gita (poema hindu), 276
bitcoin, pegada de carbono do, 48, 218
Bolívia, 112
Bolsonaro, Jair, 97-8
bomba atômica, 269
Borlaug, Norman, 71-2
Bostrom, Nick, 211-3
Brand, Stewart, 210
Brannen, Peter, 86
Brasil, 68, 97, 110, 137, 146
Broecker, Wallace Smith, 14, 33, 207
Brown, Jerry, 30, 260
Bruxelas, 89
Buckel, David, 226-7
Buda, 258
Bukowski, Charles, 254
Burke, Marshall, 144, 149, 151
Burning Man (festival), 215, 229
Butão, 61
Byron, Lord, 177

Calcutá, 57, 81, 89
Caldeira, Ken, 220

Califórnia, 29, 30, 36, 59, 91-3, 95, 97, 106, 111, 115, 130, 167, 254; chuvas na, 96; incêndios florestais na, 29, 33, 90-3, 101, 127, 215; poluição do ar na, 127
calor *ver* "estresse térmico"; mortes relacionadas ao calor; ondas de calor
Canadá, 29, 36, 69-70, 87, 96, 116, 145, 149
"capacidade de carga", 72
capitalismo, 144, 181, 196-200, 202-3, 206, 211, 231, 234-5; "capitalismo fóssil", 40, 142, 198; complacência e, 196-7; neoliberal, 230-2, 234
Carbon Ideologies (Vollmann), 74
carbono atmosférico, 12; absorção oceânica de, 119-20; crescimento populacional e, 17; cultivos básicos e, 68; de incêndios florestais, 97; desmatamento e, 97-8; e o declínio no conteúdo nutricional dos alimentos, 77; emissões de carbono da indústria de cimento, 220; imposto de carbono, 276; níveis de, 13, 24, 31, 34, 124-5; tecnologia de captura de carbono, 45, 49, 133, 207, 221
Caribe, 23, 32, 103, 200, 269
carrapatos, 139
Carson, Rachel, 118
carvão, 13, 30, 40, 62, 95, 97-8, 129, 133, 167, 188, 198, 217, 223, 236
Catholic Worker (movimento), 227
Center for Climate and Security, 157
Centro Nacional de Informação sobre Neve e Gelo (EUA), 87
Centro Nacional de Pesquisa Atmosférica (EUA), 125
Chiang, Ted, 210
Chile, 116

China, 14, 29, 61, 68-9, 73, 75-6, 81, 98, 112, 126-7, 129, 145, 150, 155, 157-8, 186, 198, 220, 227, 236-9; desenvolvimento econômico da, 48, 62, 73, 237; elevação do nível do mar e, 79-81; emissões de gases de efeito estufa, 73, 98; energia verde, 236-7; Mar da China Meridional, 81; poluição do ar na, 126-8

chuvas, 29, 30, 36, 75, 82, 90, 96, 101, 115, 133, 164; *ver também* tempestades

ciclos de retroalimentação, 21, 35, 47, 63, 87, 97, 122, 171, 251, 268

Cidade do Cabo (África do Sul): crise hídrica (2018), 113-5

Cidade do México, 116, 165

cidades: elevação do nível do mar nas, 81, 89; escassez de água nas, 111, 113, 115; estresse por calor nas, 64-5

ciência: da mudança climática, 21-2, 50, 267; reticência dos cientistas sobre o aquecimento global, 189-91

cimento, emissões de carbono da indústria de, 220

Circulação de Revolvimento Meridional do Atlântico, 119, 123

Círculo Ártico, 95, 101; aquecimento do, 26, 85-6, 105, 119; *ver também* gelo ártico

civilização: recuo da, 250-8; tempo de vida da, 270

clima extremo, 44, 78, 101-3, 157, 160, 180, 183, 200, 213, 217

Climate Leviathan (Mann e Wainwright), 233

Climate Shock (Wagner e Weitzman), 25

Climate Wars (Welzer), 238

climatologistas, 68, 123, 133, 153-4, 161, 191, 249, 273

Coffel, Ethan, 57

Colapso (Diamond), 241

combustíveis fósseis, 11, 13-4, 24, 40, 47, 98, 142, 146, 158, 198, 204-5, 226, 242, 260, 277; crescimento econômico impulsionado por, 142, 144, 200; *ver também* indústria de combustíveis fósseis; petróleo

complacência, 18, 21, 183, 191, 196

conflitos e guerras, 23-4, 28, 38, 40, 45, 51, 72, 113, 117, 153-9, 169-70, 194, 202, 215, 235, 240, 245, 259

Conrad, Joseph, 255

Conselho Consultivo da Associação Europeia de Academias de Ciências, 62, 102

conspiração, teorias da, 114, 141, 271

"consumo consciente", 230

Copenhague, 89

Copérnico, Nicolau, 271

coral, morte dos recifes de, 120, 184

Coreia do Norte, 165

Coreia do Sul, 138-9

Corrente do Golfo, 122-3

Costa Rica, 61

crescimento econômico, 11, 15, 25, 40-1, 70, 127, 142-4, 148, 150-1, 170, 201, 232, 242, 245

crescimento populacional, 17, 109, 111; escassez de água e, 109-10; fome e, 75; produção de alimentos e, 67-8

"Crianças *versus* Clima" (processo judicial, EUA), 203

crime organizado, 160

crise financeira global (2008), 142, 197, 232

"crises de sistemas", 161, 164

Crutzen, Paul, 132

Cryptosporidium (protozoário), 164
Cuba, 120, 181
culpa climática, 49, 236

Dalai Lama, 250
"Dark Ecology" (Kingsnorth), 256
Dark Mountain Project, 254
Davis, Mike, 93
deficiência proteica, 76-7
degradação ambiental, 38, 131, 165-6, 222, 229, 251, 261
Deli (Índia), poluição do ar em, 128
delta do rio das Pérolas, 79-80
demência, poluição do ar e, 126
dengue, 23, 40
depressão, 167-8
derretimento das geleiras, 111
desastres naturais: efeitos cascata dos, 106-7; escala sem precedentes dos, 27-30; limiar de 4ºC e, 100; normalização dos, 100-8; transformando os ambientes em armas, 36-7
desempenho cognitivo, poluição do ar e, 126, 148, 164
desespero, 44, 91, 167, 258, 260-2, 277
desigualdade econômica, 72, 110, 149, 181, 194, 201-2, 240-1; *ver também* pobreza
deslizamentos de terra, 33, 36, 83, 96, 106
desmatamento, 97-8, 217
desnutrição crônica, impactos da, 164
Dia depois de amanhã, O (filme), 123, 180
Diamond, Jared, 241
"Diários de Los Angeles" (Didion), 90
Dickens, Charles, 129
Didion, Joan, 90-1
diesel, 128
dióxido de enxofre, 133

doença de Lyme, 138-9
doenças infecciosas, 135-40, 164
doenças respiratórias, poluição do ar e, 127-8
Doha, 89
Dolly (furacão), 160
"Double Axe, The" (Jeffers), 254-5
Doutrina do choque, A (Klein), 199
Dr. *Fantástico* (filme), 181
Drake, Frank, 271
Dubai, 89
Dublin, 89
Dust Bowl americano, 69, 75, 125
Dyson, Freeman, 272

"ecofascismo", 258
"econiilismo", 260
economia: custo do aquecimento global para, 40-1, 48, 144-7, 149-51, 202; custo dos sistemas de mitigação para, 206; "economia de estado estacionário", 41; "efeito de reverberação econômica", 150
ecossistemas, 19, 136-7, 163, 184, 197, 247
efeito albedo, 87-8, 251
efeito estufa *ver* gases de efeito estufa
Ehrlich, Paul, 70-1
Einstein, Albert, 244
Eisenhower, Dwight, 221-2
elevação do nível do mar, 18, 36, 78-81, 161, 171, 267; ao longo da Costa Leste dos Estados Unidos, 123; cidades e, 81, 89; ciência mal compreendida da, 84, 88; efeitos desiguais da, 102; inevitabilidade da, 78-9; limiar de 2ºC da, 22; limiar de 4ºC, 85; linha do tempo, 83, 88-9; miopia pública, 18, 51, 78; refugiados da, 79

elites, 20, 144, 200
Emirados Árabes, 58
emissões negativas, 62-3, 133, 206, 221
energia nuclear, 125, 221-2, 224, 230, 260
energia verde, 19, 48, 60, 151, 199, 206, 209, 216-8, 220-1, 224, 236, 276
enxofre, 120, 133, 171, 196; dióxido de, 133
eólica, energia, 221, 224
equação de Drake, 271, 273
Era secular, Uma (Taylor), 254
escala de tempo da mudança climática, 22, 24, 27, 34, 47, 89
Escandinávia, 145
"espaçonave Terra", 63, 277
espécies, longevidade das, 270
esperança *versus* medo (como fator motivador), 191
Estado Islâmico, 156-7
Estados Unidos: aquíferos, 112; custo econômico do aquecimento global, 149-50, 202, 236; elevação do nível do mar, 80, 88, 123; escassez de água, 111; incêndios florestais *ver* incêndios florestais; negacionismo climático, 182, 190; refugiados do clima, 161-2; tempestades, 102, 103; tornados nos, 105
Estados-nação, 38, 235
Estocolmo, 89
"estresse térmico", 56, 59, 64-5
ética, extinção humana e, 249-50, 257, 259, 262
Etiópia, 61
Europa, 16-7, 23, 56-7, 75, 82, 89, 92, 121, 123, 127, 130, 136, 139, 165, 187, 198, 202, 237

evolução humana, improbabilidade da, 59
extinção humana, 212, 250, 256; ética e, 249-50, 257, 259, 262; profetas da, 251-3
extinções: causadas pelo homem, 184; em massa, 12, 122, 185, 270-1
Exxon, 15

fatalismo, 44, 74, 191, 195, 261, 274
febre amarela, 137
Fermi, Enrico, 269-70, 274-5
fertilizantes, 68, 76, 121
ficção, aquecimento global na, 175-83
Filhos da esperança (filme), 176
filhos, decisão de ter, 46, 165-6
Filipinas, 61, 101, 104, 120, 156
"Fim da natureza, O" (McKibben), 187
"fim do mundo", alarmistas do, 249-258
Financial Times (jornal), 130
Finlândia, 95, 147
florestas, 23, 25, 34-5, 59, 95, 97-8, 206, 261; morte florestal "de fora para dentro", 34; *ver também* incêndios florestais
FMI (Fundo Monetário Internacional), 202
fomes, 45, 75, 150, 202, 240, 245, 269; "fome oculta", 75
Foote, Eunice, 267
Fortnite (video game), 180
França, 83, 115, 137, 228
Frank, Adam, 272
Fuller, Buckminster, 63, 277
furacões e tufões, 18, 26, 32, 36, 40, 45, 93, 100-4, 150, 153, 176, 199-200, 215, 267, 269; e aumento da violência, 160; evacuações e refugiados, 161; impacto na saúde men-

tal, 167-8; maior destrutividade dos, 27-8
"futilitarismo humano", 261

Gaia, hipótese, 277
Game of Thrones (série de TV), 175
gases de efeito estufa, 13; extinções em massa e os, 12; ineficiência e desperdício como fatores de contribuição para os, 47; produção de alimentos e, 73; *ver também* carbono atmosférico; metano
Gates, Bill, 209, 231, 243
gelo ártico, 251; derretimento do, 34, 40, 84, 126; doenças infecciosas aprisionadas no, 135-6; *ver também* Círculo Ártico
genocídios, 240; aquecimento global como genocídio, 19
geoengenharia, 46, 49, 133-4, 188, 213
Ghosh, Amitav, 178-9
Gibson, William, 218
Gleick, Peter, 117
globalização, 38, 137, 232, 239, 247; pandemias e, 136
Goodell, Jeff, 79
Gore, Al, 13, 167, 219, 228
Government Accountability Office (EUA), 155
governo global, 217, 235
governos, 204-5; reação ao aquecimento global dos, 157
Grande Barreira de Corais (Austrália), 120, 276
Grande Depressão, 145-6, 178, 203
"Grande Filtro", 270
"Grande Mancha de Lixo do Pacífico", 129
Grande Recessão, 142, 145-6, 201, 203, 231

Grande Salto Adiante (China), 42
Great Derangement, The (Ghosh), 178
Great Divergence, The (Pomeranz), 198
Grécia, incêndios florestais na, 95
Greenpeace, 73
gripe: aviária, 186; pandemia (1918), 136
Grist (site), 167
Groenlândia, 68, 85, 145; incêndios florestais na, 95, 101; taxa de derretimento do manto de gelo da, 85
Guardian, The (jornal), 165
Guatemala, 160
Guerra Fria, 28, 43, 72, 142, 201, 245
Guterres, António, 82, 219

Hansen, James, 84, 190
Hanson, Robin, 270
Harari, Yuval, 241, 243
Harvey (furacão), 28, 93, 101, 107-8, 161, 215
Hawken, Paul, 47
Heinberg, Richard, 252, 260
Helsinki, 89
Hermine (tempestade tropical), 160
Heti, Sheila, 166
Hine, Dougald, 255-6
"hiperobjeto", 24
hipocrisia dos ambientalistas, 228
hipótese Gaia, 277
hippies, 216
história: aquecimento global e, 244-5, 247; visão antiprogressista da, 241-4; visão cíclica da, 40-1, 244; visão progressista da, 41, 240-1, 244
Hobbes, Thomas, 233-4
Hobsbawm, Eric, 143
Holanda, 139

Holocausto, 42
Holthaus, Eric, 132
Hong Kong, 22, 101
Hornbeck, Richard, 69
Houser, Trevor, 199-200
Houston (Texas), furacão Harvey em, 28, 101, 107
Howard, Brian Clark, 112
Hsiang, Solomon, 144-5, 149, 151, 199-200

ideologia climática, 235
Iêmen, 75, 117, 157, 165, 238
Império Romano, 17, 28
imposto de carbono, 276
imprensa, notícias sobre o aquecimento global na, 18, 183, 186
incêndios florestais: aumento das temporadas de, 94; ciclos de retroalimentação e, 97; como fenômenos globais, 94-5; elites e, 93-4; impacto na saúde mental, 167; poluição do ar por, 92, 94-6, 127, 230; *ver também* florestas
Índia, 23, 30, 57-8, 61, 69, 74, 111, 113, 128, 146-7, 149-50, 156, 164, 169, 198, 205, 238; desenvolvimento econômico na, 48, 73; escassez de água na, 111, 116; inundações na, 82; ondas de calor na, 23, 56-7; probabilidade de ser o país mais atingido pelo aquecimento global, 236
Índice de Qualidade do Ar, 126-8; *ver também* poluição do ar
Indonésia, 97, 120, 130, 200
indústria de combustíveis fósseis: processos contra, 204-5; subsídios para, 47, 196, 208; *ver também* combustíveis fósseis

ineficiência energética, 47
infraestrutura, custo de reconstrução para atenuar os efeitos do clima, 206, 220
Inglaterra, 13, 139, 167, 231
"insegurança alimentar", 160
Instituto de Recursos Mundiais, 120
inteligência artificial (AI), 197, 210
Interestelar (filme), 175-6
inundações, 15, 30, 37, 68, 75, 80-2, 100, 102, 104, 106, 119, 146-7, 161, 164, 167, 187, 192, 200
inverno nuclear, 43, 176
IPCC (Painel Intergovernamental sobre Mudanças Climáticas), 21-2, 42, 56, 87, 190, 192, 206, 219, 259
Irã, 112, 117
Iraque, 58, 75, 239, 262
Irlanda, 29
Irma (furacão), 93, 103, 108, 161, 215
Istambul, 89

Jacarta, 79
Jameson, Frederic, 196
Japão, 29, 138
Jeffers, Robinson, 254-5
"juízo final", alarmistas do, 249-258
Juliana *versus* Estados Unidos (processo), 203
justiça ambiental, 20, 37
justiça climática, 72, 204, 257

Kaczynski, Theodore, 256
Karachi, 57, 89
Katrina (furacão), 93, 104, 107-8, 167
Keith, David, 207
Kennedy Space Center (EUA), 79
Kennedy, Paul Michael, 244-5
Kennedy, Robert, 181
Kerala (Índia), 30, 187

Keynes, John Maynard, 216
Kingsnorth, Paul, 254-8
Klein, Naomi, 199-200
Konopinski, Emil, 269
Kornfeld, Torill, 253
krill, 130
Kriss, Sam, 261
Kubrick, Stanley, 181
Kyoto, Protocolo de (1997), 18-9, 64

lagos, aquecimento e encolhimento de, 112
Lancet, The (revista), 128, 168
Langewiesche, William, 57, 66
LaPorte, Roger Allen, 227
Las Vegas, 112
Last Man on Earth, The (série de TV), 176
Latour, Bruno, 260
Learning to Die in the Anthropocene (Scranton), 262
Lee, Wendy Lynne, 260
Leviatã (Hobbes), 234
Líbano, 153
Light of the Stars (Frank), 272
livre-comércio, 142, 203, 231
Livro do Apocalipse, 253
Loladze, Irakli, 76
Londres, 85, 88-9, 111, 137, 147, 239
Los Angeles (Califórnia), 79, 90, 93, 101, 127, 239
Los Angeles Times (jornal), 254
Lovelock, James, 277
Lugar silencioso, Um (filme), 176
Lyme, doença de, 138-9
Lynas, Mark, 75

MacLeish, Archibald, 277
Mad Max: Estrada da fúria (filme), 176, 239

malária, 40, 98, 137-9
Malásia, 120
Maldivas, ilhas, 79, 157
Malm, Andreas, 40, 143, 224, 246
Malthus, Thomas, 40, 70-1, 73, 260
Mann, Charles, 71
Mann, Geoff, 233
Mann, Michael, 123
mantos de gelo antárticos, taxa de derretimento dos, 83-5
Mao Tsé-Tung, 42
Máquina do tempo, A (Wells), 177
Mar da China Meridional, 81
Maria (furacão), 103, 108, 199-200, 215, 231
Marrocos, 61, 111
Marshall, ilhas, 19, 39, 79, 155
Marte, ambiente de, 214-5
Maternidade (Heti), 166
McCarthy, Cormac, 254
McKibben, Bill, 187, 218, 250
McLemore, John B., 252-3, 258
McPherson, Guy, 249-52, 258
McPherson, Pauline, 249-50
Mead (lago), 112
Mediterrâneo, mar, 23, 40, 74, 89
medo *versus* esperança (como fator motivador), 191
"Meia Terra", uso do termo, 27
Meio-Oeste americano, 70, 121, 149
mentalidade bairrista, 188, 228
Merkel, Angela, 224, 235, 260
metano, 12, 34, 67, 86-8, 98, 112, 131, 171, 251, 276
México, 40, 70, 120-2, 146, 169, 249
Michael (furacão), 93
microplásticos, 129-31
mídia *ver* imprensa
mídias sociais, 113, 159, 210
Miguel, Edward, 144, 149, 151

milho, 67-8, 74, 121
MIT Technology Review (periódico), 220
Mitch (furacão), 168
modelos de aquecimento global: aumento de 8ºC e o, 25; elites e, 20, 144, 200; incerteza das ações humanas em, 22, 60-1, 63, 84, 268-9; limiar de 2ºC, 18, 22, 24-5, 61, 154, 192, 206, 219; limiar de 4ºC, 15, 25-6, 56-7, 85, 100, 151; *ver também* aquecimento global; IPCC (Painel Intergovernamental sobre Mudança Climática)
moluscos, microplásticos consumidos por, 130
Morrison, Norman, 227
morte florestal "de fora para dentro", 34
mortes relacionadas ao calor, 23, 29, 55-66
Morton, Timothy, 24
mosquitos, 40, 137-9
movimento de bem-estar, 229
mudança climática, 11-2, 14, 16, 18, 21-2, 24-6, 28-32, 35, 37-44, 46-7, 60-1, 65, 68-9, 72-3, 77-8, 80-1, 84, 86, 93-4, 98, 102-3, 105-7, 109-12, 116, 119, 123, 125, 131, 138, 140-1, 144-6, 148-63, 165-7, 170-1, 176-84, 188-93, 195-202, 206, 209-15, 218, 220, 222, 229, 231, 233-4, 236-7, 239-41, 244-49, 252, 259, 261, 268-9, 272, 274-7; ciência da, 21-2, 50, 267; escala de tempo da, 22, 24, 27, 34, 47, 89; *ver também* aquecimento global; modelos de aquecimento global
"multiplicador de ameaças", 161
Mumbai, 81, 85, 89

mundo em desenvolvimento, 48; progresso humanitário no, 70-2; reivindicações de reparação por danos climáticos no, 204-6; uso de combustível fóssil no, 72-3, 158
mundo natural: leitura alegórica do, 40, 42; ligação dos seres humanos com o, 39-40, 176, 183-5, 187-9; mudança climática e, 38-9
Musk, Elon, 215
Myanmar, 34, 83

nacionalismo, 233, 271
Nações Unidas, 13, 17, 21, 25, 38, 62, 64, 67, 75, 82, 111, 163, 219, 223, 227; crise de refugiados do clima prevista pelas, 16-7; necessidades alimentares estimadas pelas, 67; Organização Internacional para as Migrações (OIM), 163; previsões do aquecimento global *ver* IPCC (Painel Intergovernamental sobre Mudanças Climáticas)
"nanoplásticos", 130
Nasa (National Aeronautics and Space Administration), 75, 83, 212
National Geographic (revista), 109
Nature (revista), 62, 86, 191
Nature Bats Last (site), 251
Nature Climate Change (periódico), 42
natureza *ver* desastres naturais; mundo natural
Naylor, Rosamond, 68
negacionismo climático, 182, 190-1
Negro, mar, 83, 89
neoliberalismo, 230-4
Neolítico, 241
neve, tempestades de, 105
New Orleans (Louisiana), 105, 162; furacão Katrina em, 107-8

New York Times, The (jornal), 103, 166
Nichol, Christina, 215
Nietzsche, Friedrich, 244, 254, 273
Nigéria, 75, 238
niilismo, 42, 50, 181, 256, 258; "niilismo climático", 48, 260
Nordhaus, William, 25, 202
Noruega, mar da, 122
"Nova Era", movimento, 229, 250
Nova York, 56, 89, 102, 104, 147, 206

O'Hagan, Ellie Mae, 261
oceanos: acidificação dos, 119-21; anoxificação dos, 121; dióxido de carbono absorvido pelos, 119-20; poluição dos, 121, 129, 131; produção de alimentos dos, 118-9; sistema circulatório dos, 119, 122-3
Ocidente, 16, 40, 48, 70, 73, 93, 143, 145, 148, 150, 154, 158, 161, 187, 195-6, 200, 204, 231, 240-1, 244
Oeste americano: expansão a leste do, 69-70; incêndios florestais no, 94, 101
óleo diesel, 128
OMS (Organização Mundial da Saúde), 125, 129
ondas de calor, 18, 23, 26, 40, 45, 56-7, 65, 156, 176, 187, 192, 200; aumento recente nas, 56-7; custo econômico das, 147; e aumento da violência, 159
ONU *ver* Nações Unidas
Oppenheimer, Robert, 275-6
Oreskes, Naomi, 25
Organização Internacional para as Migrações (OIM), 163
Oriente Médio, 50, 56, 58, 75, 116-7, 156, 187, 198, 205
Orion (revista), 256
ozônio, 125

Pacífico, 30, 57, 155; "Grande Mancha de Lixo do Pacífico", 129
Painel Intergovernamental sobre Mudanças Climáticas *ver* IPCC
pandemias, 40, 78, 95, 136, 186; de gripe (1918), 136; globalização e, 136
"pânico do plástico", 131
Paquistão, 57-8, 74, 101, 111, 149, 156
parábolas *ver* alegorias e parábolas
Paris: Acordos Climáticos de Paris (2015), 14, 19, 21, 25, 61, 83, 111, 133, 151, 163, 204, 208, 237
Parker, Stuart, 48, 260
Parmesan, Camille, 167
Pasteurella multocida (bactéria), 141
Patagônia, 15
peixes: aquecimento oceânico e, 119; ingestão de microplásticos, 130; populações em declínio, 121
Pentágono (EUA), 154-5
Pequim, 89, 127
permafrost ártico, derretimento do, 16, 34, 86-7, 135-6, 276
Pérolas, delta do rio das, 79-80
peste negra, 136, 142
pesticidas, 76, 230
petróleo, 13, 40, 45, 58, 107, 113, 143, 156, 176, 178, 198-9; *ver também* combustíveis fósseis
Pfeiffer, Mary Beth, 138
PIB global, 150
Piketty, Thomas, 228
Pinker, Steven, 158
piores cenários possíveis, 18, 56
plástico: microplásticos, 129-31; nanoplásticos, 130; "pânico do plástico", 131
Platão, 79
"pneumonia de poeira", 125
pobreza, 61, 71-2, 146, 158, 164; *ver também* desigualdade econômica

Politico (site), 76-7
poluição: dos oceanos, 121, 129, 131; microplásticos e, 129, 131; pesticidas e, 230
poluição do ar, 124-33, 159, 223; desempenho cognitivo e, 126, 148, 164; e aumento da violência, 159; impacto na saúde, 125-8; incêndios florestais, 92-6, 127, 230; mortalidade por, 125, 128-9, 223, 226; na China, 126-8; partículas pequenas, 125-8, 223
Pomeranz, Kenneth, 198
Poopó (lago boliviano), 112
Population Bomb, The (Ehrlich), 70
populismo, 16, 202
Porto Rico, 103, 108, 200, 219, 231; energia e dependência agrícola de, 199; furacão Maria em, 103, 199-200
pós-humanidade, 211-3
Post Carbon Institute, 252
Powell, John Wesley, 69
Powers, Richard, 261
Primavera Árabe (2011), 227
Primeira Guerra Mundial, 136
princípio antrópico, 274
processos judiciais, 203-5
produtividade, 68, 70-2, 76, 145, 148-9, 156, 200, 216
Progress of This Storm, The (Malm), 246
proteínas, deficiência de, 76-7
Protocolo de Kyoto (1997), 18-9, 64
protozoários, 120, 164
pulgas, 139
Putin, Vladimir, 235-6

Quebec, 29

"Rearmamento" (Jeffers), 254
recifes de coral, morte dos, 120, 184

recursos hídricos *ver* água
refugiados, 16-8, 34, 36, 45-6, 80, 83, 117, 161, 169, 202, 244-5; do clima, 17, 80
registro geológico, 22, 135
Reino Unido, 23, 47, 76, 130, 162
renovável, energia *ver* energia verde
Re-Origin of Species, The (Kornfeld), 253
resiliência humana, desastres naturais e, 108, 202
retroalimentação, ciclos de, 21, 35, 47, 63, 87, 97, 122, 171, 251, 268
Revelle, Roger, 14
revolução agrícola, 241
Revolução Industrial, 17, 132, 143, 246
Revolução Neolítica, 241
revolução verde, 71, 76
Riga, 89
rohingya, povo, 34, 83
Romer, Paul, 202
Roundup (pesticida), 230
Rumsfeld, Donald, 170-1
Ruskin, John, 184
Russell, Bertrand, 255
Rússia, 29, 69, 95, 145, 149, 233-6; soviética, 222

Saara, deserto do, 23, 40, 70
saigas, 141
Sandy (furacão), 93, 104
São Petersburgo, 89
Sapiens: Uma breve história da humanidade (Harari), 241
saúde mental, 51, 166-9, 189; *ver também* desempenho cognitivo; depressão; desespero
Schlesinger, Arthur, 244
Schmidt, Eric, 209
Schmidt, Gavin, 273
Scientific American (revista), 167

Scott, James C., 241-2
Scranton, Roy, 262
secas, 18, 26, 74-5, 100, 112-5, 150, 156, 164, 200, 202, 245; *ver também* água, escassez de
"Second Coming, The" (Yeats), 253
Segunda Guerra Mundial, 13, 42, 155, 232-3, 247, 259
seguro contra desastres naturais, 80
Serviço de Levantamento Geológico (EUA), 88, 106, 155
Serviço Meteorológico Nacional (EUA), 230
Shindell, Drew, 42
Sibéria, 15
Síria, 17, 75, 117, 153, 156, 238
Slouching Towards Bethlehem (Didion), 90
smog (nevoeiro contaminado por fumaça), 125-9
"Sob o mar" (Carson), 118
soberania nacional, 234-5
soja, 67, 121
solar, energia, 48, 133, 188, 216-7, 221, 224; *ver também* energia verde
solo, deterioração do, 69
Solow, Robert, 216
Somália, 75, 165, 239
Steffen, Alex, 217-8
Stoerk, Thomas, 145
S-Town (podcast), 252
Sudão, 157, 165
Sudão do Sul, 75, 239
Sudeste Asiático, 82, 101, 138, 146
Suécia, 95, 101
Suíça, 35, 147
suicídios, 169, 186, 217, 226-7, 252, 268
sulfeto de hidrogênio, 122
sustentabilidade, 218, 221, 229

Tai (lago chinês), 112
Tailândia, 200
Tanganica (lago africano), 112
Taylor, Charles, 254
tecnologia de captura de carbono, 45, 49, 133, 207, 221
tecnologia, mudança climática e, 209-25
Teller, Edward, 269
"temperatura de bulbo úmido", 56-7
Tempest, Kate, 224
tempestades: de areia, 69, 125; de neve, 105; e aumento de doenças transmitidas pela água, 164; tropicais, 160; *ver também* chuvas
"Temporada de incêndios" (Didion), 91
teorias da conspiração, 114, 141, 271
TEPT (transtorno do estresse pós-traumático), 168
terremotos, 106, 160
Texas, 37, 70, 101, 107, 116, 124, 129, 161, 186
Thích Quảng Đức (monge budista), 227
Thiel, Peter, 213
Thirteen Days (Kennedy), 181
Thomas, Chris D., 253
Tibete, 227
tornados, 100, 104-6
"trágico malthusiano", 73, 260
transtorno do estresse pós-traumático *ver* TEPT
"Trevas, As" (Byron), 177
trigo, 68-9, 71, 241
trópicos, expansão dos, 137
Trudeau, Justin, 260
Trump, Donald, 61, 79, 103-4, 154, 200, 223, 235-6, 243
tufões *ver* furacões e tufões
Tunísia, 227

Turquia, 138
Tyndall, John, 267

Uganda, 138
Unicef (Fundo das Nações Unidas para a Infância), 160
Union of Concerned Scientists (organização científica), 80, 147
universo hostil à vida, 59
urbanização, 110, 188
Urmia (lago iraniano), 112

Verdade inconveniente, Uma (filme), 20
vertebrados, 39
vida extraterrestre, 270-4
vieses cognitivos, 193, 195
Vietnã, Guerra do, 164, 227
violência, 33, 50, 61, 153-4, 158-60, 169; *ver também* conflitos
vírus, 138, 140, 176
vitaminas, carência de, 77
Vollmann, William, 74
vontade política, 61, 116, 218
Voyager 1 (sonda espacial), 277

Wadhams, Peter, 88
Wagner, Gernot, 25
Wainwright, Joel, 233-4
Wall Street Journal, The (jornal), 58
Ward, Peter, 270
Wark, McKenzie, 104
Water Will Come, The (Goodell), 79
We're Doomed. Now What? (Scranton), 262
Weitzman, Martin, 25
Wells, H. G., 177
Welz, Adam, 113
Welzer, Harald, 238
Weston, Edward, 254
Wilson, E. O., 27, 184, 189
World Wildlife Fund, 39

Xangai, 22, 81, 85
Xi Jinping, 235, 258

Yeats, William Butler, 253
Yong, Ed, 141
York, Herbert, 269

Zâmbia, 116
Zhang, Zhengtao, 150
Zhu, Chunwu, 77
zika (vírus), 138
zooxantelas (protozoários), 120

1ª EDIÇÃO [2019] 2 reimpressões

ESTA OBRA FOI COMPOSTA POR OSMANE GARCIA FILHO EM MINION
E IMPRESSA PELA GEOGRÁFICA EM OFSETE SOBRE PAPEL PÓLEN NATURAL
DA SUZANO S.A. PARA A EDITORA SCHWARCZ EM MAIO DE 2023

A marca FSC® é a garantia de que a madeira utilizada na fabricação do papel deste livro provém de florestas que foram gerenciadas de maneira ambientalmente correta, socialmente justa e economicamente viável, além de outras fontes de origem controlada.